JN240776

中島佑悟　高濱隆輔　千田和央 著

計画・募集活動から選考・クロージングまで

ITエンジニア採用のための戦略・ノウハウがわかる本

本書内容に関するお問い合わせについて

このたびは翔泳社の書籍をお買い上げいただき、誠にありがとうございます。弊社では、読者の皆様からのお問い合わせに適切に対応させていただくため、以下のガイドラインへのご協力をお願い致しております。下記項目をお読みいただき、手順に従ってお問い合わせください。

●ご質問される前に

弊社Webサイトの「正誤表」をご参照ください。これまでに判明した正誤や追加情報を掲載しています。

正誤表　https://www.shoeisha.co.jp/book/errata/

●ご質問方法

弊社Webサイトの「書籍に関するお問い合わせ」をご利用ください。

書籍に関するお問い合わせ　https://www.shoeisha.co.jp/book/qa/

インターネットをご利用でない場合は、FAXまたは郵便にて、下記"翔泳社 愛読者サービスセンター"までお問い合わせください。
電話でのご質問は、お受けしておりません。

●回答について

回答は、ご質問いただいた手段によってご返事申し上げます。ご質問の内容によっては、回答に数日ないしはそれ以上の期間を要する場合があります。

●ご質問に際してのご注意

本書の対象を超えるもの、記述個所を特定されないもの、また読者固有の環境に起因するご質問等にはお答えできませんので、予めご了承ください。

●郵便物送付先およびFAX番号

送付先住所	〒160-0006　東京都新宿区舟町5
FAX番号	03-5362-3818
宛先	（株）翔泳社 愛読者サービスセンター

※本書の内容は2025年1月15日現在の情報等に基づいています。

はじめに

こんなに頑張っているのになんで採用がうまくいかないの？　これ以上何をしたらいいの？

何十社もの人材エージェントに紹介依頼を出して、リストが枯渇するまでスカウトも送った。目ぼしい採用サービスはだいたい利用した。それでも採用が成功しない。

社長やマネージャーは、「早く誰か採用して！」とプレッシャーをかけるばかりで全然協力してくれない。採用が前進している気がせず、これ以上何をすればいいのかわからない。エンジニア採用はつらいことばかりでもう辞めたい……。

この本を手に取ってくださりありがとうございます。あなたがITエンジニア（以降エンジニア）職の採用に関わられている採用担当の方、もしくは採用業務に関わられているエンジニアの方ならば、上記のような悩みをお持ちではないでしょうか。

本書はエンジニア採用を成功させるための実務書です。多くの競合企業との採用競争の中で、自社にマッチした人材から応募してもらい、内定辞退を減らし、内定を承諾してもらうことを目指し、**熾烈な採用競争を勝ち抜くために何をすべきか**を解説した1冊です。

●本書の執筆背景

エンジニア職の採用倍率は長らく高い状況が続いており、多くの企業が人材の獲得に苦心しています。このような状況では、「簡単に、早く、安く採用ができる」といった魔法の杖はなく、十分な労力や費用、時間などは当然必要です。

しかし、そうしたリソースをかけているにもかかわらず採用が成功しなければ、冒頭のように「頑張っているのに成果が出ない」という状況に陥ってしまいます。これではいわば“壊れた自転車を必死に漕いでいるようなもの”で、採用担当者はもちろんのこと、関係者全員が疲弊してしまいます。また、採用がボトルネックとなって事業成長のスピードが鈍化したり、人的リソースの不足から既存社員の負荷が高まって退職者が相次いだりと、負の状況が連鎖してしまいます。

筆者は多くの企業を支援する中でこうした光景を何度も見てきましたが、このような企業には共通する問題があります。それが**「競争」に対する意識や行動の欠如**です。

本書ではこの点に焦点を当て、エンジニア採用に求められる業務を構造的に整理し、「**競争のための採用業務**」として解説します。

エンジニア採用に求められる「競争のための採用業務」の必要性を述べるために、エンジニア職の採用が難しいとされる理由を整理しておきます。その理由は、図0-1のように大きく2つに分けられます。

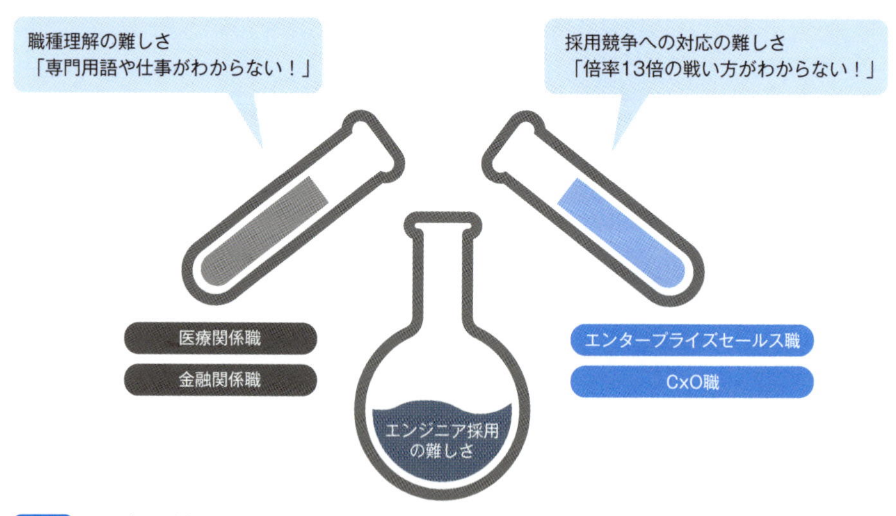

図0-1 エンジニア採用が難しい2つの理由

ひとつは、**専門性が高い職種であるために職種理解が難しいから**です。採用業務では、求人票を作るにしてもスカウトを打つにしても、採用する職種に関する知識が必要となります。たとえば、「バックエンドエンジニア」や「インフラエンジニア」などの職種がどのような業務をこなすのか、その中で登場する「Python」や「AWS」などの用語が何を意味するのか、といったことを理解しなければ採用業務を十分にこなすことはできません。これは医療や金融関係の職種などの採用でも同様の難しさが発生し、後述する理由にかかわらず乗り越えなければならないことです。

もうひとつは、**採用倍率が高い職種であるために採用競争への対応が難しいから**です。本書を手に取られている方は耳にたこができるほど聞かされていると思いますが、エンジニアは人気職であり、求人倍率は12.85倍[1]と非常に高い状況です。多くの企業が人材を獲得しようとする中で、「倍率13倍の中、どう戦えば採用が成功するのか？」を考え実行することは簡単なことではありません。これは、先の専門性の高い職種であることとは別に対応しなければならないことであり、採用の戦略性やマーケティング能力が問われます。このような側面は、昨今ではエンタープライズセールス職やCxO（Chief x Officer）クラスのポジションなどでも同じことがいえますが、エンジニア職はその競争倍率が飛び抜けており、採用人数も多くなることが多いために偶発性に頼ることができず、戦略的にこの理由に対処しなければなりません。

これら2つの理由は、実務上は切り離せるものではありませんが、混同してしまうと問題をうまく解決できません。たとえば、職種理解が難しいことへの対策として、職種への理解が深いエンジニアが採用業務を担ったとしても、「13倍の競争をどうやって勝ち抜くのか？」「採用市場[2]の市況感や相場はどうなっているのか？」といったことを考えずに、「求人票を掲載するだけ」「応募が来るまで待つだけ」といった動きしかできなければ採用は成功しません。他方、採用競争を勝ち抜く術を熟知した凄腕の採用担当者であっても、エンジニアリングに関する知識が乏しければ満足に採用業務をこなせず、採用を成功させることは難しいでしょう。

前者の職種理解の難しさに焦点を当てて解説したものが、前著『採用・人事担当者のためのITエンジニアリングの基本がわかる本』（翔泳社）です。昨今ではエンジニアも採用に協力する企業が増えていたり、大変ありがたいことに前著で学習をしてくださる方も増えており、この問題は一定程度解消されつつあるように思えます。

一方で、後者の採用競争を勝ち抜くことの難しさに対しては、多くの企業・担

1　転職・求人dodaが発表している「転職求人倍率レポート（データ）」（2024年12月19日）より、「ITエンジニア（IT・通信）」の求人倍率の数値を参照（https://doda.jp/guide/kyujin_bairitsu/data/index.html#con01）

2　本書では「採用市場」という言葉を求職者、採用企業、採用サービスなどが内包されたものとして扱います。詳しくは第9章で解説します。

当者が理解はしているものの、まだまだ戦略的、意識的な動きがなされていません。その結果、多くの企業・担当者が冒頭で述べたような「頑張っているのに成果が出ない」という状況に陥っています。

このような背景から採用競争に勝つことの難しさに焦点を当て、「競争のための採用業務」と銘打ち、エンジニア採用に求められる考え方や具体的な採用業務を構造的に整理し解説したものが本書です。

●「競争のための採用業務」の輪郭

詳細は本文で述べますが、「競争のための採用業務」とそうではない採用業務とでは図0-2のような違いがあります。競争倍率が高い状況では、採用業務は定型的な作業ではなく、「採用競争を戦うための取り組み」になります。

	競争のための採用業務	そうではない採用業務
採用倍率	高い	低い
職種例	エンジニア職	事務・アシスタント職
成果の力学	競争＋マッチング	マッチング
意思決定のよりどころ	採用市場、競合の動き（外）	社内事情（内）
業務の特性	目的ドリブン（競合に勝つためにすべきことは何か？）。戦略的、マーケティング的、攻め、成果重視	作業ドリブン（求人票の作成、人材エージェントへの依頼、候補者対応）。定型的、管理事務的、守り、過程重視
業務の範囲	広い、採用部門の裁量を超える	狭い、採用部門の裁量を超えない
コストやリスクへの意識	コストを健全にかけ、必要なリスクを取る	コストはできるだけ抑え、小さなリスクも回避する
採用担当者が発揮すべき行動・価値	採用競争力を自ら創り出す、採用の観点から組織を率いる、予算や社内リソースを自ら調達する	現状の自社に興味を示す人を探す、組織からの依頼をそつなくこなす、決められた予算や限られた社内リソースでやりくりする

図0-2 競争のための採用業務とそうでない採用業務の比較

まず、「競争のための採用業務」とそうではない採用業務との違いは採用倍率の違いから生まれます。職種の例を示すと、「競争のための採用業務」が適用されるのがエンジニア職であるのに対し、そうではない採用業務が適用される代表例として事務・アシスタント職があります[3]。

3 パーソナルキャリアのdodaが発表している「転職求人倍率レポート（データ）」（2024年12月19日）の転職求人倍率（職種別）では、2024年12月のエンジニア（IT・通信）が12.85倍に対し、事務・アシスタントは0.53倍補足すると、「競争のための採用業務」とそうではない採用業務は白黒が明確に分けられるわけではなく、採用倍率の具合によって実際にはグラデーションで捉えなければなりません。また、「競争のための採用業務」とそうではない採用業務のどちらが良い／悪いという評価はできません。採用倍率が低いポジションに対して、本文で解説する競合企業の調査や訴求の磨き込みといった動きをしても意味がありません。重要なことは、同じ採用業務といっても**採用倍率の高さに応じて考え方や動き方を変化させるべき**ということです。

次に、「競争のための採用業務」では**成果の力学を競争と捉えなければなりません**。採用が成功するのは競争に勝ち抜いたからであり、採用が成功しないのは採用競合に負けてしまったからという捉え方が必要です。採用が成功しない企業ではこのような競争への意識が低く、「自社はオンリーワンだから、良さに気づいてくれる人がいるだろう」「取りあえずスカウトをたくさん送れば1人ぐらいひっかかるだろう」といった相性やタイミングで決まるものという意識が強いことが多いです。

「競争」という視点に立てば、意思決定のよりどころを社内事情ではなく採用市場や採用競合の動きに置かなければならないことがわかります。倍率が高く競争が激しい状況では、「報酬を競合より上げよう」「選考体験を競合より良くしよう」などと各社がさまざまな工夫をします。そのため、採用市場や競合の動きを無視して「既存社員のことを考えると報酬は600万円までしか出せない」「現場のマネージャーは忙しいから面接の場に遅れて入ってきたり、選考結果の連絡が遅くなったりして選考時の印象や体験が悪くなってしまっても仕方がない」といった社内事情を採用活動の軸としてしまえば採用は成功しません。もちろん社内事情を無視はできませんが、採用を成功させるという観点では社内事情は言い訳に過ぎず、採用競合よりも強い魅力や優れた活動ができなければいつまでも勝つ望みのない競争の中で戦うことになり、最終的には採用自体を諦めなければならなくなります。また、少なくとも採用担当者は「社内事情が大事だから」などと忖度(そんたく)すべきではなく（このような役目は採用と事業とを統括する人が担うべきです）、採用を成功させることを第一に考えなければなりません。

加えて、採用市場や競合の動きを漠然と知っておけば良いわけではなく、ポジションごとに詳細に調査・分析することが求められます。「どのようなスカウト文面にするか」といった採用活動の詳細から、「給与をいくらに設定するか」といった根本的な条件まで、採用の成果を左右する要素をすべて含めて“採用競争力”と呼ぶことにすると、採用競争力は絶対的なものではなく相対的に決まります。「頑張って書いたスカウト」も「自社では相当に高い報酬」も求職者が魅力を感じるかどうかは、どのような競合が横に並べられて比較されるかによって変わります。そのため、ポジションごとに採用市場や競合の動きをできる限り詳細に把握して戦い方を考えなければなりません。

より具体的な採用業務について考えてみると、特性や範囲は「競争のための採用業務」とそうではない採用業務とではまったくの別物になってきます。採用倍率が低い非競争な状況では、「求人票を作成する」「人材エージェントに依頼する」といった作業ベースで採用業務を捉え、定型的、管理事務的に淡々とこなすことで効率的に成果を出すことができますが、激しい競争の状況下では競争に勝ち抜くという目的に立ち、柔軟に起こすべきアクションを発想すべきです。その結果、業務の範囲は非常に広くなり、採用部門の裁量を超えることもあります。たとえば、「企業のイメージが良くない」「事業の知名度が低い」といった採用業務の範囲を超えるような要因であっても、採用の観点からそれらに働きかけなければなりません。

このような採用業務ではコストやリスクへの意識も変わってきます。倍率が低い状況では、コストはできるだけ抑え、小さなリスクも回避する意識が重視されますが、倍率が高い状況では健全なコストをかけ必要なリスクを取る意識を持つことが重要になります。

また、実行者である採用担当者の発揮すべき行動・価値も大きく変わります。「競争のための採用業務」では**採用競争力を自ら創り出す、採用の観点から組織を率いる、予算や社内リソースを自ら調達する**といったことが求められます。言い換えれば改善しづらいこと、目を背けたくなることに向き合うことが求められます。「報酬が低いことはわかっているけれど、変えられないから仕方がない」「会社の知名度が低いから、他社に負けることは仕方がない」といった受け身ではなく、それらを自ら変えるスタンスを持つべきです。また、予算が足りなかったり、現場のエンジニアの協力が必要だったりするときには、自らそれらを調達するように働きかけなければなりません。

このような行動・価値が発揮できず、「採用サービスを入れ替える」「スカウトの通数を増やす」といった表層的な改善では満足のいく成果は得られません。現状の自社に興味を示す人を探す、組織からの依頼をそつなくこなす、決められた予算や限られた社内リソースでやりくりするといった態度では競争は勝ち抜けません。

ここまで「競争のための採用業務」についての輪郭を、そうではない採用業務と比較して述べてきました。本書では、これらの考え方や業務内容について具体的に見ています。

エンジニア採用では、「あの新しいサービスはイケてるらしい」「テックブログを書くべきだ」「SNSでもっと発信すべきだ」といった個々の施策やTipsの情報があふれています。本書でもそうした事柄は紹介しますが、本書を読む中で意識していただきたいのは、**そのような個々の施策やTipsの背景にある「競争」に正面から向き合うことと、個々の施策やTipsを内包する形で採用業務の全体像を構造的に整理して捉えること**です。これらができれば自社の採用において本当に解決しなければならないことが何かがクリアに見え、効果的に採用成果につながる行動が取れるようになります。

●本書の構成と想定読者

本書は、「競争のための採用業務」について全部で4部・11章の構成で解説します。第1部「採用競争と向き合う」では、エンジニア採用に求められるマインドセットや考え方について解説し、具体的な採用業務を第2部「採用実務」、第3部「実務のマネジメント」、第4部「体制・環境のマネジメント」の4つのパートに分けて解説します。

各部の関係、各章の詳細は図0-3の通りです。第2部から第4部は部が進むほど下支えする関係にあり、「競争のための採用業務」を建造物にたとえると、第2部が求職者からも見えやすい建物部分、第3部が建物を支える基礎、第4部が建物や基礎を支える地盤のような関係となります。

特に第3部と第4部の内容は普段の採用業務では意識しづらく見えづらい内容なので、自社の状況と照らし合わせてお読みいただきたいと考えています。

各章の概要は以下の通りです。

第1部　採用競争と向き合う

- 第1章　エンジニア採用に必要な考え方：エンジニア採用に向き合う上で必要となる考え方として、競争に向き合うべきであること、"内"ではなく"外"に目を向けるべきであること、採用競争力を自ら生み出すべきであることを述べます。

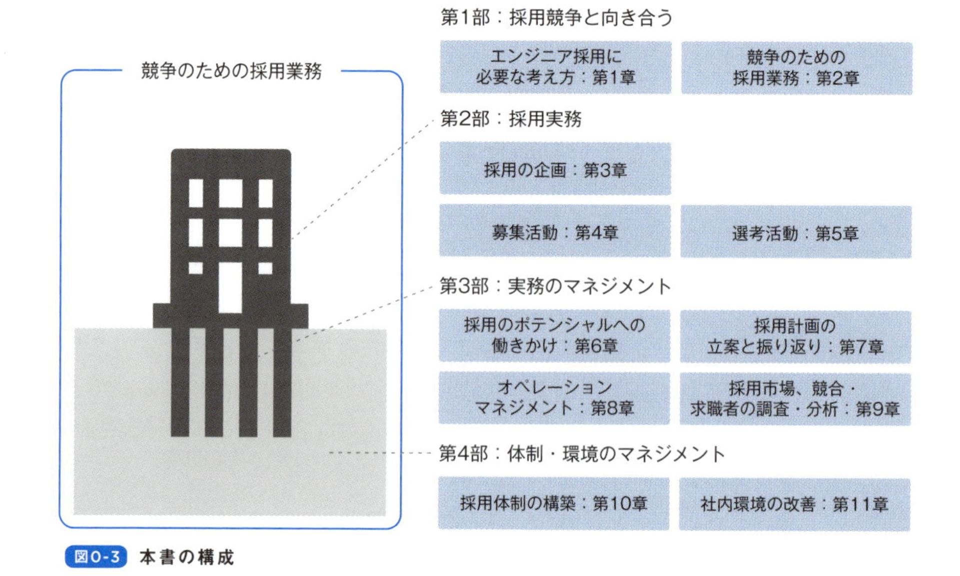

図0-3 本書の構成

- 第２章　「競争のための採用業務」の全体像：本書で解説する競争のための採用業務の全体像を解説します。

第２部　採用実務

- 第３章　採用の企画：採用の依頼を受け、実現可能性を判断し、情報を求職者に伝わりやすく魅力的に設計し、採用要件にまとめるといった求職者と向かい合う前の企画業務を解説します。
- 第４章　募集活動：求職者から応募を得るまでの活動としてスカウト、採用広報などの施策を解説するとともに、全体の設計についても解説します。
- 第５章　選考活動：求職者から応募を得た後の活動として書類選考、構造化面接などの施策を解説するとともに、全体の設計についても解説します。

第３部　実務のマネジメント

- 第６章　採用のポテンシャルへの働きかけ：採用活動に使える予算、期間、工数や、企業の知名度、組織制度の特徴など、採用活動のポテンシャル（資源）となる事柄への働きかけ方について解説します。
- 第７章　採用計画の立案と振り返り：採用における計画管理についてファネ

ルやディメンションなどのフレームの説明も交えながら解説します。
- 第8章　オペレーションマネジメント：各業務の流れや関係の整理・設計について解説します。
- 第9章　採用市場、競合・求職者の調査・分析：採用市場や、採用競合企業、求職者などに関する調査について具体的な方法を解説します。

第4部　体制・環境のマネジメント
- 第10章　採用体制の構築：採用業務の実行者・チームについて、その構築の方法や運用のポイントを解説します。
- 第11章　社内環境の改善：採用を取り巻く社内環境として組織図や組織配置、社内制度、経営陣の意識などの改善について解説します。

採用業務というと募集活動・選考活動“だけ”をイメージされるかもしれませんが、これらは「競争のための採用業務」の中ではあくまでも一部の業務であり、その他にも根本的な取り組むべき事柄は多数あります。本書ではそれらについても解説します。

なお、第2部から第4部は相互に関係しているので、どれか1つを強化すれば採用競争力が高まるわけではありません。たとえば、建物部分である第2部、第5章の選考活動において、「選考を辞退されないように改善したい」となれば、それを支える基礎や土台も必要になるので、第3部、第8章のオペレーションマネジメント、第4部、第10章の採用体制の構築にも目を向ける必要があります。これらのバランスを取ることで採用競争力が高まります。そのため、図0-4のように高度で大掛かりな建物を建てたいのなら、より強固な基礎や地盤も求められることを意識してください。

本書は主に人事・採用担当の方を対象にしていますが、エンジニア採用に関わる経営者や開発部門の方にも読んでいただきたいと考えています。なお、本書は中途採用（経験者採用）を前提としていますが、伝えたいメッセージは新卒採用でも変わりません。

●本文に入る前に

本書で述べる内容は、楽に早く安く採用できるといった魔法の紹介ではありません。採用が苦戦している採用担当者の方にとって本書の内容は、「自分の経験

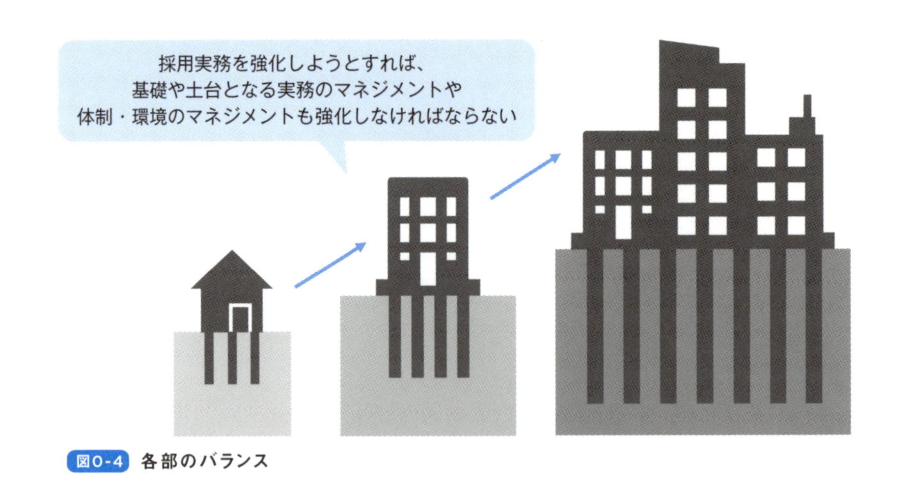

図0-4 各部のバランス

ではこんなことできない」「エンジニアの協力が得られずできない」と難しさを感じられることも多いはずです。また、いざ手を動かして実行してみると、想像以上に社内を動かすわずらわしさや心理的な苦痛を感じることもあるかもしれません。

しかし、採用が成功している企業の採用担当の多くの方が、本書で述べていることを実行しています。採用を成功させたいのなら、難しさやわずらわしさ、苦痛などを乗り越え、「競争のための採用業務」に立ち向かわなければなりません。

反対に「競争のための採用業務」を身につけられれば、手応えを感じながら採用活動を行うことができ、採用担当者、人事担当者としてのキャリアパスも大きく開かれます。

私は多くの採用担当の方と一緒に仕事をさせていただく中で、「エンジニア採用は苦痛でしかない」「周りの協力も理解もなく評価もされない。本当に悔しい」「何をやっても結果が出ない。ゴールの見えない長く暗いトンネルにいるようでもう疲れた」といった声を多く聞いてきました。本書は、そうした状況から抜け出す一助になりたいと強く願い筆を執りました。このような筆者の思いも頭の片隅に置いていただき、根気強くお付き合いください。

採用活動は企業活動の中で最も根源的で重要な役割を担います。本書によって採用という視点から組織・事業に働きかけ、採用によって組織・事業を成長させる手応えを感じてもらえればこれ以上にうれしいことはありません。

目次

第2章
競争のための採用業務

第2部
採用実務

第3章
採用の企画

第4章

募集活動

第 5 章

選考活動

第 3 部

実務のマネジメント

第 6 章

採用のポテンシャルへの働きかけ

第8章

オペレーションマネジメント

第9章

採用市場、競合・求職者の調査・分析

第4部
体制・環境のマネジメント

第10章
採用体制の構築

第11章

社内環境の改善

会員特典データのご案内

本書をご購入いただいた方に、「採用要件のテンプレート」とその具体例をご提供致します。会員特典データは、以下のサイトからダウンロードして入手いただけます。

https://www.shoeisha.co.jp/book/present/9784798172866

●注意

※会員特典データのダウンロードには、SHOEISHA iD（翔泳社が運営する無料の会員制度）への会員登録が必要です。詳しくは、Webサイトをご覧ください。

※会員特典データに関する権利は著者および株式会社翔泳社が所有しています。許可なく配布したり、Webサイトに転載したりすることはできません。

※会員特典データの提供は予告なく終了することがあります。あらかじめご了承ください。

※会員特典データに記載されたURL等は予告なく変更される場合があります。

※図書館利用者の方もダウンロード可能です。

第 1 部

採用競争と向き合う

第1部は図1st-1のように2章構成とし、エンジニア採用で求められる考え方と具体的な動き方である「競争のための採用業務」の全体像について述べます。

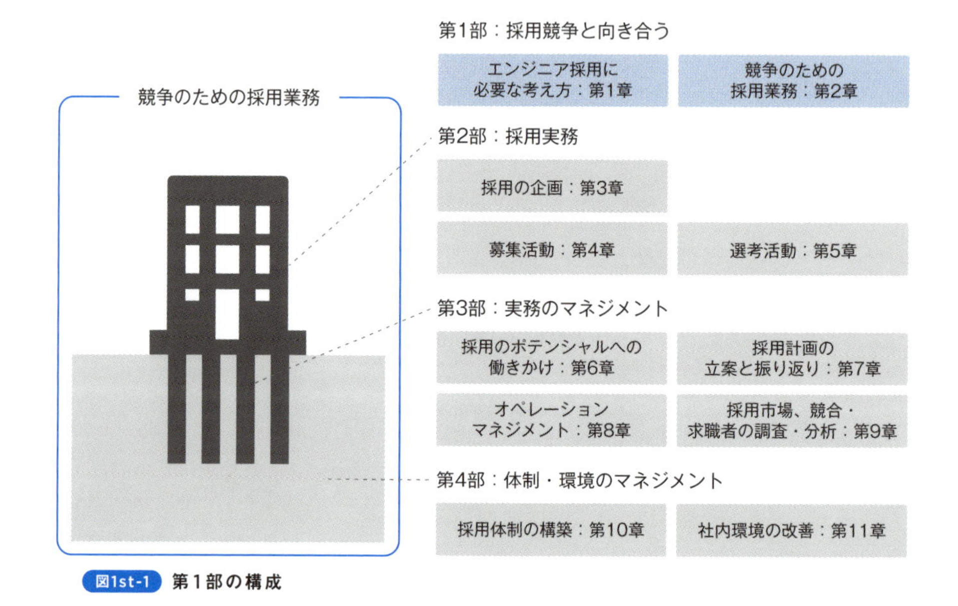

図1st-1 **第1部の構成**

第1章ではエンジニア採用に必要な考え方として、競争に向き合うこと、社内ではなく社外に目を向けること、採用業務を広範囲で捉え直すこと、自らの手で採用競争力を高めなければならないことなど、**エンジニア採用を成功させるために必ず押さえておきたい要点**について説明します。

第2章では採用業務を大きく3つの階層に分け、さらに採用の原理原則である「選ぶこと」「選ばれること」という視点から分解・整理を進めます。第2章の目的は**採用業務の視野を広げること**と、**採用業務を構造的に俯瞰して捉えること**です。詳しくは第2章の冒頭で説明しますが、多様多種なエンジニア採用の施策・Tipsの中から自社が本当に取るべきアクションを考えるためには、採用業務を構造的に整理できていなければなりません。そして第2章で整理した個々の内容を第3章以降でそれぞれ解説していきます。

第2部以降では、これらの個別具体の内容を分解して1つずつ解説していきますが、第1部で述べる内容を押さえないまま個々の内容を取り入れても効果は半減してしまいます。まずは第1部で述べる考え方が持てているか、そして業務整理ができているかを確認した上で、エンジニア採用に向き合うスイッチを入れてください。

第1章

エンジニア採用に必要な考え方

本章では、エンジニア採用に向き合う上で必要となる考え方を述べます。

エンジニア採用では競争倍率に応じて大きな負荷がかかり、時には経営陣に臆せず意見を伝えるといった心理的な負荷がかかる行動を取らなければならないこともあります。このような負荷の高い状況にもひるむことなく採用を成功させるためには、本章で述べる内容を十分に腹落ちさせておくことが大切になります。

また、採用業務は1人の採用担当者だけで完結することはほとんどなく、関係者を巻き込む必要があります。しかし、経営陣やエンジニアの方は採用の市況感や採用業務の変化などを理解していないことが多く、採用担当者が期待するような意思決定や行動をしてくれないことがほとんどです。そのような場合には、自身で本章の内容を周囲に説明し巻き込んでいかなければなりません。採用担当者1人だけが頑張って成功するほど現在の市況感は甘くなく、関係者全員が競争に向き合うことが求められます。

これらを踏まえ、本章で述べる内容をまずはご自身で腹落ちさせていただき、その上で自分の言葉として関係者に説明できるようにしてください。必要であれば入社時の研修やマネージャー研修に本章の内容を加え、関係者全員にエンジニア採用に向き合うマインドセットや考え方をインプットしてください。

競争に勝たなければ
採用は成功しない

>依然として厳しい採用競争

昨今、多くの職種で激しい採用競争が行われていますが、その中でも特に熾烈なのがエンジニア職です。エンジニア職の求人倍率は図1-1のように、この数年間10倍前後で推移しており、多くの企業が人材獲得に苦戦しています。パンデミックの影響で一時的に競争が緩やかになった時期もありますが、その際にも6倍前後の求人倍率を保っており、2024年12月時点での求人倍率は12.85倍となっています[1]。

出典：転職・求人doda「転職求人倍率レポート（データ）」（2024年12月19日）のデータをもとに作成
URL https://doda.jp/guide/kyujin_bairitsu/data/
図1-1 エンジニア（IT・通信）職の求人倍率の推移

1　転職・求人dodaが発表している「転職求人倍率レポート（データ）」（2024年12月19日）より、「ITエンジニア（IT・通信）」の転職求人倍率の数値を参照（https://doda.jp/guide/kyujin_bairitsu/index.html#con01）

求人倍率12.85倍という数字も非常に激しい競争を物語っていますが、この数字はあくまでもエンジニア職全体をならしたものなので、**人気のあるポジションや条件を掛け合わせることでさらに倍率は高くなります**。たとえば、「エンジニアリングマネージャー」や「テックリード」などの職種は特に人気ですし、英語をはじめとした語学スキルを求める場合や、特定の業界に精通している人材を採用したいときには、さらに厳しい競争を想定しなければなりません。

実際の採用活動ではさまざまな条件が重なり、知らない間に何十倍もの採用競争の中で戦っていることもあります。倍率がそれほど高くないジュニアクラスのエンジニアを採用できた際に、「求人倍率が13倍もあるのにエンジニアを採用できた。わが社にはそれだけの採用力がある！」などと勘違いしてしまい、人気のある人材でも同程度の競争だと見積もってしまうとうまくいかないので注意が必要です。

エンジニア採用は依然として厳しい採用競争を戦わなければならないことを意識してください。

>競争具合を見誤らない

求人倍率12.85倍、そして人気のあるポジションや条件次第ではさらに激しい競争を勝ち抜かなければならないことを述べましたが、次のような勘違いから競争を過小評価してしまうケースが多く見られます。競争を見誤ると、採用に必要な費用や労力を過少に見積もり、結果として採用が長期化し成功に至らないこともあります。そのため、よくある勘違いに陥らないよう注意しなければなりません。

・選考のみを担当することで起こる勘違い

多くの企業で募集活動（求人掲載やエージェント活用、スカウトなど）と選考活動（書類選考やスキルテストなど）の担当者は分かれていますが、このような場合に図1-2のように選考活動の担当者は競争具合を甘く見積もってしまうことがあります。

募集活動の担当者は自社に関心のない求職者に興味を持ってもらうことが主な活動であり、何十・何百人もの求職者から断られるため競争の激しさを肌で感じます。一方で、選考活動の担当者は何もしなくても応募者との面接が設定され、応募者の大半は既に自社に興味を持っているので競争の激しさを実感しづらいで

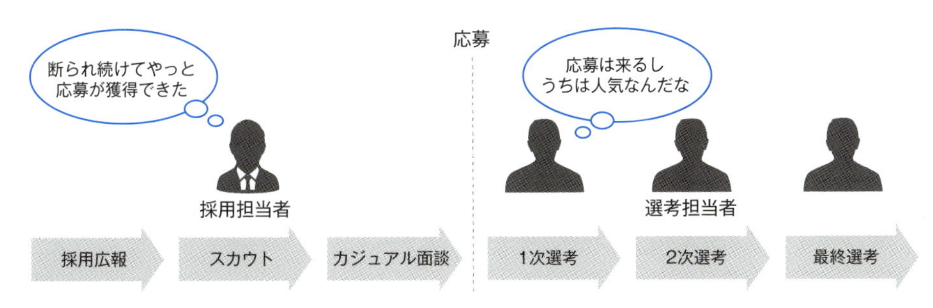

図1-2 選考のみを担当することで起こる勘違い

す。

結果として、「もっと優秀な人を連れてきて」「急いで採用したいから早く候補者を連れてきて」「採用費用はかけなくていいだろう」というように、競争があることを考慮しない要望や判断をしてしまうことがあります。このような勘違いには注意が必要です。

- 過去の成功体験による勘違い

創業当初に自ら採用を行っていた代表が「私が自分で採用を行っていたときにはうまくいっていたのに、現場に任せたらそうではなくなった」と感じることがあります。これにはいくつかの勘違いが含まれています。

まずは時代による倍率の変化を考慮しなければなりません。エンジニア職も過去には採用競争が緩やかだった時代もあり、そのときの成功体験を引きずっていることがあります。

また、採用手法によって競争具合の感じ方にも差があります。たとえば、スカウトよりもリファラル採用のほうが競争具合が緩やかな傾向があり、創業期にリファラル採用で成功体験を積んでしまうと、その感覚を引きずってしまうことがあります。

したがって、時代・状況などの差を考慮し、過去の成功体験に捉われることなく現状を正しく見つめることが大切です。

- 途中成果による勘違い

求職者が入社できる企業は1社だとしても、一般的には応募は5社から20社程度にできますし、その中の1社から3社程度から内定をもらえます。そのため、企業側は応募を1件獲得できたからといって「求人倍率12.85倍を勝ち抜いた」ことにはならず、途中成果が出たとしても最終的に求職者が入社するまで気を緩めてはなりません。
しかし、応募が数件集まるとあたかも採用競争を勝ち抜いたと勘違いしてしまいがちです。「一定数の応募者がいるから大丈夫だろう」「内定を2人に出しておけばどちらかは入社してくれるだろう」と途中成果によって安易に気を抜いてしまうことがあるので注意が必要です。

これらの勘違いは特に採用現場から遠くにいる人ほど起こりがちなため、現場をよく知る採用担当者は、**関係者がこのような勘違いに陥っていないか確認してください**。
また採用担当者は、関係者が競争具合を甘く見積もっている場合には、「なぜわかってくれないんだ」と嘆くだけでなく、**どのような勘違いが起こっているのかを整理して対策を行う必要があります**。

>「相性」や「運」で片付けない

ここまで「競争」を正しく理解しなければならないことを述べてきましたが、そもそも採用の成果を「競争」という力学ではなく、「相性」や「運」で決まるものと考えていることがあります。たとえば、「自社はオンリーワンだから広く声をかければ魅力を感じてくれる人がきっといる」「前回はうまくいったから今回もきっと大丈夫だろう」といった考えです。
しかし、**「競争」という力学に向き合わなければ、採用がうまくいかないときに「競争に負けた」と捉えられず、「相性が悪かった」「運が悪かった」の一言で片付けてしまいます**。これではいつまでも本質的な問題が改善できません。採用は恋愛にたとえられることがありますが、それに当てはめるならば「相性が良い相手さえ現れてくれれば……」「運さえ良ければ……」と考えてしまい、自分を磨く努力を怠るようなものです。
このような「相性」や「運」に頼った採用活動では、スカウトやエージェントへの紹介依頼を増やし、アプローチできる人が枯渇してくればサービスや媒体を入れ替えるといった取り組みに終始してしまいがちです。結果、本質的でない活動を続け、多くの費用や時間、労力を無駄にしてしまいます。

もちろん採用にはそうした側面も少なからずあります。しかし、相性を「低い報酬でもいいと言ってくれる人」「自ら仕事を見つけて動いてくれる人」のように、都合の良い人を探す言い訳に使っていることも多いです。また、昨今は企業から発信する情報も増え、採用サービスのマッチングシステムの精度も向上しているため、「運頼み」は通用せず、本質的に魅力のある企業でなければ採用は成功しづらくなっています。

採用ができるかどうかを「相性」や「運」で片付ける企業や担当者がいる一方で、優れた戦略と多大な努力によって成功を勝ち取る企業や担当者がいることを意識してください。

採用市場や競合などの“社外”に焦点を当てる

>採用競争力は相対的に決まる

ここまでエンジニア採用では採用競争を理解して向き合わなければならないことを述べてきましたが、熾烈な競争が行われる中で採用が成功するかどうかはさまざまな要素によって決まります。たとえば、報酬、会社の特徴や知名度、面接官の印象、スカウト文面の良し悪しなどです。これらをひとまとめにして、本書では採用競争力と呼ぶことにします。

採用競争力は絶対的なものではなく相対的に決まります。言い換えれば、自社の魅力や価値は比較される企業の影響を受けます。たとえば報酬を600万円とし、自社の特徴を「急成長のスタートアップ」だと訴求し、特にスカウト文面の強化に力を入れて採用活動をしたとして、このような採用活動によって採用が成功するかどうかは当然ながら横に並ぶ企業によって決まります。たとえば、求職者が併願して応募をしている企業や、人材エージェントが求職者に自社とあわせて紹介する企業がどこかによって自社の特徴や魅力は変わります。もし横に並べられる企業が600万円以上を提示する場合には報酬の魅力は低くなり、求職者がスタートアップ企業を多く併願している場合には「急成長のスタートアップ」という特徴は見慣れたものになります。また、スカウト文面をいくら工夫しても他社も同じことをしていれば強い採用競争力にはなりません。

このように自社の魅力や強みなどの採用競争力は、**“外”に目を向けてはじめてその良し悪しが判断できます。**「このサービスを使えば採用できる」「この方法で採用できる」といった都合の良いものはなく、ポジションごとに相対的な物差しを駆使して自社の採用活動を見つめる必要があります。

>“内”ではなく“外”に意思決定のよりどころを置く

採用競争力は相対的に決まるので、採用活動を行う際には何をするにしても採用市場や採用競合などの“外”に焦点を当てなければなりません。たとえば、報酬や訴求を考える際には相場感や採用競合企業がどのような金額にしているのか、どのような訴求をしているのかといった情報を鑑みなければなりませんが、採用に苦戦している企業ではこのような社外への意識が低く、社内にばかり目を向けがちです。自分たちの感覚だけで活動していたり、社外の情報は得ながらも、自社の都合を優先させていたりすることが非常に多いです。たとえば、本来は報酬の相場が800万円の人材に対し、「社内のAさんが600万円だからそのくらいで採用できるだろう」「他の社員とのバランスもあるのでこれ以上は上げられない」といった決め方で報酬を決めてしまったり、「自分たちができる限りの努力をしているから結果が出るだろう」「去年より頑張ったんだから1年前よりも多く採用できるだろう」などと自社内の基準で考えてしまったりします。

もちろん自社の事情は考慮しなければなりませんが、求職者側からしてみれば候補となる企業の事情など知ったことではなく、より魅力的な企業のほうを選ぶだけです。採用を成功させるという観点では採用市場や採用競合を無視することはできず、そのような“外”を意思決定のよりどころにしなければ「頑張ってはいるけれど、採用は成功しない」という状況からは抜け出せません。

採用市場や競合企業などに目を向けないのは目隠しをしてレースを走るようなもので、これでは効果的な取り組みができずに労力や費用、時間などのリソースを無駄にするだけです。その結果、「1年以上も採用ができていない」「多くの費用をかけているのに採用ができない」といった状態に陥り、採用担当者も会社も採用業務を行えば行うほど疲弊していきます。

競争環境において採用が成功しない企業が出てくることは避けられませんが、努力が正しい方向に向いていないのであれば、それは無駄な労力をかけているだけです。採用市場を優先できないのであれば、**前提に立ち戻って求める人材の要件を変えるか、そもそも採用ではなく社内異動や業務委託、外注などで賄い、新規採用はしないと勇断すること**もひとつのあり方です。これも採用業務のひとつといっていいでしょう。

また、“外”に目が向いていない状況は、採用担当者よりも採用に協力するエンジニアや経営者に起こりがちです。採用活動ではエンジニアや経営者の協力が不可欠なので、「エンジニアや経営者がわかってくれない」とただ嘆くのではなく、彼らの意識を変えにいくことも大切です（第11章参照）。

採用業務を広く捉え直すことが必要

>採用プロセスは、より広く細かく目を配らなければならない

競争に向き合い“内”ではなく“外”に目を向けてみると、自社が行わなければならないことが見えてきます。

企業は求職者を採用するために、図1-3のように自社を知ってもらい、応募をしてもらい、選考を受け続けてもらい、入社を決めてもらうといった一連の採用プロセスを経ることになりますが、採用プロセスにおける注力点は競争具合によって違いが現れます。図1-3のようにグレー部分を競争が緩やかな状況・ポジションでの注力点とし、青色部分を競争が激しい状況・ポジションで追加される注力点とすれば、競争が激しくなるほど注力点は広範囲に置かれるようになります。

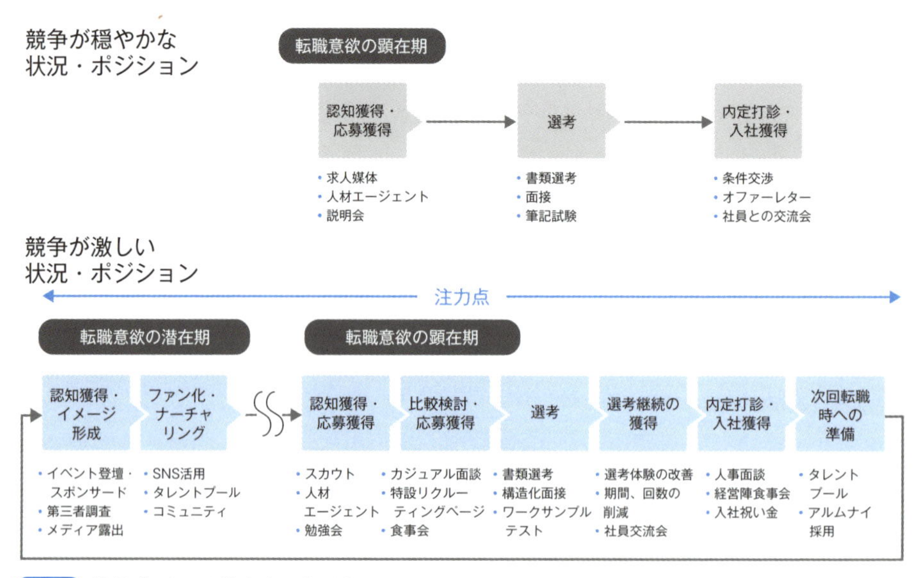

図1-3 採用プロセスの注力点の広がり

競争が緩やかな状況・ポジションでは受け身の姿勢でも認知や応募を得ることができ、その応募者を選考し内定を打診するといった採用プロセスに注力することで採用ができます。

一方、競争が激しい状況・ポジションでは、上記のプロセスの前後や間に注力するプロセスを設けなければならなくなります。

競争が激しくなるほど募集をかけただけでは求職者が集まらない状況になり、他社よりも早いタイミングである、転職意欲の潜在期から自社を知ってもらおうとする企業が増えています。認知やイメージの形成のためにイベントの登壇やスポンサードなどに取り組んだり、採用サービスや協会などが実施する第三者の調査（日本CTO協会が実施する「Developer eXperience AWARD[2]」など）でランクインを狙ったり、各メディアで取り上げられることを狙ったりといったPR活動のような取り組みも行われています。

また、転職意欲が顕在化するタイミングまで自社を覚えておいてもらうために、ファン化やナーチャリングの取り組みとしてSNSでの発信を強化したり、タレントプールを駆使して継続的な接点を模索したり、コミュニティで関係性を徐々に深めようとする取り組みも行われています。

転職意欲が顕在化してからは多くの企業が求職者にアプローチしますが、求職者が応募できる企業数には限りがあるので、どの企業を受けるか比較検討することになります。そのため、求職者が比較検討しやすいようカジュアル面談に力を入れたり、エンジニア用に特設したリクルーティングページで開発や組織に関するさまざまな情報を掲載したり、食事会を開いて社内の雰囲気を知ってもらう取り組みも盛んです。

応募を獲得した後も気を抜くことはできません。複数の会社の選考を受けている求職者は少しでも企業に不信感を覚えれば選考の途中で辞退してしまいます。そのため選考を継続して受けてもらえるように注意を払う必要があり、横暴な態度や準備不足で選考体験が悪くならないように注意したり、選考の期間や回数を少なくして求職者の負担を減らしたり、選考の合間にも社員との交流会を設けたりしながら選考からの離脱を防ごうとする企業も増えています。

さらには、内定を辞退した求職者や入社はしたものの退職する人にも目を配る企業が増えています。昨今では転職のサイクルも早くなっており、数年のリード

2　一般社団法人日本CTO協会「Developer eXperience AWARD 2024」(https://cto-a.org/developerexperienceaward)

タイムで次回の転職先を考える求職者も増えているため、そこに対するアプローチとしてタレントプールで管理して継続的に連絡を取ったり、退職した社員を改めて採用するアルムナイ採用に力を入れたりする企業もあります。

ここまで述べた内容は一例に過ぎませんが、重要なのは**採用競争が激しくなるほど求職者と企業間で発生する採用プロセスをより広く細かく捉え、それぞれに対策をしなければならないこと**です。マーケティングや商品開発の領域では、「態度（行動）変容モデル」と呼ばれるフレームワークを用いて、認知から購買、その後の情報共有といった顧客の行動／心理変容を想定することがありますが、ここまで述べてきた内容は「求職者の態度（行動）変容モデル」を想定し、より広く細かく捉えるべきだとも言い換えられます（詳しくは第4章で解説）。

>社内プロセスは、より前工程に立ち戻り改善しなければならない

採用を成功させるためには、求職者と企業間の採用プロセスだけでなく、**採用活動をアウトプットするための社内プロセスについても注力点を見直さなければなりません**。社内プロセスとは、具体的に採用したい人材を決め、報酬や求人タイトルなどを決め、予算やリソース配分を決め、利用するサービスなどを決め、実際に求職者と折衝するといった一連の社内の流れです。

図1-4のようにグレー色部分を競争が緩やかな状況・ポジションでの注力点とし、青色部分を競争が激しい状況・ポジションで追加される注力点とすれば、競争が激しくなるほどこの注力点は前工程にも広がりを見せます。

競争が緩やかな状況・ポジションでは、求人タイトルの変更やスカウト文面の調整といった施策の運用に関する工夫や、人材エージェントやリファラル、スカウトなどの採用チャネルの設計、適した採用サービスをより多く利用するといった施策の設計・選定の工夫などが主な注力点となります。

一方で、競争が激しい状況・ポジションでは上記のプロセスだけでなく、前工程に立ち戻った工夫や改善を行わなければならなくなります。

競争が激しくなるほど、求人タイトルの変更やスカウト文面の調整といった工夫はどの企業も行うようになり、違いが出なくなります。また複数のサービスの利用も多くの企業が行っており、採用競争力が小さくなります。このような場合には他社よりも前のプロセスから工夫・改善をしようとする力が働きます。

求人票やスカウトには「業務内容」や「採用背景」などさまざまな情報が掲載

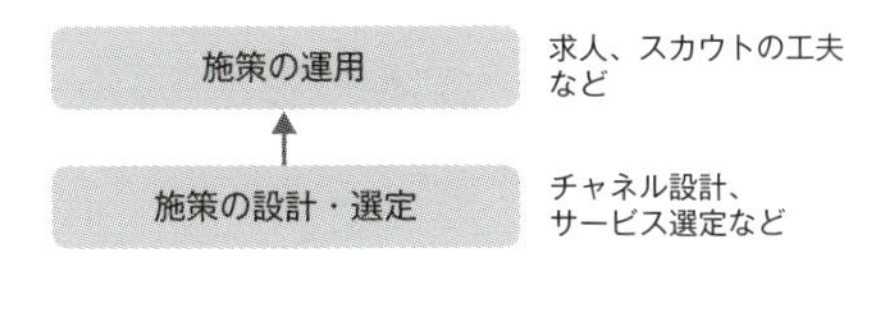

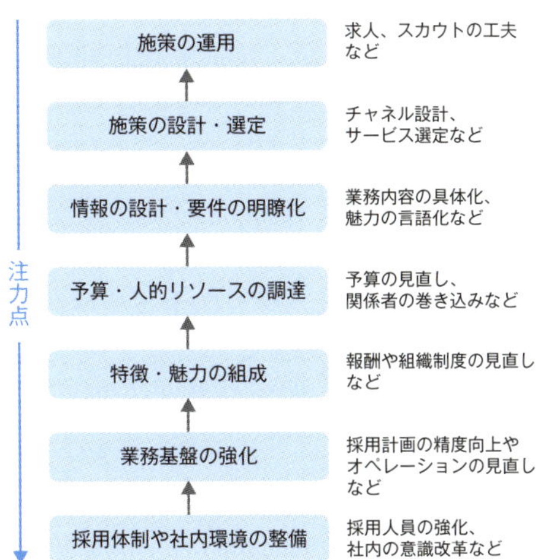

図1-4　社内プロセスの注力点の広がり

されますが、それらについてより求職者に伝わりやすいように具体的に書いたり、「入社したら何が得られるのか」といったアピールポイントや魅力を言語化することに時間を割いたりと、**情報の設計に力を入れる**企業が増えています。また、そもそも人物像やスキル要件が不明瞭であれば効果的な採用活動ができないので、関係者で何度も集まり要件の明瞭化に労力を割く企業も増えています。

このような採用活動にはお金も労力もかかるので、それらの大小も採用競争力になります。そのため社内でより大きな予算を調達したり、関係者を巻き込んで人的なリソースを調達したりする動きも盛んです。

さらには**特徴や魅力を新しく“創ろう”とする動き**も見られます。先に述べた情報の設計は現状の事業や組織を“いかにうまく伝えるか”を工夫するものですが、そもそも根本的に特徴や魅力がなければどれだけうまく伝えようとしても限界があります。そのため、採用競争に勝つために特徴や魅力を新しく生み出そうとする企業も見られます。たとえば、「週休3日制」といった特徴的な制度を設けたり、エンジニアだけ報酬テーブルを切り分けることで提示できる報酬を高めたりといった取り組みです。

上記のような採用活動は、それを支える管理業務や業務基盤が強固でなければなりません。「あれもやったほうがいい、これもやりたい」と考えもなしに施策に取り組んだり、関係者が好き勝手な行動をするようなオペレーションであったりすれば、いくら予算や人的リソースを社内でかき集めても霧散してしまい競争力にはなりません。そのため採用計画を立て、データをもとに振り返りを行い、本質的な問題点を見極めようとしたり、オペレーションを徹底的に磨き上げたりする企業もあります。具体的にはATSツール（Applicant Tracking Systemの略。採用管理システムとも呼ばれ、応募者情報や選考情報などを管理するツール）を導入することはもちろん、それを軸にデータドリブンな管理体制を構築したり、各業務のテンプレート化や選考時の有用な情報が抜け漏れなくデータ化されるようにオペレーションを組んだりといった内容です。このような業務は求職者に対して直接影響を与えるものではないためおろそかにされがちですが、間接的な採用競争力になるものなので工夫・改善を行う企業が増えています。

足腰の強い業務体制がなければ、ここまでに述べた業務は遂行できないので、採用体制や社内環境を強化しようという企業も見られます。たとえば、エンジニア採用の専任担当者や専任チームを設置することはもちろん、現場メンバーも巻き込んだ採用手法（スクラム採用など）を取り入れたり、ハイヤリングマネージャーの制度を取り入れて現場が積極的に採用に協力する仕組みを作ったりする企業も多いです。また、社内環境では、社外から優秀なCHRO（Chief Human Resource Officer・最高人事責任者）を迎え入れ経営と採用がより密に連携を図れるようにしたり、人事部の配下にあった採用部門を代表直下にしてスピード感を持って意思決定ができる組織体制にしたりといった取り組みも見られます。

ここまで述べた内容はあくまでも一例ですが、**採用競争が激しくなるほど採用活動をアウトプットするための社内プロセスについても、前工程に立ち戻り改善や工夫をしなければなりません**。マーケティングや事業開発などの領域では、「サプライチェーン（供給連鎖）」や「バリューチェーン（価値連鎖）」と呼ばれるフレームワークを用いて、商品の「材料の調達 → 商品の生産 → 物流 → 販売」といった一連の流れの中でどのように顧客に商品や価値を届けるのかを整理・分析することがありますが、採用活動の社内の流れを「採用のサプライチェーン」に見立てると、競争が激しくなるほど採用のサプライチェーンの下流工程だけを改善や工夫するだけでは勝つことが難しくなり、上流工程から改善や工夫を行うことが求められているといえます。エンジニア採用は小手先ではなく、初期的・根本的な社内の動きから競争力を高めなければ競争に勝てないということです。

自らの手で「採用競争力」を生み出さなければならない

>言いづらいこと、変えづらいことにも立ち向かう

ここまでに述べた内容について、「そんなことはできない」と思われた方も多いのではないでしょうか。選考プロセスに対しては言いづらいと感じたり、報酬や予算などを変えることに対しては変えられないものだと思われていたりするのではないかと思います。

しかし、激しい採用競争が行われている中で採用を成功させている企業においては、上記で述べたような取り組みが実際に行われており、言いづらいこと、変えづらいことにも立ち向かわなければ採用を成功に導くことはできません。そうしたことから目をそらし、「今の条件では採用できないと思っているけれど、現場は理解してくれないし、仕方がないからスカウトを送り続ける」といったように、できる範囲のことばかりに労力や時間を割いていても、「はじめに」で述べた「頑張っているのに成果が出ない」状態に陥ってもどかしさに苦しむだけです。

エンジニア採用は12.85倍の激しい人材獲得競争が行われているのですから、努力や工夫なくして採用の成功はありえません。楽に、安く、早く採用できるといった銀の弾丸はありませんので、困難さやつらさを乗り越える必要があります。それならば、言いづらいこと、変えづらいことから逃げずに立ち向かい、意味のある健全な方向にエネルギーを向けてみてください。きっと成果に近づく手応えを感じてもらえるはずです。

>自らの手で「採用競争力」を生み出す

採用は手法やTipsに意識が向きがちであり、「今の自社の魅力でも採用できる人を探し、見つける」という動きになってしまいがちですが、エンジニア採用では**「採用できる会社にしていく」という動き**が重要になります。仮に組織に魅力がないにもかかわらず優秀な人材を求めているのであれば、「今の魅力のない組

織でも、奇跡的に魅力に感じてくれる人を頑張って探す」といった考えをするのではなく、「採用したい人が入社したくなるような魅力のある組織を作る」という考えを持たなければなりません。

採用のメガネを通して自社を評価し、採用の観点から事業や組織に意見を言い、働きかけることも採用担当者には求められています。

エンジニア採用に向き合うマインドセットとして、**自らの手で「採用競争力」を生み出す意識を強く持ってください**。

第 2 章

競争のための採用業務

本章では、第1章で述べた内容を具体的に採用業務に落とし込み、これを「競争のための採用業務」として解説します。この内容は第2部以降で個々に述べる採用業務を構造的に整理し俯瞰したものです。

大きく「採用実務」「実務のマネジメント」「体制・環境のマネジメント」の3つに分類して業務を整理しています。その上で、採用の原理原則である「選ぶこと」「選ばれること」という視点に立ち戻り、各業務内容の目的や注意点を細分化していきます。

この章のポイントは、**より広い視野で採用業務を捉えること**と、**採用業務を構造的に整理して捉えること**です。エンジニア採用では、「採用広報をすべきだ」「人材エージェントとリテーナー契約[1]をすべきだ」「流行りのサービスを使うべきだ」といったさまざまな施策やTipsが提唱されますが、このような施策やTipsにばかり目がいってしまえば視野が狭まってしまいますし、自社が本当に取るべきアクションを見失ってしまいます。このような情報を受け取りながらも流されることなく、真に自社が取るべきアクションを考えるためには、採用業務の全体地図を持たなければなりません。このような地図を本章では解説していきます。

1　一般的な成果報酬型のフィーではなく、期間などに応じてコンサルティングフィーなどを支払う契約

採用業務を整理する

>採用競争力とは何か？

第1章では、エンジニア採用では非常に激しい競争が行われており、採用を成功させるためには競争に勝ち抜かなければならないと述べてきました。そのためには採用競争力が必要ですが、採用競争力とはいったいどのようなものでしょうか。本書では以下のように、採用競争力を「競争環境を把握する力」と「競争環境に対応する力」とで表現します。

採用競争力＝競争環境を把握する力×競争環境に対応する力

競争環境を把握する力とは、エンジニア採用が13倍の求人倍率の中で競争が行われていることはもちろん、採用したいポジションについて、採用競合やターゲットが明確であるか、その中で自社の相対的な位置づけはどのようなものであり、勝率はどの程度かといったことを調査、分析、理解し、置かれている競争環境を高い解像度で把握する力です。自分たちが戦う相手や戦場について把握できていなければ、どのような戦略や武器が必要かが見えてきません。「とにかく魅力的に見せればいい！」「とにかく報酬を高くすればいい！」「とにかくスカウトを送りまくればいい！」といった考えでは的はずれな魅力づけや、当てずっぽうの報酬設計、労力やお金の無駄につながってしまいます。

次に、競争環境に対応する力ですが、市況感や採用競合の動きを捉えることができたとしても、各社が行う工夫や努力に対応できなければ競争には勝てません。第1章でも述べた通り、13倍という求人倍率の中で各社はさまざまな工夫を行っており、「魅力を磨き込む」「エンジニアの報酬テーブルを改変する」「採用体制を強化する」といった労力、時間、お金、精神的な負荷のかかるようなことにも果敢に挑戦しています。そのため、自社においてもこのような大変な事柄にも立ち向かい自分たちの動き方や自社を変えていく牽引力・変革力が必要です。

>採用競争力を高めるために求められる採用業務とは？

採用競争力を分解し、そのポイントについて言及しましたが、具体的に何をすればいいのでしょうか。第1章で述べた各社の取り組みの工夫や努力から自社でも取り組むべき事柄を考えます。

採用プロセスと社内プロセスの変化を軸に取りマッピングして考えてみると、図2-1のようになります。本書ではこれを「**競争のための採用業務**」と呼ぶことにします。

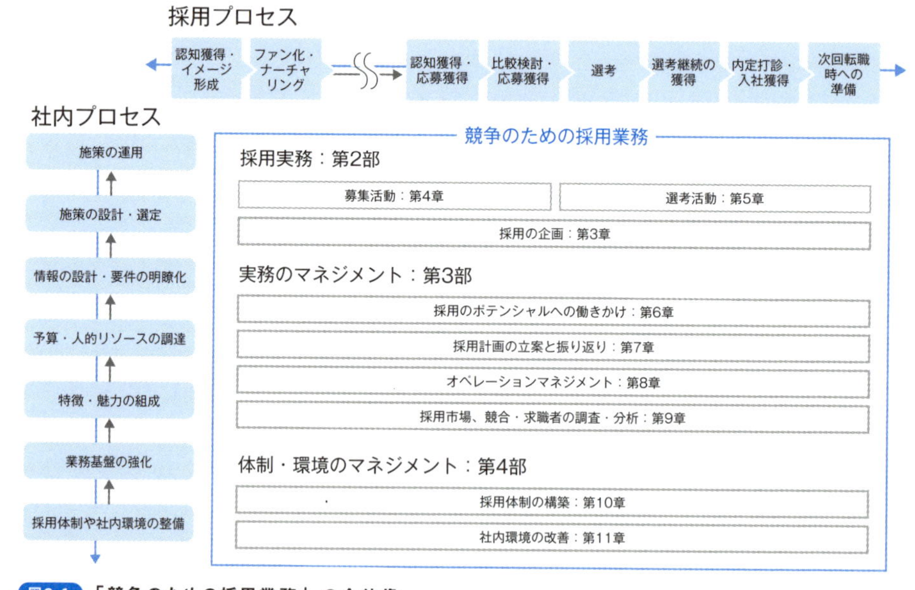

図2-1 「競争のための採用業務」の全体像

求職者と相対する採用プロセスでは広い範囲で、かつ詳細なプロセスに分けて工夫・改善がなされているので、それを反映するように募集活動・選考活動を行うことはもちろん、その前提となる業務についてもより視野を広げた内容としなければなりません。採用業務というと募集活動・選考活動だけをイメージされるかもしれませんが、これらは「競争のための採用業務」の中ではあくまでも一部の業務であり、その他にも根本的に取り組むべき事柄を明示的に採用業務として整理して解説します。

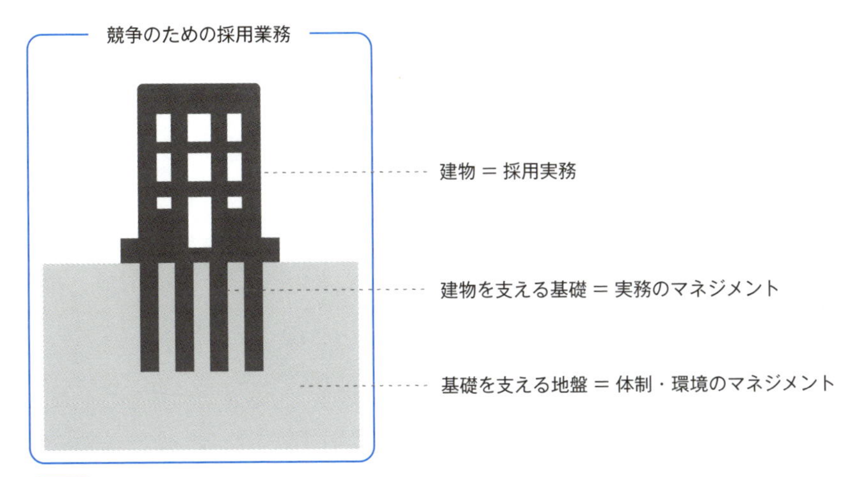

図2-2　「競争のための採用業務」の3つの業務分類

具体的な内容として、大きく「**採用実務**」「**実務のマネジメント**」「**体制・環境のマネジメント**」の3つの業務に分類できます。これらの関係は建造物にたとえると「採用実務」が求職者からも見えやすい建物部分、「実務のマネジメント」が建物を支える基礎、「体制・環境のマネジメント」が建物や基礎を支える地盤のような関係となります。

3つの業務は相互に関係しているので、どれか1つを強化すれば採用競争力が高まるわけではありません。たとえば、建物部分である「採用実務」において「選考を辞退されないように改善したい」となれば、それを支える基礎や土台も必要になるので、「実務のマネジメント」におけるオペレーションマネジメントや、「体制・環境のマネジメント」における採用体制も強化する必要が出てきます。これらのバランスが取れることによって採用競争力が高まります。

そのため、図2-3のように高度で大掛かりな建物を建てようと思えば、より強固な基礎や地盤も求められることを意識してください。

反対に強固な地盤や基礎が既にあるにもかかわらず、それを活かす建物が作れていないのであればもったいないことをしています。たとえば、知名度も高く採用体制も強固であるにもかかわらず、質の低いスカウトを送っていたり質の低い選考をしたりしていては、やはり採用競争力は低いままです。採用競争力は総合力で作られるものだということを意識してください。

なお、「競争のための採用業務」は、“業務”と呼んでいるように採用担当者や

図2-3 各業務のバランスを取ることが大切

その他の関係者が行わなければならない仕事です。「できそうならやってみる」「誰か他の人がする」「時間や気力に余裕があれば行う」などと考えてしまうと「競争のための採用業務」は成り立たず、採用競争力は高まりません。自ら採用競争力を高めるという意識を強く持ち、取り組んでください。

欲をいえば、競争優位性を強固にするために、他社に真似されない武器となる業務を見極め強化していきましょう。

ここから各業務の詳細（各章）の内容について説明します。

＞採用実務

採用実務とは、本書では**採用ポジションごとに発生する業務**を指し、求職者と直接的にやり取りを行う業務です。詳しくは第2部で解説しますが、以下のようなものがあります。

●採用の企画（第3章参照）

採用を始める際に発生する業務であり、求職者と相対する前の企画業務です。第3章では採用の依頼を受け、実現可能性を判断し、社内で情報を集め、求職者に伝わりやすく魅力的に加工するといった一連の流れを解説します。

採用の企画業務はついおろそかにしてしまいがちな業務です。実現可能性がないにもかかわらず、「無理だとわかっているけれど、上司に言われたから頑張るしかない」などと破れかぶれに走り出してしまったり、求職者に伝えなければならない情報が不十分な状態で採用を始めてしまったりしてしまうケースが多く見られます。

採用に強い企業では、必ずこのプロセスに多くの時間や工数をかけます。後述する募集活動などに混合されてしまうことも多いですが、本書では明確に切り分け、1つの業務として解説します。

●募集活動（第4章参照）

求職者から応募を得るまでの活動です。採用業務の中心になるもので、特に時間や労力をかける必要があります。第4章では、募集活動の全体設計について解説した上で、スカウト施策や人材エージェント施策などの代表的な手法とともに、採用広報や採用ブランディング、ナーチャリング施策など、より発展的な内容も広く解説します。具体的なサービスや事例などについては本書では語りきれないので（一部紹介していますが）、手法の全体像、各手法のポイントに解説の焦点を当てています。

●選考活動（第5章参照）

選考活動は求職者の応募から内定承諾までのプロセスで行われる活動です。第5章では、選考活動の全体設計について説明した上で、ワークサンプルテストや構造化面接などの具体的な手法についても解説します。また、エンジニア採用ならではの技術に関する選考についても具体的なサービスを含め紹介します。

選考は採用担当者が介入しにくいパートですが、現場のエンジニアに任せきりでは意図しない不採用や防げたはずの辞退が相次ぐ事態に陥るかもしれません。特に採用担当者とエンジニアが協力しながら改善していくべき業務です。

＞実務のマネジメント

実務のマネジメントとは、求職者と直接相対する業務ではなく採用実務を支える業務であり、**間接的な採用競争力**となります。詳しくは第3部で解説しますが、次のようなものがあります。

●採用のポテンシャルへの働きかけ（第6章参照）

採用のポテンシャルとは、求人票やスカウトなどに現れる前の、採用活動に使える予算、期間、工数や、企業の知名度、組織制度の特徴などのことを指します。言い換えれば採用活動の資源となる事柄です。採用に苦戦する場合には採用のポテンシャルに働きかけて改善していかなければなりません。第6章では、この働きかけ方について、採用の上位の計画を用いて解説します。

この業務は簡単なことではありませんが、根本的な採用競争力を高めるためには避けられません。第6章で述べる内容は、特に採用責任者や採用マネージャーなど採用部門を代表する立場の方が実行すべき内容です。

●採用計画の立案と振り返り（第7章参照）

どのような仕事にも目標や計画が必要であり、それを振り返ることで改善していきますが、採用でもこのサイクルは重要になります。第7章では採用計画の根本的な考え方、枠組み、進め方を解説し、具体的なPDCAサイクルの回し方についても解説していきます。

採用がうまくいっていない企業はこの業務をおろそかにしがちであり、結果としてルーティンワークで毎日同じ作業ばかりしていたり、対症療法的な打ち手で本質的な問題が解消されなかったりという状況が見られます。一方で採用に強い企業はこの業務に特に力を入れています。この業務は採用するポジションや関係する人間が増えると特に重要性が増すので、その点も意識しながら読み進めてください。

●オペレーションマネジメント（第8章参照）

オペレーションマネジメントは各業務の流れや関係の整理・設計をする業務です。本書では業務フローの設計、ミーティング・データ・ツールなどの設計や活用まで広く含めて解説します。

オペレーションマネジメントは採用業務の効率を左右するものであり、採用競争力を間接的に高めます。オペレーションマネジメントも、採用計画と同様に採用するポジション数や関係者の増加に伴って重要性が高まります。そのため、急拡大中のスタートアップ企業や大手企業などは特に力を入れるべき内容です。

●採用市場、競合・求職者の調査・分析（第9章参照）

第1章で競争に勝ち抜くためには、“内”ではなく“外”に目を向けて採用活動を変えていかなければならないと述べましたが、外の情報を得るための具体的な動きがここで述べる採用市場や採用競合企業の調査です。内部だけでなく外部にも目を向けなければならないことを何度も述べていますが、その具体的な方法を解説します。

日頃の業務の中でもある程度外の情報は得ることができますが、受動的・偶発的に受け取る情報だけでは量・質ともに不十分なことも多いです。そのため、能動的・戦略的に採用市場や採用競合企業、求職者などの情報を取得することが大切になります。これも明示的に業務として実施されることは少ないですが、採用がうまくいかないときには一度立ち止まり調査に時間を割くことも大切になります。また、自分だけでなく関係者全員で協力し合うためには、感覚的な意見ではなく客観性の高い意見を述べる必要がありますが、客観性を担保するためにも調査によって情報を得ることが重要になります。

>体制・環境のマネジメント

体制・環境のマネジメントとは、**採用業務の実行主体である人・チームや、その周りにある環境面のマネジメント**です。詳しくは第4部で解説しますが、以下のようなものがあります。

●採用体制の構築（第10章参照）

第10章では、採用業務を実行する担当者や実行するチームである採用体制について解説します。

エンジニア採用は手法も多様化し、業務の難易度が高まって必要な工数も増えています。このような中ではチームに十分な能力、リソース、連携などがあるかどうかが重要になります。採用がうまくいかない企業ではそもそも採用体制が脆弱であり、「採用ブランディングにチャレンジしたい」「選考体験を良くしたい」などと思っても絵に描いた餅で終わってしまいます。一方で採用がうまくいっている企業は能力・経験の高い人材をアサインしたり、チームビルディングに力を入れたりとさまざまな工夫をしています。これらを整理し採用業務の実行者・チームについて、その構築の方法や運用のポイントを解説します。

●社内環境の改善（第11章参照）

採用活動を行う上で、採用を取り巻く社内環境は非常に重要です。採用部門に裁量がなく予算や施策を自由に決めることができなかったり、社内で協力を求めても応えてくれない社内環境であったりすれば、採用活動のスピードは鈍化し効率も悪くなります。このような状況を変え、採用の追い風となる社内環境を作る取り組みとして、組織図や組織配置、社内制度、経営陣の意識などの改善について解説します。

社内環境は簡単に変えられるものではありませんが、目を背けてはなりません。特に採用部門の責任者やマネージャーには重要になる業務です。

原理原則に立ち戻り、それぞれの業務にも意思を込める

>「選ぶ」だけでなく「選ばれる」ことが必要

ここまでは採用競争、採用市場の観点から採用業務のあるべき姿を考えてきました。ここからは採用の原理原則に立ち戻り、ここまでに述べた採用業務の目的について考えます。本来採用業務として意識すべきことに触れ、採用業務の精度を高めることを目指します。

採用業務の前提として、そもそも採用が成立する条件について考えてみます。採用は図2-4のように、企業と求職者の双方が選び合うことで成立します。企業側の目線では、**「求職者を選ぶ」ことと「求職者に選ばれる」ことの両立によって採用が成立します**。当然ながらどちらか一方だけが「採用したい（採用してほしい）」と強く願っても、もう片方が選ばなければ採用は成立しません。

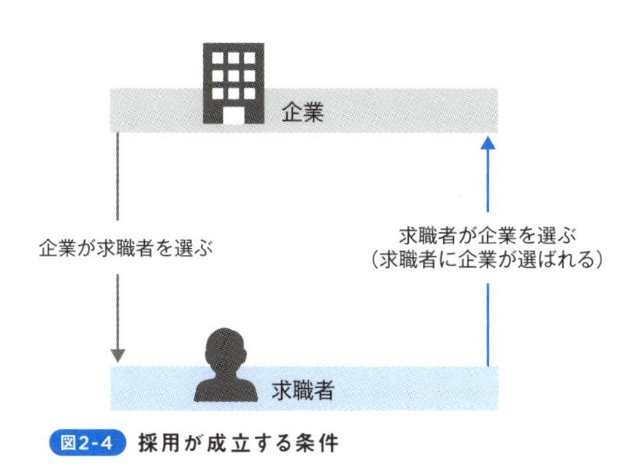

図2-4 採用が成立する条件

採用倍率が高い状況では「求職者に選ばれる」ことの難易度が非常に高くなります。そのため、「求職者を選ぶ」という態度だけで採用業務を行っていてはいつまでも採用が成功しません。第1章でも述べたように、開発部門のエンジニアは普段は選考だけを担当することも多く、採用市場に触れていなかったり、「求

職者を選ぶ」という業務ばかりをしたりするために、「求職者に選ばれる」という意識が薄くなりがちです。大前提として、エンジニア採用は採用倍率が高い状況であるために「求職者に選ばれる」ことが重要であることを意識してください。

もちろん、「求職者を選ぶ」ことも変わらず重要です。どれだけ「求職者に選ばれる」ことに成功したとしても、採用すべきではない人を採用してしまえば元も子もありません。「求職者を選ぶ」ことと「求職者に選ばれる」ことを両立させることが大切です。

>各採用業務で「選ぶ」ことと「選ばれる」ことの両面を意識する

採用が成り立つには「求職者を選ぶ」ことと「求職者に選ばれる」ことが必要であると述べましたが、これらはすべての採用業務で意識しなければならないことです。

最もわかりやすい募集活動と選考活動について考えてみると、図2-5のように募集活動でも「求職者を選ぶ」ことと「求職者に選ばれる」ことの両方の行為が行われ、選考活動でも同様に両方の行為が行われます。

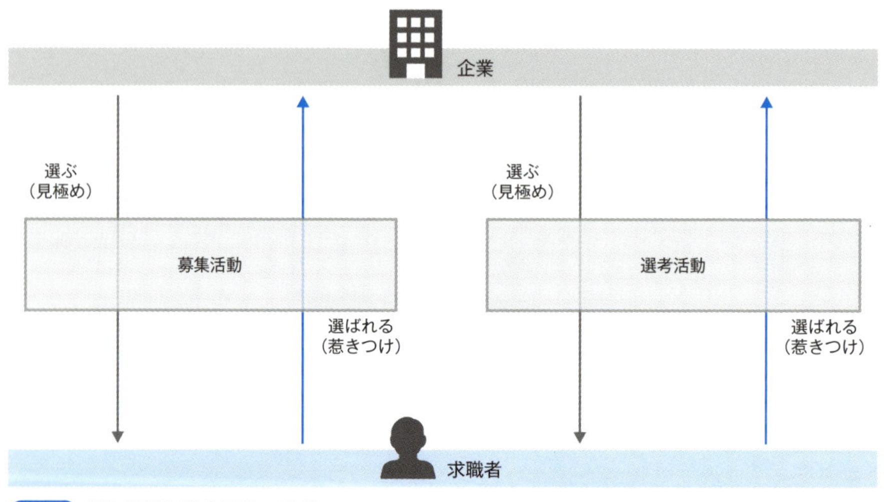

図2-5 募集活動と選考活動の関係

「募集活動＝求職者に選ばれるための活動」、「選考活動＝求職者を選ぶための活動」と捉えがちですが、募集活動でも「求職者を選ぶ」ことが必要ですし、選考活動でも「求職者に選ばれる」ことが必要であり、これらは単に濃淡の違いに過ぎません。

そのため、たとえば募集活動では「誰でもいいからとにかくたくさんの人に選んでもらえるように動く」といった行為は得策ではなく、スカウトやエージェント施策で適切に求職者を絞り込むといった行為も大切になりますし、選考活動では「選考に進んだならこちらが選ぶ立場だ」などとふんぞり返っていてはならず、選考の回数を減らしたり選考体験を良くしたりすることで辞退されないようにすることが大切になります（これらの具体的な内容は各章で解説します）。

このことから、本書では募集活動でも「求職者を選ぶ」という見極めの業務を、選考業務でも「求職者に選ばれる」という惹きつけの業務をそれぞれ具体的な内容として説明します。

また採用要件や求人票を作る際にも、図2-6のようにやはり「求職者を選ぶ」ことと「求職者に選ばれる」ことの両方の視点が求められます。

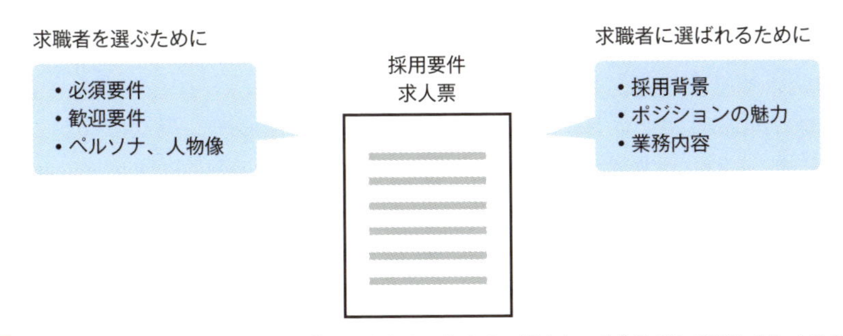

図2-6 採用要件や求人票で求められる「求職者を選ぶ」ための視点と、「求職者に選ばれる」ための視点

採用要件や求人票を作る際には必須要件や歓迎要件、ペルソナ、人物像などを明確にしますが、これらは「求職者を選ぶ」という目的に重きを置いた際に必要な情報です。しかし、「こういう人を採用したいんだ！」という情報だけでは自社を選んでもらえないので、**「求職者に選ばれる」ために必要な情報もしっかりと設計して記載しなければなりません**。たとえば採用背景やポジションの魅力、業務内容などは求職者に選ばれるためという目的に重きを置いた情報になり、これらを詳細かつ具体的に記載したり、他社との違いを明確にしたりしなければなりま

せん。

もちろん各情報は「選ぶ」ことにも「選ばれる」ことにも使われますが、大切なことはこの両方の視点を持つことです。本書では採用要件や求人票の解説パートにおいて、これらの両視点を踏まえて解説します。

その他にも採用計画と振り返りでは図2-7のように、「求職者を選ぶ」ステップと「求職者に選ばれる」ステップとに分解し、採用ファネルを表現することも大切になります。

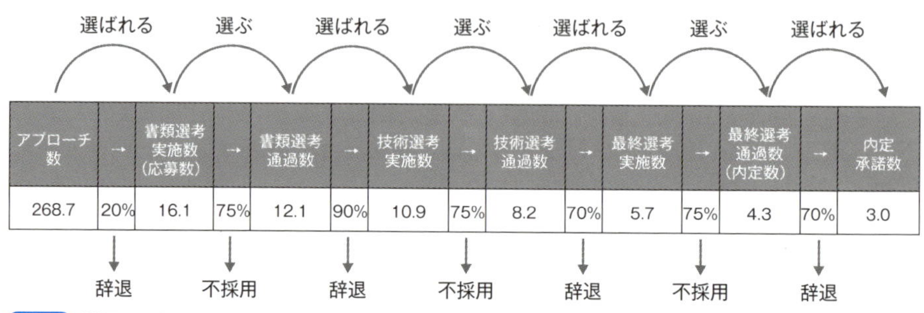

図2-7 採用ファネルで表現される「求職者を選ぶ」ステップと「求職者に選ばれる」ステップ

このような分解がないまま、「1次選考数」「2次選考数」……といった数だけを追えば、求職者が次のステップに進まない原因が求職者に選ばれなかったことにあるのか、求職者を選ばなかったことにあるのかを分析できません。このようなファネル設計の代表例として、採用計画と振り返りの解説パートでも、「選ぶ」「選ばれる」の両視点を踏まえた解説を行います。

ここまで述べた内容を一例として、採用の各取り組みでは「求職者を選ぶ」ことと「求職者に選ばれる」の両方の目的を持って思考・実行することが求められます。また、これらのバランスと両立によって良い採用が実現するので、どちらか一方のみに思考・実行が偏らないようにしましょう。

>「選ぶ」こと「選ばれる」ことの精度を高める

採用業務では「求職者を選ぶ」ことと「求職者に選ばれる」ことの両面を意識しなければならないと述べましたが、その精度についても考えます。

まず、企業が求職者を選ぶ際には図2-8のような判断をしているはずです。この際の正誤について考えると、「採用すべき人を採用すべきと判断した」、もしくは「採用すべきでない人を採用すべきでないと判断した」とすれば正解ですが、「採用すべき人を採用すべきでないと判断した」、もしくは「採用すべきでない人を採用すべきと判断した」場合には誤った判断となります。

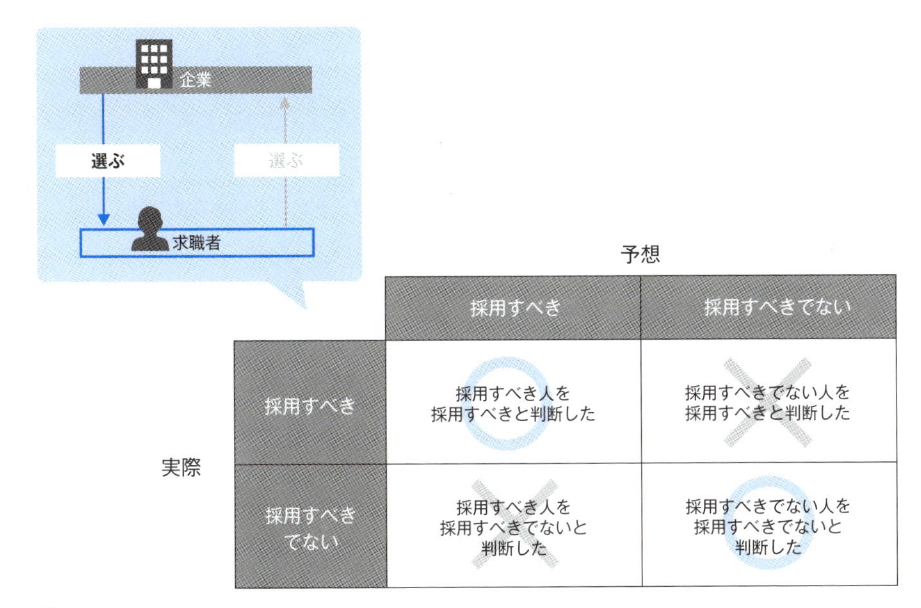

図2-8 企業が求職者を選ぶ際の正誤

同じように求職者が企業を選ぶ際の判断の正誤を考えてみると、図2-9のようになります。「入社すべき企業を入社すべきと判断した」、もしくは「入社すべきでない企業を入社すべきでないと判断した」とすれば正解ですが、「入社すべき企業を入社すべきでないと判断した」、もしくは「入社すべきでない企業を入社すべきと判断した」場合には誤った判断となります。

「求職者に選ばれる（求職者が企業を選ぶ）」ことについて、より魅力のある企業であることを見せるのは前述の通り採用競争が激化する中では重要なことですが、その上でその精度について考えてみれば、誇大広告のように「うちに入れば報酬も高いし、業務は楽だし、市場価値も上がるよ」などと事実に反して期待値を高めることは望ましくありません。

ここまでに述べた間違いを具体的な例で整理すると次のようになります。

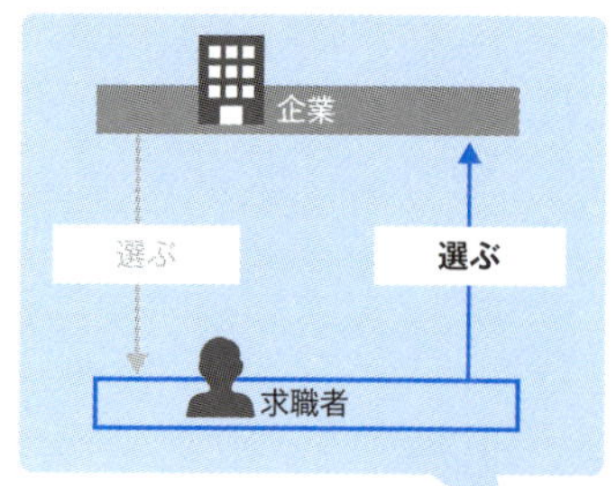

実際＼予想	入社すべき	入社すべきでない
入社すべき	入社すべき企業を 入社すべきと判断した	入社すべきでない企業を 入社すべきと判断した
入社すべきでない	入社すべき企業を 入社すべきでないと 判断した	入社べきでない企業を 入社すべきでないと 判断した

図2-9 求職者が企業を選ぶ際の正誤

＜企業が求職者を選ぶ＞

- 「採用すべき人を採用すべきでないと判断した」間違い

採用要件にない要件で過度な見極めをしてしまい、本来は自社で活躍できる可能性を秘めた人材を不採用としてしまったり、エージェントからの提案をよく見ずに「転職回数が多いから」といった理由で紹介を断ったりするケースです。

これは本当によく起こる間違いですが、採用倍率が高い状況でこのような機会損失をしてしまうことは本当にもったいないことをしています。

- 「採用すべきでない人を採用すべきと判断した」間違い

採用のミスマッチであり、単純なキーワード一致で候補者を探したり応募数を増やすことだけを意識して人材エージェントに基準を下げて紹介を受けたりすることによって起こりがちな間違いです。選考では評価項目が明確には決められておらず、「話が盛り上がったから」「個人的につながりがあったから」といった本来評価すべきこと以外に加点してしまったり、「少し不安は残るけれど、人が足りないから通そうか」といった判断をしてしまったりすることで通過・内定を出してしまうケースです。

この間違いはいうまでもなく企業の大きな不利益につながります。

<求職者が企業を選ぶ（自社が選ばれる）>

・「入社すべき企業を入社すべきでないと判断した」間違い

企業側の判断と同様に機会損失につながります。企業の印象や業務内容などについて誤解されてしまうケースです。たとえば、本来は技術力が高い企業であるにもかかわらず営業職の発信が多いために「営業会社だ」と思われてしまったり、チャレンジングな業務が多くあるにもかかわらず、「あの企業はある程度完成しているから挑戦しがいがないだろう」と思われてしまったりするケースです。

この間違いも採用競争が激しい環境では非常にもったいないことをしてしまっているので、適切に防ぐべき内容です。

・「入社すべきでない企業を入社すべきと判断した」間違い

企業側の判断と同様にミスマッチにつながります。聞き心地の良いことしか伝えなかったり、条件や業務環境を誇張して伝えたりしてしまうことが原因に挙げられます。また具体的な情報が伝わっておらず、「取りあえず内定数だけ稼ごう」といったモチベーションで応募される場合も考えられます。

このような間違いを誘発してしまうと、狙っていない求職者からの応募が多くなり余計な対応業務が増えてしまいます。採用競争が激しければ面談や面接のリソースも限られるので、このような間違いをしてしまえばリソースが無駄になります。この問題は、「自社は人気がある企業なんだ！」と勘違いしてしまいがちなので注意が必要です。

こうした具体的な間違いは、採用現場で思い当たるものも多いのではないでしょうか。採用活動とはここまでに述べた4つの間違いを減らし、正しく選び、選ばれるための活動といっても過言ではありません。

そして、各業務では「選ぶ」こと「選ばれる」ことの精度を高めるための動きをすべきです。上記で述べた間違いは基本的にトレードオフ（一方を優先すると他方がうまくいかなくなること）の関係にあり、たとえば「採用すべき人を採用すべきでないと判断した」という間違いを減らそうとすると、ターゲットではない求職者にも広く声をかけたり、選考では評価を甘くしてしまったりすることが考えられますが、このようなことをしてしまうと「採用すべきでない人を採用すべきと判断した」という間違いが増えてしまいます。同様に「採用すべきでない人を採用すべきと判断した」という間違いを減らそうと思うと、スカウトの検索時やエージェントサービスで紹介してほしい求職者の要望を出す際に必要以上に厳しい人材要件としてしまい、「採用すべき人を採用すべきでないと判断した」という機会損失が増えてしまいます。

採用業務は使える時間も費用も工数も有限です。特に採用競争が激しいエンジニア採用では無駄なことを行っている余裕はありません。採用業務を「選ぶ」「選ばれる」という行為に分解し、その精度を高めることで効率的な採用業務を目指してください。

ここで述べた内容はややこしく感じるかもしれませんが、採用は企業と求職者の双方の動きがあり、とても複雑なものです。**採用を無理に単純化し過ぎてしまうと活動も単調的になり効率が悪くなってしまうので、効果的な採用業務にするためには複雑なものを複雑なままに捉える努力も必要になります。**このような整理は自社の採用業務の問題についてチームでも議論や整理がしやすくなるはずです。各業務の内容を解説する際には、本章で述べた目的や精度の話を交えながら解説していきます。

第2部

採用実務

第２部は図2nd-1のように３章構成で「競争のための採用業務」における採用実務について解説します。採用実務とは、本書では採用ポジションごとに発生する業務を指し、求職者と直接的にやり取りを行う業務です。第３章「採用の企画」、第４章「募集活動」、第５章「選考活動」の大きく３つのパートに分けて説明します。

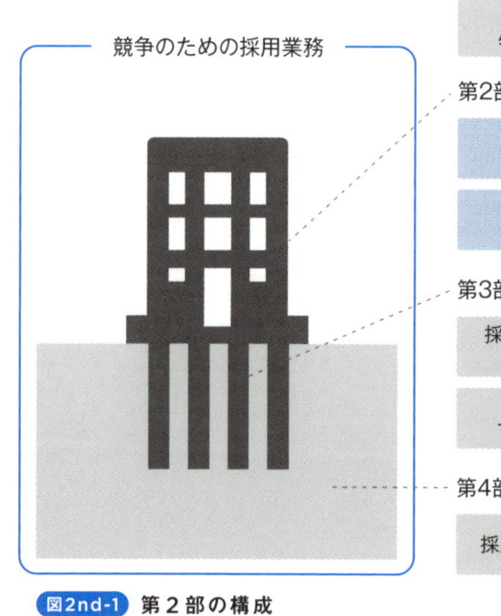

図2nd-1 第２部の構成

第3章では、採用活動のはじめの第一歩として、**採用の依頼を受け、情報を設計し、採用要件としてまとめること**について述べていきます。詳しくは後述しますが、このプロセスは意外にも抜けがちなので注意が必要です。

第4章では、**求職者が自社に応募するまでのプロセス**について扱います。全体の設計について述べた後、個々の取り組みについて紹介していきます。

第5章では、**応募以降のプロセス**について扱います。前章と同じく全体の設計について述べた後、個々の取り組みについて述べます。第2章で述べたように、「募集活動＝求職者に選ばれるための活動」、「選考活動＝求職者を選ぶための活動」ではなく、「募集活動」でも「選ばれる活動」「選ぶ活動」が入り交じり、「選考活動」も同様に「選ばれる活動」「選ぶ活動」の両方が求められます。

第2部で解説する内容は、普段から実行されている内容も多いはずです。ただし、本書のメッセージである「競争のため」という目線で業務に取り組めていない場合にはアウトプットされる内容も大きく変わります。その点を意識しながら読み進めてください。

第3章

採用の企画

本章では採用活動の初手となる業務について解説します。

採用は人事部や開発部などから依頼を受けて始まりますが、その際には必要な情報を得ること、そして実現可能性が低い場合には依頼を戻すことも必要になります。また、採用活動では人材要件を中心として、事業や組織、ポジション、業務内容など非常に多くの情報を扱います。そのため、採用活動を開始する前に必要な情報を社内から集め、整理し、求職者に伝わる情報にしておくことが大切になります。

採用現場ではこの準備のプロセスが抜け落ちていることも少なくなく、いきなり第4章で述べる募集活動を始めてしまうこともあります。しかし、**採用の企画は採用活動全体の良し悪しを決める非常に重要なプロセスであり、このプロセスが抜け落ちたりおろそかにされたりすれば効果のない採用活動を延々と繰り返すことにもなりかねません**。スカウト施策や人材エージェントなどの募集活動には何十時間、何百万円といった多大なコストを支払うのに対し、採用企画については「時間がなかったので急いで作成し、最初に作った内容を変えることもない」といったバランスの悪いケースも散見されます。

一方で、採用がうまくいっている企業は、必ずこのプロセスに多くの時間や工数をかけています。開発部門と採用部門で膝をつき合わせて議論し、「この内容なら希望通りの人材を採用できるだろう」といった手応えを確認しています。そのため、どれだけ緊急のポジションであってもしっかりとこのプロセスを踏み、時間や工数を割くようにしてください。

なお、本章で述べる内容をそれぞれ誰が責任を持って進めるのかは企業によって異なります。これについては第3部の採用体制で解説します。

採用の依頼と承諾

>採用の依頼を必要な情報とともに受け付ける

採用は事業やプロダクトの成長に伴う増員や、退職、育休／産休、異動などの欠員補充からそのニーズが発生し、配置転換や登用、業務委託人材への依頼、外部サービスへの依頼などの中で採用という手段がベストだと考えられた際に起案されます。この起案は採用担当者も協力して行うのが望ましく、事業課題や現在の組織、捻出できる人件費などにも採用の観点から意見を出すことが大切になります（このことは後述する実現可能性の項でも述べます）。ただし、採用の起案自体は事業部や人事部などが行うことが多いため、起案そのものについては本書では深く解説せずに採用の依頼を受け付けることから述べていきます。

採用の依頼を受ける際には、単に「新しく人を採用して」といった要望だけではなく、**その後の採用活動に必要な情報もセットで受け付けなければなりません**。これには自社の要望に関する情報（人材要件など）だけでなく、求職者が求める情報（採用背景や魅力など）も含まれます。具体的には、以下の情報は必ず採用の依頼とセットで受け付けるようにしてください。

- ポジション名
- 採用人数
- 企業、事業、組織概要
- 採用背景
- 業務内容
- 人材要件
- ペルソナ
- 採用競合
- 開発環境
- 配属チーム

- 報酬（給与、賞与）
- 魅力
- 選考内容
- 制約事項（期限、予算、工数など）
- その他（福利厚生、就業時間など）

ポジションや状況、利用するサービスなどによって他の項目を追記することが必要になることもありますが、**採用の依頼が来た時点で必要な情報が網羅・充実していること**が非常に大切になります。ひどいケースでは、口頭で「Aさんに変わるような人を探してくれないか」「とにかく優秀な人を採用して」といった粗雑な依頼しか出さないこともあります。

このような場合、採用に必要な情報が不足してしまい、どのような人材を探せば良いかわからなかったり、人材エージェントなどから情報を聞かれても答えられなかったりといったことになります。依頼者の中には、「エンジニアは人材要件だけ伝えればいい。あとは採用部門がいい感じに考えてくれればいい」といった考えを持っている人もいますが、このような弱い連携では採用競争を勝ち抜くことはできません。必要な情報がセットになっていない依頼に対しては勇気を持って突き返すことも大切です。

採用の依頼は、JD（Job Description・職務記述書）として記述され依頼されたり、Excelなどに記載されて依頼されたりすることが多いです。採用担当者は事前にエンジニアに対してどのような情報が必要なのかを伝えておき、記入しやすいようにテンプレートを整備しておきましょう。このテンプレートを本書では「採用要件」として作成することを推奨しています。なお、具体的な内容については後述します。

>実現可能性を考え、依頼を承諾する／戻す

採用の依頼は当然ながら実現可能な内容でなければなりません。依頼の出し手（主にエンジニア）は、「本当にこのような人が存在するのか？」「この人が自社に入社してくれるのか？」と問いながら内容を作り、依頼の受け手（主に採用担当者）は実際に採用が成功するまでの道のりを想定しながらその実現可能性を判断することが大切です。

実現可能性が低いと自覚しているにもかかわらず、「上司が言っているから断れない」「無理だとわかっているけれど頑張る」などと引き受けてしまうケースも見られますが、これでは誰も得をしない結果になります。どれだけ工夫しても採用は成功せず、費用や工数、時間だけが無駄になります。そうなれば、開発部門は開発の予定がずれてしまい、事業成長の足かせにもなるでしょう。採用担当者は頑張っているにもかかわらず評価されない負の状況に陥ります。

けれども、実現可能性を無視した依頼は多くの企業で見られます。たとえば、以下のような内容です。

> フルスタックな開発スキルがあり、ビジネス能力が高く、マネジメントもでき、自社への関心も高い人がいい。できれば若手だとうれしい。他のメンバーとのバランスもあるので、年齢的に報酬は500万円が上限。急いでいるから1カ月以内に採用してほしいが、採用の予算は30万円までに抑えてほしい。開発部門は手がいっぱいなので悪いけれど手伝えない。

これは極端な例であり、「無理だろう」とすぐに判断できると思いますが、どのような点で見極めるべきでしょうか。

実現可能性を判断する際には、主に以下の点を確認します。

●求める人材が十分に存在するか

世の中にいないような人物を採用してほしいと要望したり、十分な人数が確保できなかったりするケースです。先の例の「フルスタックな開発スキルがあり、ビジネス能力が高く、マネジメントもでき、自社への関心も高い人がいい。できれば若手だとうれしい」という内容について考えれば、そのような人材は世の中にほとんど存在しません。「スーパーマンを求めている」と表現されることもありますが、よく起こりがちな問題です。

求める人材が十分に存在するかを判断するには、スカウトサービスで条件にマッチする人数を調査したり、人材エージェントサービスにヒアリングしたりしてみましょう。また、プログラミング言語の利用者数などの調査を掛け合わせ、推定することもできます。

●求める人材に対し、自社の魅力が釣り合っているか

求める人材に対して自社やポジションの魅力（報酬や業務内容など）が不釣り合いであれば採用は成功しません。「他のメンバーとのバランスもあるので、年齢的に報酬は500万円が上限」という内容は求める人材に対して報酬が不釣り合いです。報酬や魅力が釣り合っているかどうかは採用競合や倍率などによって相対的に変わります。

求める人材と自社やポジションの魅力が釣り合っているかを確認する方法として、求職者へのヒアリングを行ったり、採用競合の求人などを調査したりすると良いでしょう。

●採用活動を行うための時間、予算、工数、能力などが十分であるか

求める人材が十分に存在し、釣り合う魅力を提示できたとしても、十分な活動が行えなければ採用は成功しません。そのため、採用活動を行うための時間、予算、工数、能力などが十分であるかを判断します。「急いでいるから1カ月以内に採用してほしいが、採用の予算は30万円までに抑えてほしい。開発部門は手がいっぱいなので悪いけれど手伝えない」という内容はこの点で問題があります。

採用活動を行うための時間、予算、工数、能力などが十分であるかを判断するには、採用計画を立てる際に必要なスカウト数や人材エージェントへの接触数などを割り出し、予想される各活動について必要な時間、予算、工数、能力などを考えます。

採用の依頼を承諾する際には、このような実現可能性の確認を経てから承諾するようにしてください。**実現可能性の低い依頼に対しては二つ返事で承諾せずに、勇気を持って採用の依頼を戻すこと**も大切です。

採用の依頼と承諾のプロセスがはっきりせず、「なんとなく依頼されて採用活動が始まる」といった業務の流れが根付いてしまっているケースも多く見られますが、そのような場合には担当者、手順、その際に利用するテンプレートなどを決めて業務プロセスを明確化すべきです。また、依頼・承諾時には「キックオフミーティング」を開き、足りない情報を集めたり、内容をブラッシュアップさせたりすることも有用です。このような業務オペレーションの設計については第8章で解説します。

情報の収集と磨き込み

>必要な情報を集める、引き出す

採用の依頼を受けた際には必要最低限の情報が手元にあるはずですが、採用活動を行っているとその情報だけでは足りないと感じることも少なくありません。たとえば、依頼時に「業務内容」について「開発チームのマネジメント、Webアプリケーションの開発全般」と記載があったとして、採用を受け付けるだけであれば大まかなイメージをつけられるので問題ありませんが、求職者に伝えることを考えれば「マネジメントとは育成も入るのか」「開発全般とは具体的にどの領域が中心になるのか」「開発を通じてどのような目標を達成すればいいのか」……とさまざまな疑問が出てくるはずです。

そのため、**採用活動において不足している情報を社内から集めたり担当者の頭の中から引き出したりする**必要があります。どのような情報を集めたり引き出したりすべきかは、後述する採用要件の具体例で個別に解説しますが、以下のような観点から不足している情報を考えます。

● **具体（詳細）、抽象（要点）の観点**

例：「業務内容を具体的に説明するとどのようなものか」「魅力を一言で示すなら何か」

● **前提、背景の観点**

例：「なぜ採用したいのか」「何に困っているのか」

● **時間軸の観点**

例：「以前はどうだったのか（過去）」「今後どうしたいのか（未来）」

情報を収集する際には社内にある資料を参照したり、関係者にヒアリングしたりといった行動が求められますが、特に以下のような動きも重要になります。

- 採用以外の資料も参照する（営業資料や開発のロードマップ、社内ミーティングの議事録など）
- 採用の依頼者以外からも情報を集める（VPoE（Vice President of Engineering）やCTO（Chief Technical Officer：最高技術責任者）、PdM（Product Manager）や事業責任者、代表など）
- 社内だけでなく社外の人からも情報を集める（人材エージェントやペルソナへのヒアリングなど）

採用の依頼を受ける時点で多くの情報があるに越したことはありませんが、多くの情報を準備するにはそれなりに工数や労力が必要です。そのため、依頼時には採用担当者が実現可能性や採用活動の見通しが立てられる程度の情報（先に述べた基本的な項目を埋めてもらう程度）を受け取り、ターゲットとする求職者に応じて深掘りすべき情報に目星をつけ、必要な情報を集めるようにしてください。**採用を受け付けるという目的と求職者に説明するという目的とでは必要となる情報の量・質に大きな差があることを意識すること**が大切です。

このように必要な情報を社内から集めたり担当者の頭の中から引き出したりすることは一度で完結するものではなく、採用活動の中で適宜行うべきものです。採用に苦戦したり求職者から情報を求められたりすれば、適宜このステップに立ち戻るようにしてください。

>情報を加工する

情報を集めるだけでは求職者にとっては理解しづらい内容であったり、魅力に感じない内容であったりすることも多いため、**求職者が理解しやすく魅力を感じやすい内容へと集めた情報を磨き込むこと**が大切です。

本来は採用に苦戦しないような魅力があるポジションであっても、集めた情報を右から左に流すだけになってしまっていては、求職者に十分に魅力を伝えられていなかったり、意図しない解釈をされてしまったりすることもあります。

そのため、次のポイントを押さえて情報を加工することが大切です（具体的な内容は後の「重要な項目を深掘りする」で解説します）。

求職者に向けた情報にする

社内から情報を集める際には、図3-1のように求職者以外のさまざまなステークホルダーに向けた情報を集めることになります。たとえば、サービスについて説明するためにお客さま向けの資料から文言や図などを引用することも多いですが、このような情報をそのまま求職者に伝えても、作られた目的が異なるのでうまく伝わらないことも多いです。そのため、**適宜求職者に向けた情報へと書き換えます**。

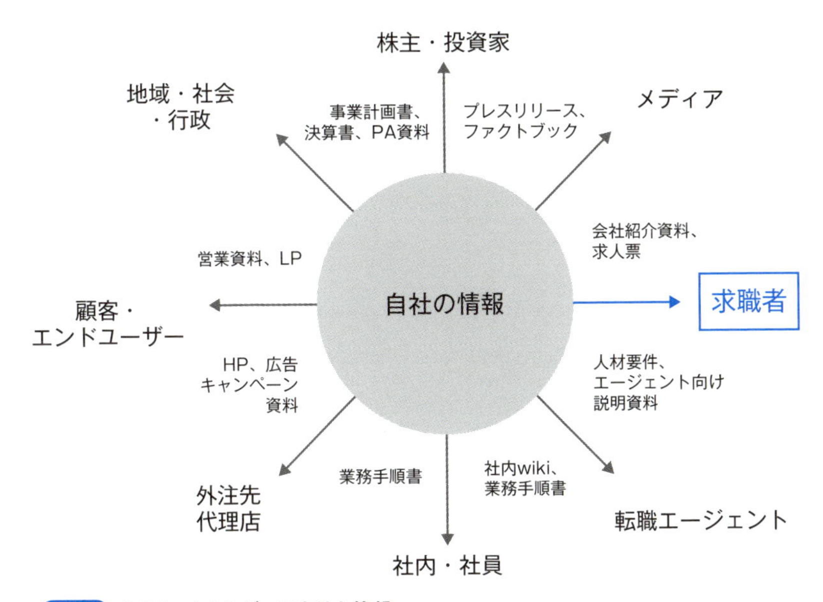

図3-1　各ステークホルダーに向けた情報

たとえば、顧客に向けたサービス資料にある文言は「使いやすく、効果の出やすいサービスです」といった"利用者目線"の説明であるはずです。しかし求職者は利用者ではないので、競争優位生や成長性に言及したほうが好ましい場合が多いです。具体的には、「業界の中ではめずらしく人件費が少ないビジネスモデルを構築できており高い利益率となっている」「業界の大手企業を既に押さえており、業界シェアを効果的に拡大できる可能性が高い」といった説明を加えたり、文脈を加工したりしなければなりません。

他にもエンジニア採用ではプロダクトや技術についての説明も必要になります

が、これもお客さまに向けた資料では「多機能であり、セキュリティもしっかりしている、使いやすいプロダクト」のように、“完成されているプロダクト”という見せ方になりますが、そもそも完成されたプロダクトでは新しい人材を採用する必要はないので話が矛盾することになります。そのため求職者に向けては、「利用者の増加に伴い処理する速度に課題がある」「利用者層が多様になり、優先機能や優れたUI/UXが決めづらくなっている」といったように、むしろ“課題があるプロダクト”という説明をしなければなりません。

このようにありものの情報をそのまま転用するのではなく、求職者＝エンジニアが求める情報へと変換するようにしてください。項目ごとの具体的な内容については後述します。

●具体化（詳細化）、抽象化（要約）する

情報を集めるプロセスでも説明しましたが、**情報を具体化したり抽象化したりすること**が大切になります。

採用が依頼される際に渡される情報は、多くの場合、抽象的過ぎる傾向にあります。そのため、必要に応じて具体化（詳細化）する必要があります。たとえば採用背景については、「人が足りないから採用したい」、業務内容については「Webアプリケーション全般」といった具合です。

しかし、これらの情報だけでは求職者に十分な入社後のイメージを持ってもらえず、魅力的な採用活動もできません。そのため、「開発チームをバックエンドとフロントエンド、インフラに分けようと考えており、バックエンドチームではリードできる人がいないため」「バックエンドの外部APIに関する領域をまずはお願いしたい」といったように具体化します（実際にはさらに詳しく説明する必要がありますが、ここでは趣旨を理解してください。後の採用要件の具体例でも例示します）。

一方で、具体的な情報を多く盛り込んでしまうと読解コストも高まってしまうので、**必要に応じて抽象化すること**も重要になります。エンジニアや代表などにヒアリングすると多くの情報が得られますが、あれも入れたい、これも入れたいと継ぎ足していくと最終的にまとまりのない情報になってしまいます。そのため情報を取捨選択しながら、「一言で示すなら何か」「結局何が言いたいのか」といった問いを投げかけ、抽象化（要約）することも大切です。たとえば、「事業は成長性があり、開発環境も素晴らしく、社員も優秀で、福利厚生も良い……」といった説明になっているのであれば、「一言で示すとワークライフバランスを

重視できる環境である。なぜならば……」などと要約することで具体的な情報も活きるようになります。

●ストーリーとして成り立たせる

採用ではさまざまな情報を扱いますが、これらは本来は**ストーリーとして成り立つ**ものです。たとえば、図3-2のように、「採用背景」とは採用によってどのような課題を解決したいのかを示す内容ですが、それに対応するように「業務内容」では課題を解決するためにどのような業務を行ってほしいのかを示さなければなりません。そして「人材要件」では業務を遂行するためにはどのような能力や志向が必要なのかを示し、「魅力」では能力などを活かすことで業務を遂行し、課題を解決すると何が得られるのかを示す、といったように文脈がつながるようにします。

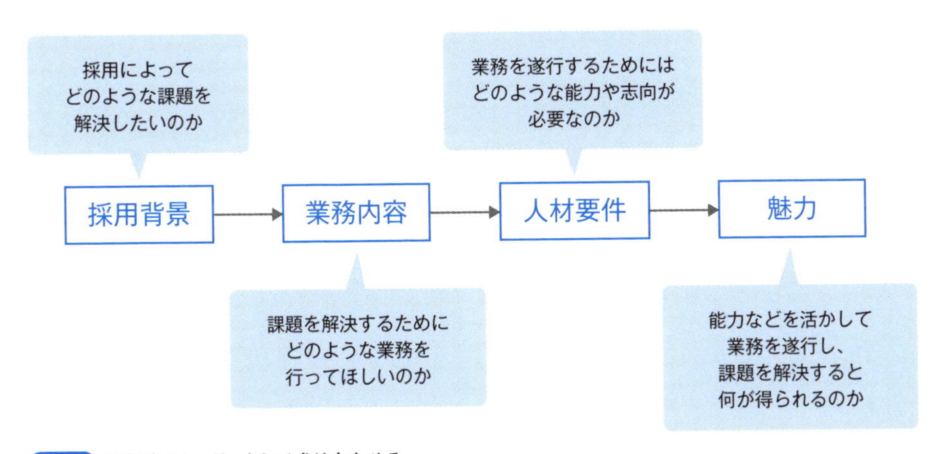

図3-2 情報をストーリーとして成り立たせる

これは当然のことと思われるかもしれませんが、採用がうまくいっていない求人票を見ると、多くの場合、このようなストーリーがなかったり、もしくはつながりが非常に弱かったりします。たとえば、「エンジニア組織を牽引する人間がおらず、開発の生産性が低い」といった大きな課題を示しておきながら、業務内容は「バックエンドの開発」、必須要件では「開発経験10年以上」、訴求内容では「働きやすい環境」といった内容であれば、それぞれのつながりが弱く、どのような仕事内容になるのか、自分が活躍できるのかといったことが想像できず、魅力的なポジションには映りません。
「採用背景」や「魅力」などのそれぞれの項目の内容を充実させることが重要ではあるものの、それぞれの項目が紐づきストーリーとして理解できるものになるように意識してください。

ここまで述べたポイントは、情報を加工する上での大前提となるものです。後述する「重要な項目を深掘りする」ではより詳細な内容を解説しますが、情報を加工するという行為そのものを業務のひとつとして位置づけ、このプロセスにも力を注いでください。

採用要件に情報を集約する

>採用要件とは何か？

採用要件とは、**採用活動に必要な情報をまとめたドキュメント**のことです。企業や事業、組織に関する情報、ポジションに関する情報・条件、採用施策に関する制約といった情報が集約されたものです。

ここまで「採用の依頼と承諾」、「情報の収集と加工」というプロセスについて説明しましたが、これらを行う際の情報を集約するものとして、本書では図3-3のように採用要件を利用することを推奨します。

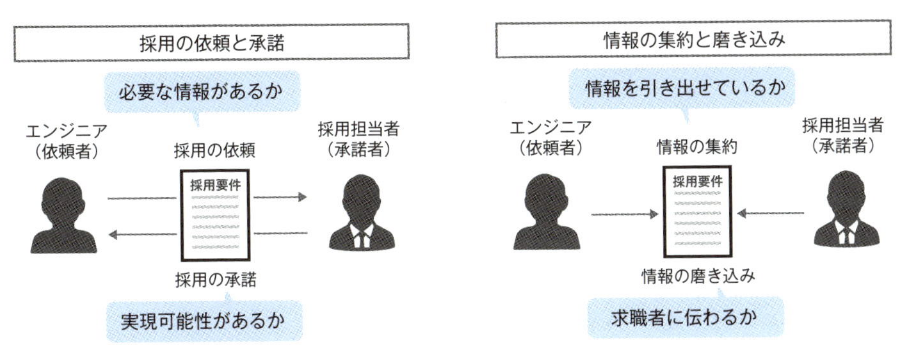

図3-3　採用の企画のプロセスと中心となる採用要件

採用現場では、「採用の依頼と承諾」はJDやExcelなどを用いて行われることが多く、「情報の収集と加工」は別途ドキュメントを用意したり求人票を直接書き換えたりすることが多いです。しかし、このように情報の集約点がバラバラになると更新作業や関係者間での共有に支障を来します。「最新の情報がどれかわからない」「ヒアリングしたドキュメントやエンジニアから送られてくるドキュメントがいろいろあってややこしい」といったことがたびたび起こります。そのため、**採用要件を「採用に関する情報のマスターデータ」として位置づけて管理**

できると採用業務をより効率的に行えます。

採用要件は募集活動や選考活動でも情報の参照元として重要な役割を担います。図3-4のように、求人票の内容やスカウト文面、あるいは面談時の説明の内容を決める際には、採用要件に集約された情報を参照することになります。

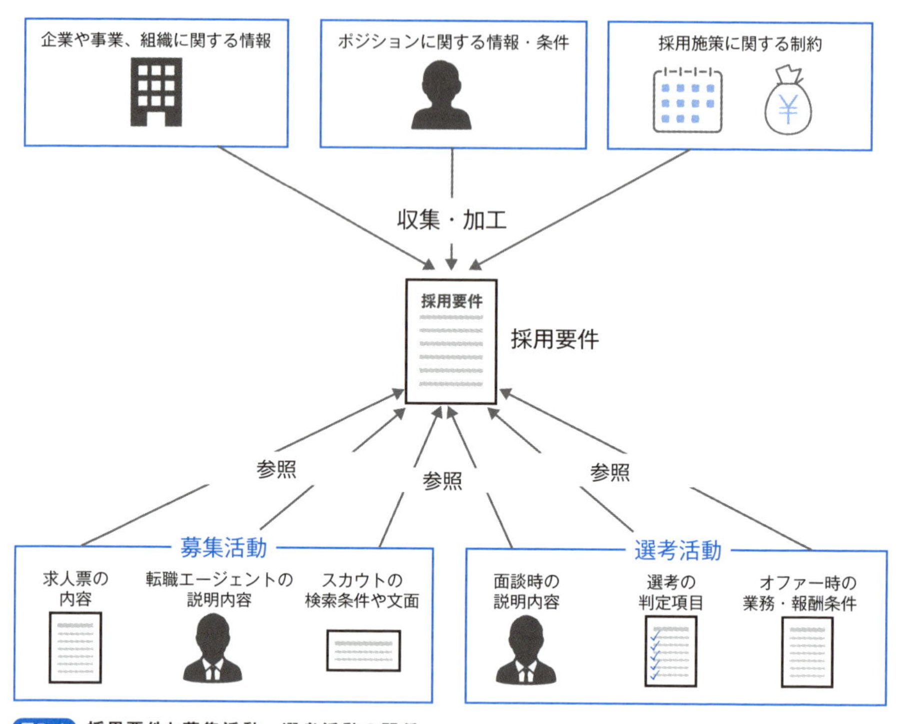

図3-4 採用要件と募集活動・選考活動の関係

このように採用要件は採用業務の基盤として重要な役割を担いますが、その重要性に反して軽視されがちです。たとえば、「採用要件を求人票としてそのまま公開する」「採用要件を作らずにいきなりスカウトを送り始める」「媒体に登録した求人票はアップデートするが採用要件は過去に作ったもののまま」といった状況は、まさに採用要件やその運用が軽視されている証しです。

採用要件にまとめるべき内容は活動内容や難航具合によって変化します。採用業務を実施する中で、求職者からよく聞かれる質問への回答や、採用競合との違いなど、採用業務に必要な情報を付け加えていきます。

なお、本書では採用要件をJDや求人票とは区別して扱います。JDは職務内容を明確にするものであり、採用だけでなく入社後の人事業務にも使われます。対して採用要件はあくまでも採用業務のためのものであり、用途が異なります。JDで明確にされる職務内容は採用要件にも記載されますが、採用要件には職務内容以外のさまざまな情報も盛り込まれます。これらを混同してしまい、一般的なJDのテンプレートを採用に用いてしまうと、「採用背景」や「業務の魅力」「制約事項」などの採用業務にとって重要な情報が抜け落ちてしまうことがあります。

また求人票は社外に公開する情報であるのに対し、採用要件は社内で共有される情報となります。したがって、**社内用と社外用とで情報整理の取り組みを別に設けること**は非常に重要です。ここまでに述べた「採用の依頼と承諾」「情報の収集と加工」といったプロセスを、求人票をベースにして行う企業もありますが、それでは社外に公開できる情報という制限がついてしまい、関係者間で理解すべき詳細な情報がそぎ落とされてしまいます。たとえば採用ペルソナとして、「メガベンチャーのA社かB社でマネージャーをしていて、勉強会で登壇したりOSS活動をしていたりする人」といったバイネームの企業名の情報は社外に公開されるものではありませんが、このような情報を社内で共有できれば採用活動がしやすくなるでしょう。他にも事業に関する情報として、「資金調達を3カ月後に予定している」といった情報は社外にはそのまま出せない内容ですが、関係者間では理解しておくべきものです。

採用要件はあくまでも社内用に必要な情報をまとめたものであり、求人票として社外に情報を発信する際には、採用要件に含まれる情報を利用するサービスや対象などに応じて削除・修正するものと考えてください。この観点に立てば採用要件と求人票との対応関係は図3-5のように1対多となることもあります。ペルソナや利用するサービスに応じて1つの採用要件から求人票が複数作られることもあります。

採用要件を情報の集約点として、また活動の中心として扱うことで採用業務の効率は飛躍的に高まります。後述する具体例も参考にして活用を進めてください。

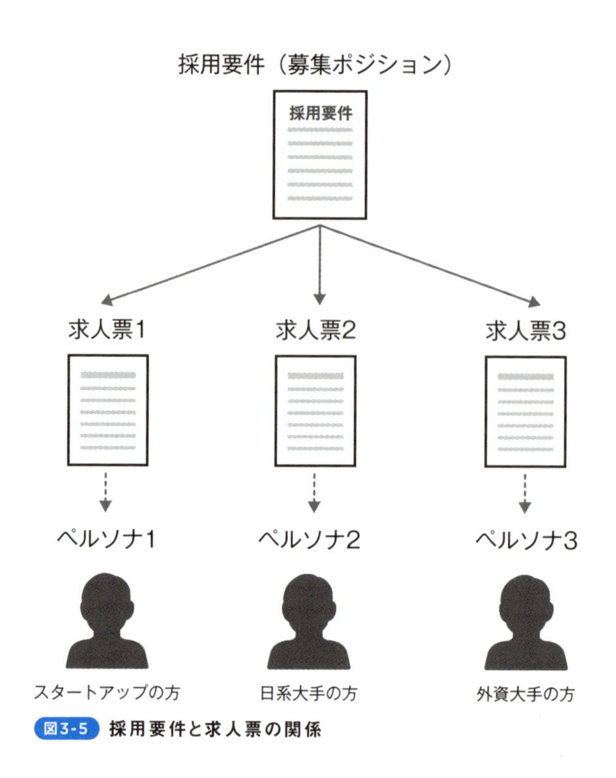

図3-5 採用要件と求人票の関係

＞採用要件の具体例

ここまで述べた内容を踏まえ、具体的な採用要件の例を紹介します。例示するのは架空のHRテックサービスのエンジニアリングマネージャーポジションです。エンジニアリングマネージャーは多くの企業で募集している一方で、多くの企業が採用に苦戦しているポジションです。本書はエンジニアリングについて詳しい内容を解説することが目的ではないので、業務内容なども理解しやすいエンジニアリングマネージャーを例にします。

採用要件にどのような項目が必要か、各項目を作成するポイントについて参考にしてください。

なお、ここで述べる内容は、採用活動にすぐに使えるように読者特典として提供しています（DLの仕方はxxivページ参照）。ぜひ利用してください。

●ポジション名

ポジション名はその募集を最も端的に示したものです。求人サイトや人材エージェントなどはこのポジション名を手がかりに検索・探索することになるので、社内での呼び名が一般的ではない場合には、対外的な呼び名をつけることが大切です。

例：【HRテックサービス】エンジニアリングマネージャー候補

●採用人数

採用したい人数を記載します。管理職の場合は1名の採用であることが多いですが、メンバーレイヤーの場合は複数名の採用となることもあります。事業やプロダクトの変化によって採用人数が変わることが想定される場合は、その内容も合わせて記載しておくと良いでしょう。

例：1名（ただし、メンバーが6月までに3名採用できた場合には、もう1名追加で採用する可能性あり）

●企業、事業、組織概要

企業、事業、組織などについての説明です。会社のWebサイトや営業資料に掲載されている企業概要などの文言をそのまま記述するのもひとつの手ですが、これでは表層的な説明になりがちであり、求職者を十分に惹きつけられないことも多いです。「誰に、どのような価値を提供しているのか」「どの市場に属していて競合企業はどこか、その中でどのような優位性を持っているのか」といったビジネスの要点を記載することが大切です。また、求職者の関心事は入社してから数年先のことになるので、現在の情報だけでなく目指している未来の情報も記載すると良いでしょう。

例：

我々は「歴史ある産業をITの力により次世代の成長産業にする」をビジョンに、業務効率化ツールを提供している。創業から5年とまだまだ若い会社だが毎年1.5倍以上の成長を続けており、現在は100名規模の組織となっている。現在複数のプロダクトをリリースしており、将来的にはプロダクト同士のデータや機能連携を行い包括的な業務支援ができるサービスを目指している。直近で大型の資金調達も行った。また既に製造、インフラ、素材などに関する事業を展開している大手企業を中心にご利用いただいており、強固な営業基盤をベースに開発にも積極的に投資ができている。

●採用背景

採用を依頼するに至った理由であり、このポジションを採用することによって解決したい業務や組織の問題を記載します。採用背景は後述する業務内容、選考項目、訴求内容などの前提になる情報なので、採用要件の中でも特に重要な要素です。詳しくは次節で解説します。

例：

現在開発部門では3つのチームがあるが、今後チームを増やしていきたいと考えている。既存のメンバーは0→1に強いが、今後のサービス・プロダクトの拡大を考えた際に設計に強みを持った人材が必要である。来年の4月から複数プロダクトのデータの一元化を進める予定であり、そのためにチームを3つにしたい。しかし、現状はマネジメントができる人材がCTOしかおらず､CTOが1人で正社員10人と業務委託5名を見ている。

このポジションが採用できることでCTOの手が空き、事業の競争優位性となる機能に着手できる。また、チームや組織を拡大・成長させることができ、新しいメンバーの受け入れもできるようになるため非常に重要なポジションである。

●業務内容

このポジションに担ってほしい仕事の内容です。求職者が応募するかを決めるために必ず確認する要素なので、特に時間をかけて言語化すべきです。詳しくは次節で解説します。

例：

- チームの目標設定・計測可能なKPIの設定
- 既存メンバーのパフォーマンスを高めるためのピープルマネジメント（目標設定、評価、1on1など）
- チームメンバーで役割やリソースが不足する場合には一部開発業務も担う

- 新メンバーの人材要件の決定、採用、オンボーディングフローの構築
- 緊急ではないが重要な問題に対するプロジェクト化とリード（技術負債や将来的な変化に対する準備など）

●人材要件

業務内容を遂行するために必要な能力や経験、資質などです。また、社内で定めているミッションへの共感やバリューの体現などを要件とすることもあります。一般的には必須要件に加え歓迎要件も記載されます。人材要件が曖昧であれば、その曖昧さを満たすために必要以上に優秀な人を求めてしまったり、的はずれな人材を探したりすることになるので特に重要な要素となります。詳しくは次節で解説します。

例：

<必須要件>

- ソフトウェアエンジニアとしてフルスタックに開発ができる方
- 5人以上の開発チームのマネジメント経験（評価や採用を含む）
- スクラムやアジャイルな開発を推進した経験
- チームの生産性を何らかのKPIで表現し、KPIマネジメントを行ってきた経験
- 組織とアーキテクチャとを関連させ、それぞれ意志を持って設計してきた経験
- 自社が掲げる行動指針に共感、マッチする方
- スタートアップならではのスピード感や変化を楽しめる方

<歓迎要件>

- ビジネスチームとも連携ができ事業KPIにコミットできる方
- プロダクトや開発組織について1年以上の中長期的な期間で戦略を考え実行した経験
- 新しい技術や知識に関して学習意欲が高い方
- 勉強会への登壇や外部発信などアウトプットに積極的な方
- ネットワークやセキュリティに関する知識
- 役割に対して責任を持って最後までやり遂げる力が強い方

●ペルソナ・ターゲット

ペルソナとは仮想的な人物像のことです。人物像を明確にすることで関係者間で認識がそろえやすくなり、スカウトや人材エージェントなどでもアプローチすべき人を判断しやすくなります。年齢、現職の企業や役職、担っている業務、開発や仕事に関する価値観、転職活動の動向やよく利用するサービス、その他特徴的な事柄を記載します。必須要件を満たすペルソナが複数考えられる場合には、ターゲットとすべきペルソナとそうでないペルソナを明確にします。詳しくは次節で解説します。

例：

＜ターゲット＞

- ペルソナ1：FinTech系スタートアップで働く20代後半の方。バックエンドの開発がメイン業務。エンジニアリングマネージャーの役割も兼務し、マネジメントしているメンバーは3名
- ペルソナ2：金融系の日系大手企業に勤める30代後半の方。上流工程の設計やベンダーマネジメントがメイン業務。マネジメント業務は未経験。技術が好きでOSSにコミットしていたり自学習をしていたりする

＜非ターゲット＞

- ペルソナ3：金融系の外資大手企業に勤める20代後半の方。上流工程の設計やベンダーマネジメントをしながら自身でもバックエンド開発を行う。マネジメント業務は未経験

●採用競合

採用活動において競合する企業やポジションです。基本的には自社と併願されることの多い企業を採用競合とします。求職者にとって自社と見比べて応募や内定承諾などを決める相手となるので、積極的に情報を収集し、自社の魅せ方を考える基準にします。詳しくは次節で解説します。

例：

- 特に競合視すべき企業、ポジション：株式会社A、株式会社Bのエンジニアリングマネージャーポジション

- その他競合視すべき企業、ポジション：自社開発メガベンチャー企業のエンジニアリングマネージャーポジション

●開発環境

自社で利用しているプログラミング言語やフレームワーク、データベースやクラウドサービス、OSなどの情報です。エンジニア採用の場合、この開発環境と求職者が持つスキルとのマッチを確認することが必要になるので、より技術色の濃いポジションでは具体的で詳細な情報を記載します。

例：

- バックエンド：Go、Node.js
- フロントエンド：TypeScript
- インフラ：AWS、Docker
- その他：Datadog、Terraform

など

●配属チーム

配属されるチームについてです。どのような特徴があるのか、上司や部下はどのような人物かといった情報があると働く姿がイメージしやすくなります。チームに業界で有名な人がいる場合などには積極的に紹介します。

例：

それぞれの専門性を認め合いながらも必要に応じてボールを拾い合えるチームである。指示を待つのではなく当事者意識を持ち、自律して仕事をするメンバーが集まっている。最新の技術・手法は積極的にキャッチアップしながらも、あくまで顧客体験を第一に開発を進められるチームである。

<バックエンド>

- スズキさん／経歴サマリ
- ヤマダさん／経歴サマリ
- ミヤタさん／経歴サマリ
- イノウエさん／経歴サマリ

- ハヤシさん／経歴サマリ

<フロントエンド>

- サトウさん／経歴サマリ
- ヤマモトさん／経歴サマリ

<その他>

- CTO／イトウさん／経歴サマリ
- PM／ナカタさん／経歴サマリ
- デザイナー／ヨシダさん／経歴サマリ

●報酬（給与、賞与）

金銭的な報酬である年収やストックオプションを明確に記すことが基本です。年収の場合は、「600万〜800万円」のように範囲で示すことが一般的ですが、この幅は200万円程度で収めることが望ましいです。たとえば、「400万〜1,000万円」のように記載されている場合には、求職者からすると「おそらく1,000万円というのは意味のない数字で、400万円が基本なんだろうな」という見え方になり、"釣り広告"のように捉えられてしまう恐れがあります。本当にそのポジションにアサインされる人の報酬が400万円の場合も1,000万円の場合もある場合には、別のポジションとして採用要件を分けることを検討すべきでしょう。「応募のあった人の能力によって後で考える」といった方針でまとめてしまったのかもしれませんが、400万円の報酬を支払う業務と1,000万円の報酬を支払う業務とでは大きく異なるはずです。

例：

- 600万〜800万円
- 決算賞与あり
- ストックオプション制度あり

●魅力

上記の業務内容や報酬などを踏まえた上で、特に訴求すべき内容です。人材エージェントがこのポジションを紹介する際に魅力づけをするのに用いたり、スカウトで冒頭に記載したりします。詳しくは次節で解説します。

例：

スタートアップのため組織規模はまだ小さく多くのポストが空いている。エンジニアリングマネージャーとしてチーム運営や開発体制の構築に主体的に取り組めるだけでなく、自身の志向次第では将来的にVPoEなどの経営に近いポジションも目指せる環境。

また、大型の資金調達を実施し、さらに事業は黒字化できている。そのため短期的な売上や成果に振り回されることなく中長期の視点で開発と組織作りに集中できる点も大きな魅力。

このポジションを通して、チームや組織の成長をリードした実績を築くことで、将来のキャリアにおいても市場価値の高い人材としてさらなるステップアップを目指すことができる。

●制約事項

制約事項は、採用活動にあたって満たさなければならない、期間、予算、工数などの制約のことです。この制約の中で採用することによってはじめて採用が成功したことになります。特に期間は明確にすべきです。詳しくは次節で解説します。

例：

- 期間：6カ月間（来年3月末までに内定承諾を得たい）
- 予算：採用単価 350万円まで
- 工数：ハイヤリングマネージャーのCTOイトウさんは、週2日程度は採用にコミット予定。CTO、エンジニアメンバーは基本的には選考のみ参加するが、必要に応じて募集活動や採用広報にも協力する

●選考内容

選考の回数、目安となる期間、各選考の内容などを記載します。選考の内容はどのような担当者が担当するのか、どのような方法か、重要視する内容は何かといった情報です。選考は求職者にとって心理的な負担も時間的な負担も大きいため、その内容によって応募するかどうかを判断する求職者も少なくありません。この内容は第5章でも解説します。

例：

書類選考を含め全4回の選考を実施。内容は以下の通り。

原則オンラインで実施。選考期間は約1カ月。候補者の方の他社の選考状況に応じて1次、2次を同時に行うなどの調整も可能。

- 書類選考：ハードスキル、ソフトスキルの有無を大まかに判断／人事クドウさん
- 1次選考：ハードスキルの有無を判断／エンジニアミヤタさん
- 2次選考：ソフトスキルの有無を判断／人事クドウさん、人事ヤシマさん
- 最終選考：カルチャー、バリューマッチを判断／代表サイトウさん、CTOイトウさん
- オファー面談（CTOイトウさん、人事ヤシマさん）

※リファレンスチェックを依頼する可能性あり

●関連コンテンツ

テックブログや登壇資料をはじめ、多様なドキュメント、資料、その他SNSアカウントなどの求職者に参照してほしいコンテンツが存在することもあるはずです。これらを確認しておきます。採用ポジションが数個であればこれらを探すことも容易ですが、ポジション数が増えるほど採用担当者1人で探すことは困難になるので、現場の人間がこれらを整理することをおすすめします。

例：

- テックブログURL
- 採用ピッチ資料URL
- CTOのSNS
- プロダクトや開発の方針についてまとめた記事

など

●働き方、勤務地、福利厚生、その他求人に記載が必要な事項

働き方としてリモートワークの有無や副業の可否、フレックス制の有無などを記載します。勤務地が複数ある場合などにはその記載も必要です。また、福利厚生としてどのようなものがあるかも記載します。これらの内容は求人票などでも必須の項目であることが多いため、必要に応じて追記・更新をします。

例：

- 試用期間3カ月（この間の給与・待遇などに変わりはありません）
- リモートワーク可能（ただし週1出社あり）
- 副業可能（事前申請が必要）
- フレックスタイム制
- 完全週休2日制（祝祭日、年末年始など）
- 育児・介護休業制度あり

など

ここまで、採用要件に必要な項目について、その概要と具体例を解説してきました。このような情報を採用依頼時に準備し、活動開始のタイミング（キックオフなど）で詳細化・具体化することで、採用活動の質を高めることができます。

一方で、こうした情報がないまま採用の依頼を受けたり、活動を開始したりしてしまうと、効率が悪くなるだけでなく、不適切な採用活動を進めてしまうおそれがあります。それにより、求職者に迷惑をかけてしまう可能性もあるため、注意が必要です。

ここで述べた内容はあくまで概要なので、次節からは重要な項目の深掘り方法について解説していきます。それぞれの項目に関して、先に挙げた具体例を参照しながら、どのように深掘りを進めるべきかを確認してください。

重要な項目を深掘りする

>採用背景

採用背景を深掘りするには、「なぜその人を採用するのか？」というシンプルな質問をさまざまな観点から言語化していく必要があります。より良い採用背景にするためには、**採用によって解決したい事業や組織、プロダクトの問題を明確に記載します**。そして、その問題に対する解決策が募集するポジションであるという説明を行います。

問題を説明する際には、その前提である目標や現状が記載されているほど納得感のある内容にできます。そのため、まず事業や組織、プロダクトの目標（KGI・KPI、マイルストーンなど）を記載し、それに対して現状の進捗を記載します。次に目標と現状の差分としてどのような問題が起こってしまっているのかを明確にします。より具体性を出すために目標のスケジュールを加えたり、現状を数値で説明したりします。たとえば、「来年の4月から複数プロダクトのデータの一元化を進める予定であり、そのためにチームを3つにしたい。しかし、現状はマネジメントができる人材がCTOしかおらず、1人で正社員10人と業務委託5名を見ている」といった具合です。

また、重要なポジションであることを強調したい場合には、このポジションの採用ができた場合のポジティブな未来、反対に採用ができなかった場合のネガティブな未来を記載できると良いでしょう。たとえば、「この採用がうまくいくことで、今後の事業における競争優位性の源泉を作ることができるのに対し、うまくいかなければユーザーの体験を改善できません。非常に重要なポジションです」といった内容です。

反対に良くない採用背景として、「人が足りないから」のような曖昧な内容で済ませてしまうなどといったことがありますが、もしも本当に「人が足りないから」で採用背景が済んでしまうのであれば、それは外注することで解決すべきです。採用背景を明確かつ具体的な内容として説明できないのであれば、採用の必要性を十分に検討できていない可能性が高く、必要のない人材を採用することにつながってしまいます。

>業務内容

業務内容をより良いものにするには、**「採用背景」や「必須要件」などとの関連性を意識し、働いているイメージがつくように内容を具体的にします。**

業務内容は、前述の採用背景で明確にした「採用によって解決したい事業や組織、プロダクトの問題」に対応するものとなります。その問題をどのような業務を行うことによって解決できると考えているのかを記載します。また、ここで記載する業務内容を実行するために必要になる能力や経験が人材要件になるので、対応関係を意識して内容を考えます。

これを意識せずに書くと、「プロダクト開発」や「マネジメント全般」といった一言で済む抽象的な表現になってしまいがちですが、このような内容では求職者は働いている様子をイメージしきれずに応募をためらうこともあるでしょう。そのため、5W1Hの中で重要な要素を意識し具体的に業務内容を記載します。

また、業務内容が直近1カ月程度の目先だけの内容になってしまっているケースも頻繁に見られますが、**最低半年程度を見越した業務内容を記載してください**。業務内容を考える際には、「今すぐしてほしい業務」に目がいってしまいがちですが、求職者がイメージする入社後の時間軸はそのような短いものではないはずです。

>人材要件

人材要件は、基本的に前述の「業務内容」を遂行するために求められる能力や経験ですが、深掘りする際には行動／経験／スキル／知識／性格／興味関心／価値観／動機／資格などさまざまな観点から考えることができます。必ず満たしてほしい要件を必須要件とし、必須ではないもののより評価を高めたり相性の良し悪しを確かめたりするための要件を歓迎要件として記載することが一般的です。

人材要件を作る際によく用いられる概念やフレームワークは、「コンピテンシー」や「ハードスキル／ソフトスキル」といった分類です。コンピテンシーなどはそれだけで1冊の書籍になるテーマなので本書では詳しくは解説しません。

より詳しく知りたい方は別の書籍を参考にしてください。これらは採用だけでなく、評価や育成など社内のその他の人事業務にも用いられることがあるので、人事部で話し合い、社内で共通の概念やフレームワークを取り入れられると良いでしょう。

採用企業は求めるスキルや経験を“過不足なく”保有している人材を探したいと考えてしまいがちですが、現実には図3-6のケース1のように、その経験やスキルを保有する人はより広い経験やスキルを持つ人材であったり、ケース2のように近接する経験やスキルをまたがって1人に期待していたり、ケース3のように求めるスキルがあまりにも広いことから部分的に担える人しかいないことが往々にしてあります。

想像と現実にギャップがない

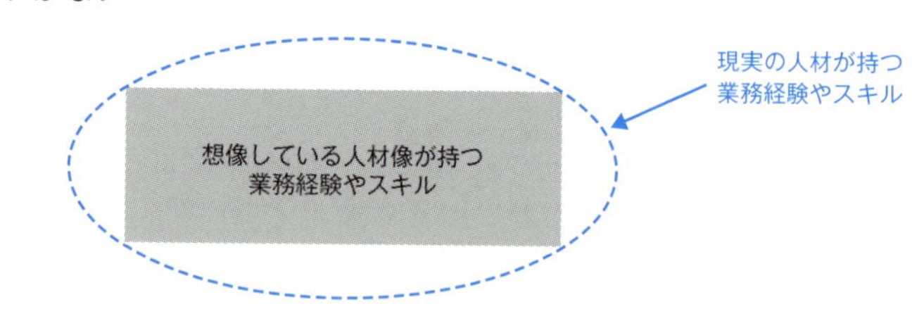

想像と現実にギャップがある

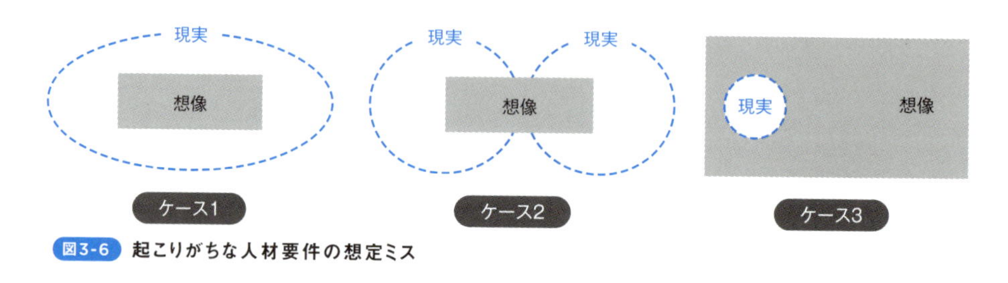

図3-6 起こりがちな人材要件の想定ミス

このような誤った想定をしてしまうと実在しない人材を求めてしまい、いつまで経っても採用が成功しません。よくあるケースとして、「技術に関してリードができて、マネジメントもできて、ビジネスの観点でもプロダクトを牽引できる人」のようないわゆる“スーパーマン”の人材要件を設定してしまうことがありますが、これはテックリードやエンジニアリングマネージャー、PdMなどのスキル・経験を横断して求めてしまっているからです。これは一例ですが、世間一般の職種区分を無視し、自社の都合の良いポジションを作り出してしまわないように注意してください。

また、「自社に興味を持ってくれる人、自社を好きになってくれそうな人」といった条件を採用基準にすることがありますが、このような内容は避けるべきです。「自社に興味を持ってくれる人」とは誰か、そのために何をしなければならないかを議論しなければなりません。「お金を気にしない人」「自社の事業への興味が強い人」といった人材要件を見かけることがありますが、こういった採用要件は「自社の弱みを許容してくれる人」「アピールせずとも向こうから来てくれる人」のように、単に「都合の良い人」を言い換えているだけです。本来は自社がアピールしなければならないことを求職者のスキルやマインドに責任転嫁しないことが大切です。

>ペルソナ・ターゲット

ペルソナは年齢、現職の企業や役職、担っている業務、開発や仕事に関する価値観、転職活動の動向やよく利用するサービスなどの切り口から設定します。

その際には**自社の社員や社外のエンジニアをモデルとして考える**とイメージがしやすくなります。「社内のAさんのような方が入ってくれたらうれしいな」「社外のXさんが入ってくれたらうれしいな」といったように特定の人物を思い浮かべると良いでしょう。

特定の人物がイメージしにくい場合には、以下のような問いから深掘りしていきます。

- どのような業界、規模、フェーズの企業に在籍している人か？
- どのような職種でどのような業務をしている人か？
- 具体的な企業名はどこが挙げられそうか？
- 転職の理由（ポジティブ、ネガティブ）はどのようなことが挙げられるか？
- どのようなキャリアプランを描きたいのか？

ここで人材要件を満たすペルソナは、図3-7のように複数考えられることも少なくありません。

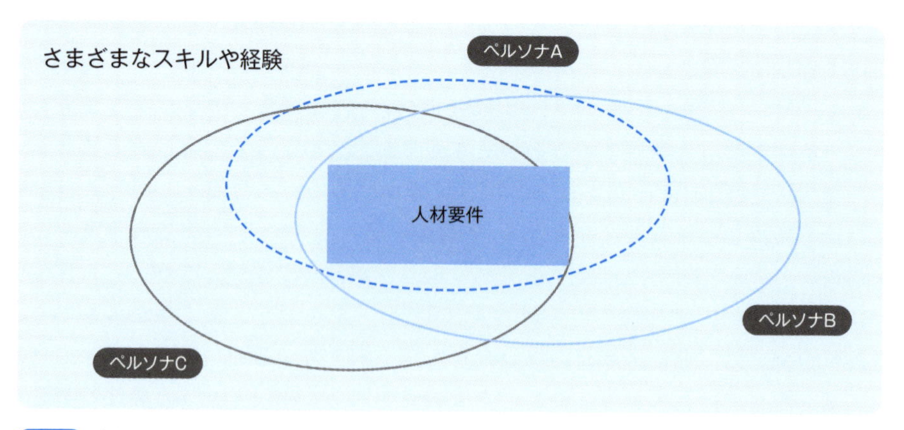

図3-7 人材要件を満たす複数のターゲット

このような場合には、複数のペルソナの中でどのペルソナをターゲットとするのか、反対にどのペルソナはターゲットとしないのかを考えます。たとえば、ペルソナAがスタートアップに興味を持つ人で、ペルソナBが大手企業に興味を持つ人であれば、それらのうちで自社が求める、もしくはより自社に応募してくれる可能性が高いペルソナをターゲットとして設定します。

>採用競合

採用競合をどのように設定すべきかは、以下のようにいくつか考え方がありますが、基本的には**応募や内定を出す時点で求職者が併願している企業**を設定します。その上で目的や状況に応じて柔軟に設定することが大切です。

- 応募者が併願している企業・ポジション
- エージェントが自社を紹介する際に並べて紹介する企業・ポジション
- ビジネス上で競合する企業とそのポジション
- 業界、企業フェーズ、開発特徴などの観点で類似する企業・ポジション
- 求人サイトで自社の求人が表示された際に横並びで表示されたりレコメンドされたりする企業・ポジション

採用競合を個社・個別のポジションで設定することが難しい場合には、「HR

テックのベンチャー企業」といったようにカテゴリーで設定します。具体的にするほどベンチマークはしやすくなりますが、特定の企業のみを競合視すると見誤る可能性もあるので、特に競合視すべき企業やポジションを数個具体的に挙げた上で、その他の採用競合はカテゴリーで示すと良いでしょう。このようなカテゴリーを考える際にはワークショップなどを開き、過去の情報などをもとに採用競合の企業の名前を具体的に挙げていきます。多くの場合、10～30社程度になりますが、これらを2～4つのグループに分類して競合の設定を行います。

採用競合が多過ぎて絞り込めない場合には、採用要件や求人の間口が広過ぎる可能性があります。たとえば、「エンジニア募集、ペルソナは優秀な人」といった大雑把な内容で募集していれば、さまざまなエンジニアが該当することになり競合する企業もばらついてしまいます。

ペルソナや競合が絞り込めないことは、自分たちがどのような競争をしているのかが絞り込めていないまま戦うようなものです。たとえば陸上競技で戦おうとしているけれど、短距離走なのか高跳びなのか具体的な競技が絞り込めず、戦う相手が誰なのかもわかっていないような状況です。このような場合は業務内容から見直しを行い、ペルソナや競合を絞り込むようにしてください。 採用競合を設定しても必ずしもその設定した企業のみと競争するわけではありませんが、採用競合を設定することで自社を評価する物差しを設けることができます。

> 魅力

魅力は採用要件全体を通じて最も求職者に訴求したい内容であり、求職者が業務を通じて企業に利益をもたらすことに対して企業側が求職者に提供できる価値です。

ここまで述べてきた業務内容や必須要件などはあくまでも企業側が求職者に求める事柄であり、企業が求職者を「選ぶ」ための情報なので、**求職者にとって何がうれしいのか、何が提供できるのかという「選ばれる」ための情報に変換してアピールしなければなりません**。たとえば、「開発の課題がある」という説明から、「課題を解決してくれたらあなたにとってもうれしい事柄がある」のように、その先にあるベネフィットを説明します。

魅力として代表的な切り口には、以下のようなものが挙げられます。

- 金銭的な魅力

- 能力・スキルの成長に関する魅力
- キャリア形成、積める経験や実績に関する魅力
- ワークライフバランスの魅力
- 貢献実感、自己重要感の魅力
- 社会貢献性の魅力
- 知名度のある企業や事業に所属することの魅力
- ミッションやビジョンの魅力
- チームメンバーや上司の魅力
- 事業の海外展開やグローバルな組織体制の魅力

これらの魅力の説明材料としてプロダクト、事業、組織、業務、制度などが紐づきます。特にエンジニア採用では、プロダクトや開発チームなどの**エンジニアリングに関する特徴を紐づけて説明すること**が重要になります。たとえば、以下のような内容は上記の魅力を説明する上での好材料となるものです。

- エンジニアリングに対し理解と尊敬がある組織である
- 技術負債やリアーキテクチャなどの挑戦的な課題に取り組める
- 利用しているプログラミング言語や技術などがモダンである
- 開発チームに著名なエンジニアがいる
- 開発力や技術力が高い水準である
- デザインへのこだわりがあるサービスである
- OSS活動や社外への発信に積極的なカルチャーである
- 大規模、高トラフィックなサービスである
- プロダクトを利用するユーザーや利用する状況が特殊である
- エンジニアの声がビジネスによく通る組織風土である
- エンジニアのキャリアパスや選択肢がある組織である
- データの種類や量が豊富である
- 複数のプロダクトがある事業である

ここで注意すべき点として、上記のような特徴を単に述べるだけで終わらせるのではなく、**その特徴を通じて何が得られるかを説明すること**です。たとえば、「我々のプロダクトはユーザー数も多く、取り扱うデータも豊富であり、データ

エンジニアの方にとっては魅力がある環境です」といった内容で終わらせずに、「我々のプロダクトはユーザー数も多く、取り扱うデータも豊富であるため、今後データエンジニアとしての経験やスキルを深めたい方にとってはキャリアの幅を広げられる環境です」といった具合です。

ここまで魅力を作る上での基本的な考え方を説明しましたが、魅力をより良いものにするためには「ペルソナ・ターゲット」と「採用競合」の観点が重要になります。

魅力を考えるためには当然ながら求職者について深く知らなくてはなりません。求職者は、「エンジニア」とひとまとめにできるわけではなく、図3-8のようにペルソナが異なれば何を魅力と思うのか、同じ情報でもどのように解釈するのかは異なります。たとえば、「100人の組織」という説明を聞いてどのように捉えるのかはペルソナによって異なります。スタートアップの方であれば「大きい」と捉え、より創業期の企業が良いと考えるかもしれませんし、日系大手の方であれば「小さい」と捉え、不安定で心配だと考えるかもしれません。そのため魅力を考えるためには、ペルソナ・ターゲットを明確に描くことが大切になります。

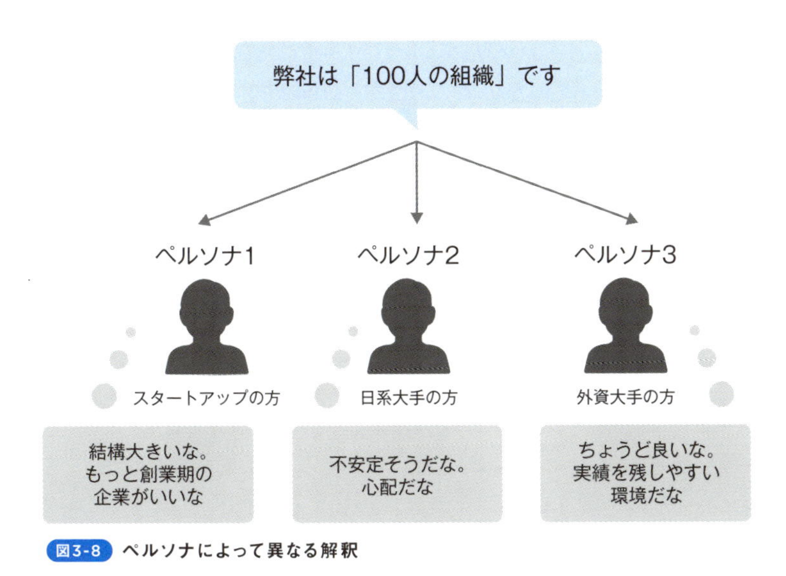

図3-8　ペルソナによって異なる解釈

想定したペルソナの中でもターゲットにするペルソナに対しては、**そのペルソナが置かれている状況やインサイトを想定し魅力を考えます**。たとえば、「IT系メガベンチャーに在籍しているエンジニアリングマネージャー」をターゲットとして設定したとすれば、以下のような状況が想像できます。

- ミドルマネジメント層が厚く経営に関わることは難しそうだ
- 同期や友人は優秀な人が多いだろうから、周りでは起業をしたり、スタートアップのボードメンバーになっていたりする人も多いのではないか
- メンバーや業務委託などマネジメントする人数が多く、自分のスキルアップの時間を確保することは難しそうだ
- 報酬の増加がどの程度かも見えており、安定感はあるが大きな夢を見ることは難しそうだ

このような想像をもとにして以下のような打ち出すべき内容を考えます。

- ミドルマネジメント層が厚く経営に関わることは難しそうだ
  →経営に関われることを打ち出す
- 同期や友人は優秀な人が多いだろうから、周りでは起業をしたり、スタートアップのボードメンバーになっていたりする人も多いのではないか
  →CTOの席が空いていること、子会社で取締役になれる可能性があることを打ち出す
- メンバーや業務委託などマネジメントする人数が多く、自分のスキルアップの時間を確保することは難しそうだ
  →技術的な面白さや挑戦ができることを打ち出す
- 報酬の増加がどの程度かも見えており、安定感はあるが大きな夢を見ることは難しそうだ
  →ストックオプションや評価制度の特徴を打ち出す

また、競合を意識しなければどの企業も同じに見えてしまいます。たとえば、「リモートワークができる」という魅力については、昨今では多くの企業が取り入れており、求職者にとって足切りの項目にはなりますが決定的な入社理由にはなりません。

もちろん世の中に存在するすべての企業・ポジションの中で唯一無二の訴求を考えることは現実的ではありません。そのため、先に述べた採用競合をしっかり

とセッティングすることが非常に大切になります。

競合との違いを整理する際には、図3-9のような**ポジショニングマップを作成すること**が有用です。

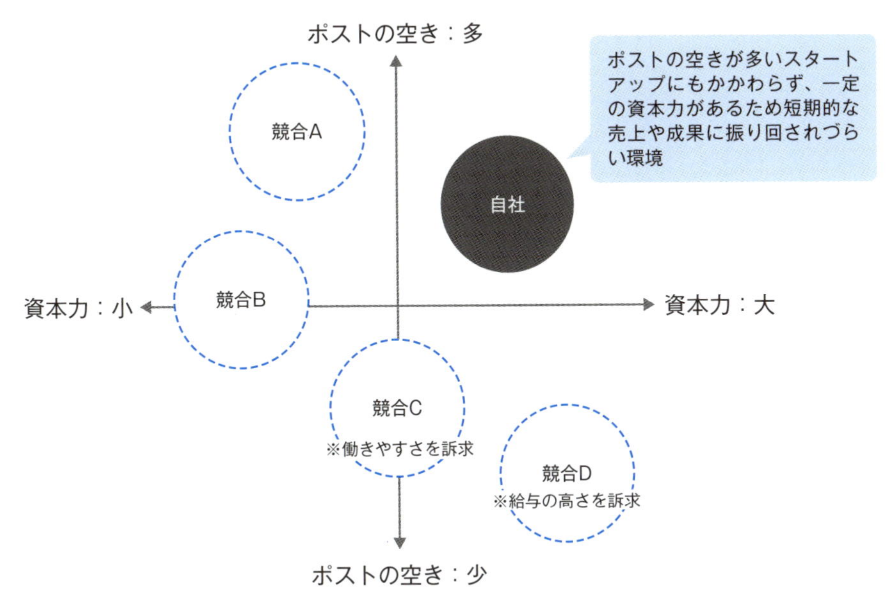

図3-9　ポジショニングマップの例

ポジショニングマップとは、競合と自社との位置づけを整理したもので、自社の特徴を見いだすことに役立ちます。ポジショニングマップを作る際には、**競合とかぶらず競争優位になるための「軸は何か？」を考えること**が非常に重要になります。人気企業と競争する場合には、「報酬の高さ」「技術力の高さ」「知名度の高さ」といった一般的な軸では自社が埋もれてしまうので、自社の事業や組織の特徴を踏まえて、どのようなポジションを取りにいくのかを整理します。図3-9の例では、「ポストの空き」と「資本力」との軸から、ポストの空きが多いスタートアップ企業でありながら、資金調達や売上によって十分な資本力を確保しているため、短期的な売上や成果に左右されることなく、中長期的な視点での開発と組織作りに集中でき、キャリアにおいても市場価値が高まるポジションに自社を位置づけています。

ここまでに述べた内容を踏まえると、魅力を作る際には**USP**（Unique Selling

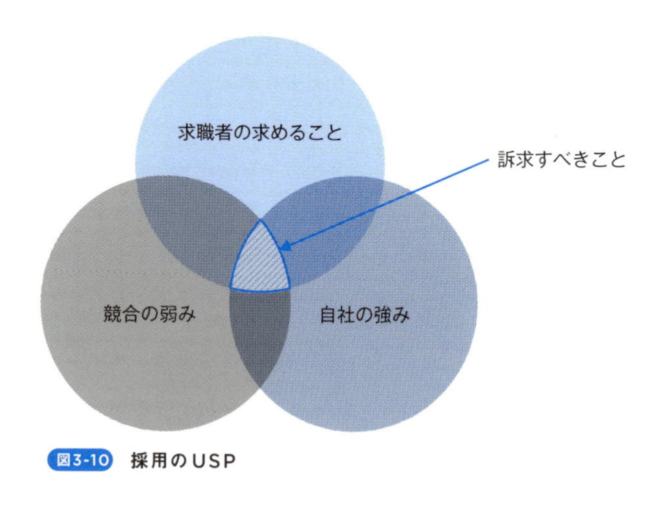

図3-10 採用のUSP

Proposition）と呼ばれる考え方が役立ちます。USPとは“独自の売り”のことであり、図3-10のように求職者の求めること、自社の強み、競合の弱みを掛け合わせて考えます。

魅力を考える際には図3-10に沿って求職者の求めることになっているか、競合に比べ自社が強みを発揮できる内容になっているかを意識してください。

求職者が転職活動を行う際にはアピールポイントを努力して説明している一方で、企業側はいまだにアピールポイントを明確にせずに自社の課題や自分たちのほしい人材のことばかりに言及しているケースを多く見かけますが、これでは「魅力は自分で考えてくれ」と求職者に委ねているようなものです。エンジニア採用では売り手市場であることを再度認識し、求職者を惹きつけようとする努力を怠ってはなりません。

実際の採用活動では打ち出す魅力と求職者の応募理由とが異なることもあるでしょう。一度設定して終わりではなく何度もブラッシュアップを重ねてください。

>制約事項

制約事項は採用活動にあたって満たさなければならない、期間、予算、工数などの制約、または採用活動に使えるリソースです。制約やその優先度の明瞭化をせずに、暗黙的に「早く、安く、楽に採用したい」と考えてしまえば、結果的に多くの時間やお金、労力を無駄にしてしまいます。

●期間

いつまでに採用しなければならないのかの期限です。最もよくあるアンチパターンは、「できるだけ早く」と設定してしまい、採用が成功しなくてもだらだらと同じ活動を繰り返してしまうことです。**現実的な期限を設定し、期限を過ぎても採用が成功しない場合には採用活動の戦略を見直すようにする**必要があります。また、期限を決める際には、入社の意思決定から実際の入社までは時間が空くことを想定しておきましょう。

●予算

採用活動に使える金銭的な予算です。予算によって利用できる有料サービスの選択肢が変わるので、**施策を決定する前に社内で共通認識を持っておくこと**が重要です。「採用単価」とも表現されることがありますが、相場としては1人当たり300万〜1,000万円となることが多いです。要件によっては人材エージェントの成約時の報酬が年収の100%近くになるケースもあり、このような場合は必要な予算が高くなりがちです。

●工数

ハイヤリングマネージャーや現場のエンジニア、採用担当者が使える工数です。ハイヤリングマネージャーや現場のエンジニアは日々の業務との兼務になるでしょうし、採用担当者は複数のポジションを受け持つことになるので、どの程度の工数をこのポジションにかけられるかを明確にします。この制約が曖昧だと、「できる限り頑張る」「手が空いたときにスカウトを送る」といった状況になり、十分な工数を捻出できない事態に陥ります。

採用活動において、制約（または採用活動に使えるリソース）を事前に明確にせず進めてしまうケースが多く見られます。しかし、これらを事前に決めておかないと、控えめな採用活動にとどまったり、後々の問題につながったりする可能性があります。

そのため、採用要件を作成する際には、**関係者間で十分に議論し認識をそろえておくこと**が重要です。また、採用するポジションの難易度に応じて、必要な期間、予算、工数を適切に見積もり、社内で確保するよう努めましょう。

Column

●プロダクトや開発チームの変化から採用ニーズを予想する

本章では、採用は人事部や開発部などから依頼を受けてから始まると述べましたが、将来的な採用のニーズについてあらかじめ想定ができていると、スムーズに採用活動を始められたり、採用ブランディングなどの中長期的な取り組みを企画したりしやすくなります。

将来的な採用ニーズは第6章で述べる事業計画や人員計画などから把握できますが、それらが明確ではないこともめずらしくありません。そのため、**先行している企業を観察したり、一般的に起こり得る変化から大まかな見通しを立てておいたりすること**も大切になります。一般的に起こり得る変化としては、チーム人数の増加（30人の壁、50人の壁、100人の壁など）や資金調達のラウンドの変化（シリーズA、シリーズB、シリーズCなど）の区切り方によって考えるのがひとつの手ですが、本コラムではプロダクトや開発チームの観点から起こり得る変化を4つのフェーズに分けて紹介します。

①立ち上げフェーズ

プロダクトの立ち上げフェーズではニーズの探索やテストマーケティングも兼ねて開発が行われ、動くものを手早く作ることが重視されます。規模としては1〜2名のエンジニアが開発を行います。「コードさえ書ければ経験は問わない」といった考えで採用を進めてしまいがちですが、やらなければならないことが多岐にわたるので、1人で広い領域をカバーできるフルスタックに近い人材が求められるケースが多いです。スタートアップのような企業だけでなく、新規事業が今後予想される場合にはこのフェーズを想定しておくべきです。

②チーム開発の始動フェーズ

立ち上げフェーズを終えると、事業の勝ち筋が見え始め、開発のスピードや質を高めたいニーズが高まります。そのためエンジニアの人数を増やし、チームとしての開発が始まります。チームとしての生産性を最大化させるためには、チームのまとめ役が必要になります。目標を掲げたり業務を管理したり、開発方針や技術、ツールなどの選定や運用をリードする役割が求められます。

そのため、この時期にはリーダーやマネージャーを採用することが求められますが、今の市況感で複数名のリーダーやマネージャーを外部から採用することは難易度が高いため、将来的にマネジメントにも挑戦したいメンバーを採用し、育成していくことも重要になります。

③急成長フェーズ

事業がマーケットに受け入れられ急成長する時期に入ると、ユーザーが急増したりプロダクトが多機能化したりとプロダクトもさまざまな成長を遂げていきます。成長に伴いエンジニアの人数を増やさなければならず、大量採用が求められることも増えてきます。また、ひとチームは3〜8名程度が最適とされるので、人数の増加に伴いチームも分割されていきます。バックエンド、フロントエンド、インフラといった領域別に分かれたり、より細かく決済機能、検索機能といった機能別に分かれたりしてチームが編成されていきます。チームが分かれ開発の対象も異なることで、それぞれのチームで専門性の高いスペシャリストが求められることも増えますし、チーム数が増えることでリーダーやマネージャーの採用ニーズも一層高まります。

また、この頃には開発を始めてから数年が経っていることも多いため、技術的負債を抱えているケースも多く、開発の進め方を見直したり、リアーキテクチャに取り組んだりするケースも増えるので、それらを牽引する役割も求められることがあります。採用では人数を追いかける大量採用に加え、それぞれのスペシャリストやマネジメントレイヤーなど難易度の高いポジションの採用が重なり、急激に工数やノウハウ不足に陥りやすい時期になります。

④組織力の強化フェーズ

事業やプロダクトが成熟してくると、開発組織として安定的に開発を進めたり、効率化したりする動きが求められます。このフェーズではマネジメントの階層も複層化しており、CTOやVPoE、開発部長などの役職者の登用・採用の必要性も高まります。既にそれらの担当者がいる場合でも、組織規模に合わせて交代となりやすいタイミングです。

このようなクラスの人材には、事業やプロダクトの戦略や計画などを具体的に説明することも求められるので、ビジョンやミッションなどの大まかな方針を示すだけでなく、より具体的な情報を採用広報や面談を通じて伝えていくことも大切になります。また、このタイミングでは事業で利益が出るために報酬や働き方の面で魅力づけがしやすくなる一方で、急成長の勢いや少人数チームでの一体感などの魅力づけが失われやすいタイミングでもあります。そのため、挑戦性やチーム貢献などの在籍理由よりも安定性やワークライフバランスを在籍理由とするエンジニアも増え、既存メンバーとのモチベーションやカルチャーなどのギャップが生まれやすくなります。結果として退職者が増えて欠員補充が多く発生したり、採用活動においてもターゲットやアピールの仕方に悩んでしまったりする時期でもあります。採用競合となる企業も、これまではスタートアップやベンチャー企業だったのが、上場している大手企業と併願・比較されることも増えてきます。

ここで述べた内容は必ずしもこの通りになるわけではありませんが、自社と照らし合わせながら大まかな見通しを立ててみることをおすすめします。**事業計画や人員計画などから採用の依頼が降りてくるのを受け身の姿勢で待つだけでなく、自分なりに事業や組織の変化、またそれに付随するプロダクトや開発チームの変化を想定しておきましょう。**そして、採用として中長期的に何を準備すべきか、どのような資産を形成し、どのように採用競争力を高めていくべきかを考えてみてください。

第4章

募集活動

本章では、求職者からの応募の獲得を目指す募集活動について解説します。募集活動は採用業務の中心になるものであり、特に時間や労力をかけるべき業務です。さまざまな施策を用いるので、本章ではまず全体の設計として、多種多様な施策をどのように選択し組み合わせるべきかについて考え方を述べた上で、個別の施策について概要とポイントを解説します。紙幅の都合上、個々の施策について詳しく紹介できないため、特定の施策について、その始め方や運用方法などを知りたい場合には別の記事や書籍などを参照してください。

第2章でも述べたように、採用では「選ぶ」ことと「選ばれる」ことの両方が必要となりますが、募集活動では「選ばれる」活動に注目してしまいがちです。もちろん売り手市場のエンジニア採用では「選ばれる」ことが大変難しいため力を入れる必要がありますが、ターゲットとしていない求職者に広くアピールしても、採用すべきでない人を採用してしまうリスクを高めてしまうだけです。そのため、**適切に求職者を絞り込む行為**も大切であることを意識してください。また、求職者から「選ばれる」ことについても、正しく選ばれる必要があり、嘘や誇張によって過度な期待をさせてしまわないよう正確な情報を伝えることも大切です（第2章参照）。

これらを踏まえ、募集活動について見ていきましょう。

募集活動を設計する

>全体の設計

募集活動では、スカウトや人材エージェントの活用などさまざまな施策を行いますが、競争が激しくなるほど求職者との接点をより早く創出したり、多種多様な施策を組み合わせたりしなければなりません。そのため、**まずは全体を俯瞰して募集活動を設計すること**が大切になります。

この際には図4-1のように「**キャンディデートジャーニーマップ**」（candidate＝求職者）を作成することがおすすめです。これは、求職者の行動や心情の変化とともに競合や自社がどのような取り組み（訴求や施策）をしているのかを整理す

	転職意欲の潜在期			転職意欲の潜在期				
	認知獲得	イメージ形成	ファン化リード化	認知・想起獲得	比較検討募集獲得	選考継続	入社獲得	口コミ形成
求職者の行動	・勉強会の参加 ・SNSの利用 ・コミュニティの参加	・勉強会の参加 ・SNSの利用 ・コミュニティへの参加	・勉強会の参加 ・SNSの利用 ・コミュニティの参加	・転職サービスの利用 ・知人への転職相談	・求人の比較 ・口コミの調査 ・資料の読み込み	・口コミの調査 ・資料の読み込み ・社員との対話	・口コミの調査 ・役員との対話 ・家族や友人に相談	・社内在籍、活躍 ・SNS発信 ・リファラル
求職者の心情	・新しい知識を学びたい ・社外のことを知りたい	「企業」単位より「人」単位で印象付けている	・特徴がわからない ・早く情報がほしい	・特徴があると思い出す ・自分で探すことが億劫 ・転職の軸が自分でもわからない	・深い情報がほしい ・特徴がわからない ・まずは有名な企業を受けてみたい	・何度も選考されるのはつらい ・早めに内定がほしい	・複数内定があり選びきれない。決め手がほしい ・期待・招待されている感がほしい	・自信を持って進められる会社か不安 ・活躍していないと発信しづらい
採用競合の取り組み	・勉強会の主催 ・カンファレンススポンサー ・SNSの積極利用	・「業界トップ」をアピール ・「優秀な人材と働ける」を訴求 ・マスコット的な社員が多数在籍	・コミュニティでつながり継続 ・業務委託で「お試し入社」	・わかりやすいキーワードで想起獲得 ・RPOも含めたスカウトの大量送付	・カジュアル面談はCTO ・「業界トップ」をアピール ・「優秀な人材と働ける」を訴求	・「2週間で終わる」を訴求 ・3日以内の結果連絡	・代表、役員、上長全員から丁寧なオファーレター ・入社ボーナス	・勉強会の参加 ・SNSの利用 ・コミュニティの参加
自社の取り組み	・テックブログ ・勉強会登壇 ・潜在層へのスカウト	・アワードの受賞 ・採用ページの回収	・ナーチャリング ・食事会 ・DevRelの取り組み	・スカウトなどの基本的なアプローチ施策 ・カジュアル面談の改善	・採用ピッチ資料 ・社員インタビュー記事 ・事業説明動画	・選考回数と期間の改善 ・選考担当者の研修	・代表からオファーレター送付 ・現場メンバーとの食事会 ・CTOとの面談	・不採用連絡の改善 ・オフボーディングの改善

図4-1　キャンディデートジャーニーマップの例

るものです。マーケティングや商品開発の領域では「カスタマージャーニー」と呼ばれるフレームワークを用いて、認知から購買、その後の情報共有といった顧客の行動やその際の心情を調査・分析することがありますが、これを求職者で置き換えて「キャンディデートジャーニーマップ」としたものです。

図4-1のようなキャンディデートジャーニーマップは、横（もしくは縦）軸に転職活動における行動・態度・心理変容のステップを記載します。特に転職意欲の潜在期と顕在期とに分け、それぞれどのような行動・態度・心理の変化のステップがあるかを考え設定します。それから、このようなステップにおいて求職者がどのような行動を取るのか、その際の求職者の心情はどのようなものかなどを縦（もしくは横）軸に整理します。求職者は採用競合の情報を収集したり応募をしたりしているでしょうから、採用競合の取り組みについても整理できると良いでしょう（採用競合の調べ方については第9章を参照してください）。その上で、それらと自社の取り組みを照らし合わせて整理することで、どのステップに弱みがあるのか、どのような取り組みが不足しているのかが見えてきます。

募集活動で行われる施策はさまざまありますが、大まかな取り組みのカテゴリーとしては以下のようになります。

- 求人票の作成
- リクルーティングページ
- 採用ブランディング
- 採用広報・技術広報
- イベント施策
- 求人媒体の利用
- スカウト施策
- 人材エージェントの利用
- リファラル採用
- カジュアル面談
- ナーチャリング
- 口コミ施策

これらを先に見たキャンディデートジャーニーマップに沿ってマッピングすると、図4-2のような位置づけになります。

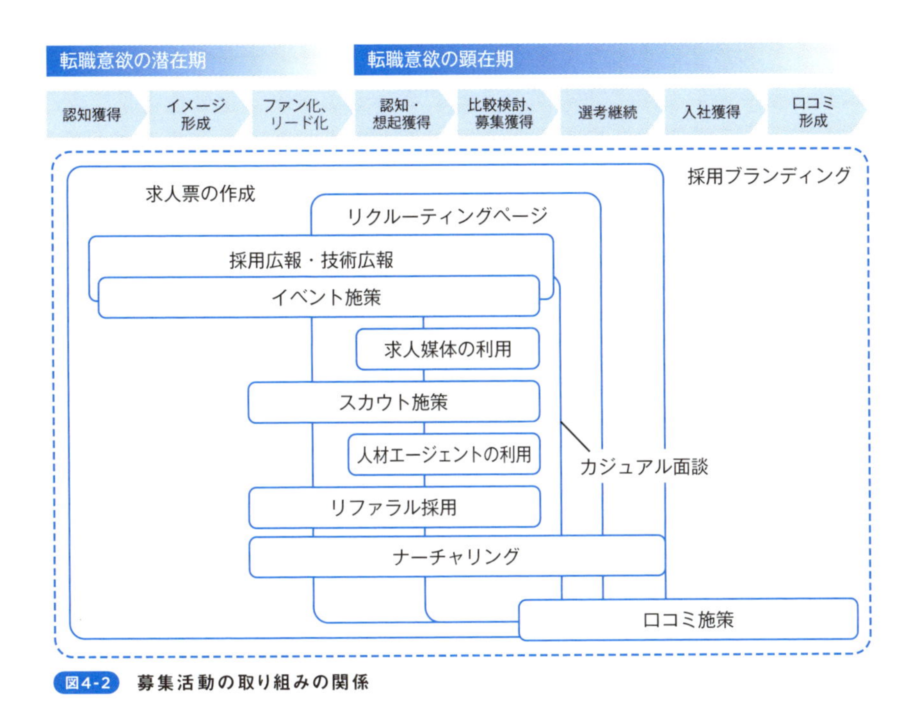

図4-2　募集活動の取り組みの関係

それぞれの内容は後述しますが、各取り組みの中にもより細かい手法やサービスがあります。ここで紹介する取り組みは、エンジニア採用では「基本的に実施すべき取り組み」であり、どれか1つだけを実施すれば十分な応募が獲得できるわけではありません。競争が激しいエンジニア採用では、ここで紹介する多種多様な取り組みを同時に実施することで、ようやく応募が獲得できる状況であることを認識してください。

>施策をどのように選定すべきか？

競争が激しくなるほど募集活動で行うべき施策は多様化します。一方で採用活動に使えるお金や工数などは限られるので、その中で最大限効果が期待できる取り組みを優先的に実施したり、力の入れ具合に濃淡をつけたりしなければなりません。

このような施策選定の際の考え方として、「**自社はどんなリソースで勝負できるか**」を考えることが重要になります。当然、「安く、早く、楽に、簡単に、リスクなく」といった取り組みで採用ができるのであればそれに越したことはないでしょう。しかし、競争が激しくなるほど成果の期待値は下がります。そのため、自社では「安くはなくてもいい（お金はかけられる）」のか、「早くなくてもいい（時間はかけられる）」のかといったかけられるリソースを見極め、それに適した取り組みを選びます。

具体的なリソースの例としては費用、時間、工数、能力、リスク許容などが挙げられます。これらの大小と、それに対する採用成功の可能性、取り組みの例を図4-3に示します。

採用成功の可能性	費用	時間	工数	能力	リスク許容	例
低	小	小	小	小	小	リファラル施策（特に工夫をしない場合）
	中	大	小	小	小	成果報酬型の求人媒体や成果報酬型のエージェントサービス
	大	小	小	小	中	入社ボーナスの実施
	大	中	小	小	大	エージェントサービスのリテーナー契約
	中	大	中	大	小	潜在層に向けたアプローチとタレントプールの運営
高	大	大	大	大	大	採用ブランディング（力を入れて施策を展開する場合）

図4-3　募集活動の施策の検討

これらのリソースについて、何をかけられるのかは企業によって異なりますし、ポジションによっても違ったものになるでしょう。資金調達を済ませたスタートアップ企業であれば費用はかけられても時間はかけられないという考えであることが多く、事業が安定している大手企業であれば時間や工数をかけてもいいが奇抜で派手な採用ブランディングの取り組みは控えたいと考える傾向にあります。

このように費用、時間、工数、能力、リスク許容などのリソースについて、

それぞれ「かけられないもの」と「かけられるもの」とに分け、その優先度を整理することで取るべき施策が見えてきます。以下にかけられないリソースに応じた代表的な取り組みを例示します。

●費用をかけられない場合

「とにかく費用を少なくする必要があり、時間や工数の削減より優先される」ケースです。人材エージェントの費用を下げ、スカウトやリファラルなどの施策を中心に採用を進めるといった取り組みが考えられます。サービスの選定では固定費のかからない成果報酬型のサービスを利用することも増えるはずです。

●時間をかけられない場合

「とにかく採用までの期間を短くすることが最優先で、予算や工数には余裕がある」といったケースです。費用や工数がかかる代わりに短期で採用できる傾向があるヘッドハンティング型のサービスを利用したり、エージェントへの報酬を高くして優先的に紹介をお願いしたりする取り組みが考えられます。

●工数をかけられない場合

「採用のために人員を割けないので利用できる工数を減らすことが優先で、時間や費用については融通が利く」といったケースです。RPO（採用代行）サービスの活用や人材エージェントを中心とした活動が考えられます。

●能力が不足している場合

採用担当者が未経験者であったり、社内の関係者が採用に関して経験や知識、実行能力などがなかったりする場合です。このような場合には費用や工数でカバーする必要があり、人材エージェントとリテーナー契約を交わしたり、アドバイスをしてくれる業務委託人材を外から招いたりといったことが考えられます。

●リスクを負えない場合

さまざまなリスクが考えられますが、情報の公開範囲やサービスの利用料などがその最たるものでしょう。情報については採用広報や採用ブランディングにおいて、うまくいけば「特色のある企業だ」という印象を与えられる一方で、一歩間違えれば意図しない悪い印象を与えてしまうような情報発信を良しとするかといった場合や、固定費用型の採用サービスを利用できるかといった場合に関係します。リスク許容の度合いが小さい場合には、情報発信に尖りがつけられなかったり公開範囲を狭くしたりする必要があります。採用サービスも成果報酬型のものが中心になります。

ここまでに述べた内容は単純な条件分岐で決められることではありませんし、白か黒で決められるものではなく、その濃淡を問うものですが、施策を方向づける一助にはなるはずです。

リソースの優先度の議論がないままに、関係者の顔色を窺ったり社内事情に気を配ったりしながら手探りで進めているケースも見られますが、そのような動き方はおすすめできません。「安く、早く、楽に、簡単に、リスクなく」といった幻想は捨て、関係者を集めてリソースの優先度をはっきりさせ自社が取るべき施策を決めましょう。

次節からは、個別の施策の概要とポイントを解説します。各施策について細かく実施手順やサービス紹介などをすることは紙幅の都合でできないので、特に重要な事柄について見ていきます。

募集活動を実施する

＞求人票の作成

求人票の作成は募集活動において最も基本的な施策です。求人票は社外に募集の意思を示し、求職者が応募するかどうかを判断するために必要な情報がまとめられたものです。

本書では求人票を**採用要件の内容をベースとして社外向けに表現を調整したもの**とします。採用要件を作成せず、いきなり求人票の作成に着手すると、「この情報は社外に出せないから採用担当者にも伝えないでいいだろう」といったように情報の共有が妨げられたり、求人票を掲載する媒体のフォーマットに引きずられて必要な情報が現場から引き出せなかったりします。そのため、採用要件を情報の収集・集約のベースとして、ペルソナや掲載媒体ごとに求人票の内容を調整します。求人票の内容を大きく修正する場合には採用要件の設計に立ち戻って内容を考えます。

「カジュアル面談にさえ来てくれれば、興味を持ってもらえるんだけど……」といった悩みの声を聞くことも多いですが、その場合にはポジションの魅力がうまく求人票に落とし込めていないので、情報の引き出しや言語化を採用要件で行い、求人票に反映します。

採用要件に社内用語が使われている場合には一般的な用語に置き換えたり、求職者が魅力を感じ理解しやすい表現に書き換えたりする必要があります。特に職種名などは社内での呼び名がつけられがちですが、求職者からするとイメージが湧かないこともあるので注意が必要です。ポジション名は掲載するサービスの検索に使われたり、人材エージェントなどが紹介する際の手がかりにしたりすることもあるので、サービスに合わせて工夫してください。たとえば、「エンジニアリングマネージャー候補」というポジション名であれば、「専門性の高いチームを率いる、エンジニアリングマネージャー候補を募集」といったように特徴や訴求を示すのも有効です。

また求人票を各露出先に反映させる際には、他の求人からコピー＆ペーストすることも多くなりますが、各サービスには独自のフォーマットや入力ルールがあるので、何も考えずにコピー＆ペーストしてしまうと、魅力の欄に会社概要を書いてしまったり、テンプレートの項目を埋めるために何度も同じ文章を使っていたりとおかしな求人票が出来上がってしまうので注意が必要です。その他にもマークダウンの記号が反映されないまま残っていたり、元の文章では箇条書きだったものが一文につながってしまっていたりといったことも起こりがちです。

このような手を抜いていることがひと目でわかる求人票を作ってしまうと、「適当に採用活動をしている会社」「日本語を正しく使えない会社」などのネガティブな印象を抱かれてしまいます。エンジニア職の業務は、「1文字違えばプログラムが動かない」という世界のため、半角／全角や専門用語の誤字脱字などを気にする方も多く、細部まで意識した求人票を作成することが大切です。

>リクルーティングページ

リクルーティングページは募集活動の受け皿となるものです。一般的に企業のコーポレートサイト内にリクルーティングページを作成し、求人票や求職者が求める情報を広く掲載します。リクルーティングページの制作に力を入れている企業では、別サイトとして独立させたりデザインを定期的に一新したりしています。昨今では、「エンジニア採用に特化したリクルーティングページ」を作成する企業も増えています。

リクルーティングページには求人以外にも、後述する採用ブランディングや採用広報に関わるコンテンツを掲載します。たとえば、以下のような内容です。

- エンジニア組織・チームに関する情報（エンジニア比率やメンバー紹介など）
- 利用しているプログラミング言語・ツールなど
- 採用ピッチ資料や会社紹介資料
- テックブログやOSS活動
- 自社イベントの案内
- アワードなどの獲得実績

リクルーティングページを作成した際には、大まかに次の流れを経て改善を繰り返します。

- 求人以外のコンテンツの増加
　　　　↓
- コンテンツの優先順位づけ
　　　　↓
- 優先度の高いコンテンツの充実、不要なコンテンツの削除
　　　　↓
- 各コンテンツのアップデート

リクルーティングページにはできるだけさまざまな情報を掲載し、内容は情報密度の高いものにすべきです。採用活動ではスカウトや採用広報の取り組みなどによって求職者にさまざまな情報発信を行いますが、その際に求職者は基本的に受け身で情報を受け取るため、端的でわかりやすい情報が好まれます。その後、自社に興味を持ち始めた求職者がスカウトなどにあるリンクや検索からリクルーティングページにたどり着きます。

このように自ら情報収集する求職者のインサイト・行動に対しては、それに見合う情報量・情報の質が求められます。一方で、「あれもこれも」とさまざまな情報を乱立させると求職者も混乱してしまうので、一定のコンテンツがたまったらその優先度をつける必要があります。その際にはWebサイトのアナリティクスやヒートマップの分析などを用いたり、面談で求職者にヒアリングを行ったりすることでコンテンツの優先度を決めていきます。

その上で、優先度の高いコンテンツは内容をより充実させ、反対に優先度の低いコンテンツは思い切って削除します。また、各コンテンツは放置してしまうと情報の鮮度が落ちてしまうので、定期的に見直してアップデートしていくことも必要です。

このように手間のかかる施策ですが、クオリティの高いリクルーティングページはそれだけで注目されたり採用ブランディングにも効果を発揮したりします。そのため、募集ポジションが増えるなどして一定の求職者の流入が見込める場合には力を入れるようにしてください。

>採用ブランディング

採用ブランディングとは、企業活動や採用活動全体を通じて求職者に何らかの想起をしてもらうための取り組み全般です。噛み砕くと「**求職者にどのようなイメージを持ってもらいたいか？**」を設定し、そのために行う活動全般のことです。

特定の施策を指すものではないので、先に見たキャンディデートジャーニーマップ全般に関わる取り組みとして行われますが、特にファン作りや好意的な認知を作ることによる応募数の増加などを目的とします。

採用競争が激しくなるほど、応募前に企業が認知されているかどうか、その企業に特定のイメージがあるかどうかが強い武器になるので、昨今では力を入れる企業が増えています。

採用ブランディングは、主に以下のプロセスを経て行われます。

①目的の設定（そもそもなぜ行うのか）
②対象の設定（企業全体か、エンジニア全体か、特定の職種か）
③ターゲットの設定（誰に好意的なイメージを持ってほしいのか）
④コンセプトの設計（想起させたいイメージ、伝えたいメッセージは何か）
⑤KPIの設定（何をもって成功／失敗を判断するのか）
⑥ロードマップや施策の設定（いつ、どうやって伝えるのか）

特に中心となるコンセプトの設計では、「技術」「人・組織」「プロダクト特性・事業ドメイン」「職場環境」のいずれかに焦点を当てることが多く、以下のような切り口でコンセプトを設定します。

- インフラの分野では特に技術力が高く専門性を高められそうな環境だ
- 優秀なエンジニアが多く日々研鑽しながら働けそうだ
- ユーザー数が多いプロダクトならではのセキュリティや拡張性の観点で面白さがありそうだ
- 子育てをしながら働く人が多く、教育体制も充実していて安心して仕事ができそうだ

コンセプトはあまりにも具体的過ぎると発信するための各施策が同じような内

容ばかりになってしまうので、**抽象度が多少高く感じる程度に“大筋”を決めること**が大切です。そして大筋に沿って、「技術」「人・組織」「プロダクト特性・事業ドメイン」「職場環境」などの情報を発信していきます。より具体的な内容は記事やイベントごとに決めていきます。

また、コンセプトの設計では自社の弱みや誤解を解くことを目的として、以下のように「払拭したいイメージ」を設定することもあります。このような払拭したいイメージはサブコンセプトとして設定しておくと、効果的な採用ブランディングの取り組みになります。

- ビジネス関連のニュースの発信を強化していたら、「開発に力を入れていない」「開発力は低い」と思われてしまった
- 論文やカンファレンスの登壇などを対外的にアピールしていたら、「アカデミックな人しか入社できない」と思われてしまった
- 商品のマーケティングのために、屋外広告やテレビCMを放映したが、その際に代表がコメントをしていたことから、「代表が広く意思決定を行っている会社」「トップダウンの傾向が強い会社」だと思われてしまった

上記のコンセプトを実際に発信する具体的な施策は、後述する採用広報やイベントの取り組みとなります。一例を示すと以下のようなものがあります。

- オウンドメディアや採用サービスでの記事の発信（メンバーインタビューや開発の取り組みなど）
- リクルーティングページのリニューアル
- 勉強会やカンファレンスでの発信

ここで、採用ブランディングは上記のようなわかりやすい発信活動だけでなく、以下のような日々の採用活動もブランドイメージを形作る重要な要素になります。

- 面接担当者の印象
- スカウトの文面
- リファラル時の人事の対応

ハイブランドの商品がCMなどの広告だけでなく、店員の対応や商品の梱包にまで気を使うのと同じように、採用活動全体を見渡して採用ブランディングに沿った動きができているかを確かめてください。

また採用活動“以外”の、以下のような活動も採用ブランディングに影響することに留意してください。

- 企業活動で行われるIRやPR活動、プレスリリースの発信
- 事業活動で行われる顧客に向けたサービス情報の発信
- マーケティングで行われるDevRel（Developer Relationsの略。自社サービスと外部の開発者との良好な関係性を築くためのマーケティング手法）の活動
- 代表や著名な社内エンジニアの発信

採用ブランディングとしてターゲットやコンセプトを決めた後には、**広報やマーケティング部門、経営陣や開発部門などとも内容を共有し、各部門の発信内容と整合性を合わせたり、必要に応じて協力を求めたりすること**も重要になります。

採用ブランディングの効果はさまざまな採用プロセスに副次的に現れ、一定の成果が出るまでには中長期的な時間が必要になります。そのためKPIの設定・計測が難しく、それに伴いどこまで労力をかけるのか、その判断も難しいものとなります。

KPIの設定・計測については、開始当初は各施策の成果指標（イベントなら参加人数、記事ならPV数など）とし、一定以上の取り組みを重ねた後は想起させたいイメージが根付いているかを応募者などにアンケート調査（「自社のイメージに最も当てはまるものは何か？」など）をする企業が多いです。採用ブランディングの取り組みにどの程度工数をかけるべきかについては、採用活動全体の20%を筆者はおすすめしています。たとえば、週5日の採用業務のうち1日は採用ブランディングの活動にしたり、5人採用担当者がいる場合には1人専任者を置いたりといった具合です。

このような問題に正解はなく、状況に応じて工夫を重ねながら自社に合ったものを見つけるしかありませんが、まずは上記のような草案で動き調整していくことで、「考え過ぎて足が止まってしまう」ことを避けてください。

>採用広報・技術広報

採用広報は求職者に対して自社の情報を発信する取り組み全般です。本書では後述するスカウト施策や人材エージェントの利用などの直接的な応募を目的とする施策と区別するために、採用広報を「**直接の応募を目的としない企業の情報発信の取り組みの総称**」とします。

また、採用を目的とした文脈だけでなくエンジニアリングやプロダクトに関する内容を外部に発信することを、切り口の観点から技術広報と呼びますが、採用広報の中でもエンジニアリングやプロダクトに関する発信は多く扱うので、ここでは採用広報と技術広報をひとまとめにして解説します。

先に述べた採用ブランディングと採用広報は似ており、実務上は目的が重なることも多くありますが、多くの場合、採用広報は採用ブランディングに内包される手段のひとつとして扱われます。また、採用ブランディングが特定のイメージを想起させることを目的にするのに対し、採用広報では求職者が求める情報を幅広く提供することを目的にするといった違いがあります（ただし、このような違いも文脈や状況によって異なります）。

採用広報・技術広報の具体的な取り組みには以下のようなものがあります。発信する情報としては、事業や組織に関する事柄、エンジニアリングやプロダクトに関する事柄、業務環境やキャリアパスなど、求職者が気になる事柄を広く扱います。

- テックブログの運営（オウンドメディア、はてなブログ、Qiita、Zennなど）
- 社員インタビューや社内行事などの記事コンテンツの発信（Wantedly、noteなど）
- SNSの活用（Xでの個人や企業公式アカウントでの発信など）
- 会社紹介資料の公開（採用デッキ、採用ピッチ資料）
- 外部メディアへの寄稿、投げ込み・取材の獲得（CodeZine、Tech通信、gihyo.jp、ログミーTechなど）
- 自社イベントの開催（勉強会、交流会など）
- 外部イベントへの参加・登壇（他社の勉強会、カンファレンスでの登壇など）
- カンファレンスやコミュニティなどへのスポンサード
- 共催イベントの開催（採用サービスとの共催、同業界の企業との共催）

- OSS活動とその内容の発信
- Podcast、YouTubeでの発信
- コミュニティ運営
- 協会の立ち上げ、運営
- 書籍、技術書の出版
- DevRelの活動内容の発信
- アワードの獲得や調査でのランクイン（日本CTO協会が実施する「開発者体験ブランド力」に関する調査[1]、Findy社が行うエンジニアの転職と働き方に関する意識調査[2]）
- コンテストでの受賞（AtCoder[3]、Kaggle[4]、ISUCON[5]など）
- 口コミの獲得（転職口コミサイト、Google上の口コミ、SNS上の口コミ、その他レビューなど）
- Startup CTO of the Year

など

採用広報・技術広報の目的は不特定多数の求職者の広い認知を得ることだと捉えられがちですが、ターゲットを絞り込み、そのターゲットが求めている情報を届けることと捉えたほうが効果的な施策が打てます。

採用広報・技術広報では、PR部門や開発部門とも協力することが求められます。事業が成長しているというニュースや、世の中に貢献しているニュースも採用の文脈で有力なコンテンツになります。

採用広報では**発信し続けること**も大切になるので、関係者で協力しながらコンテンツを作成したり発信を続けたりしてください。

1 日本CTO協会「エンジニアが選ぶ『開発者体験が良い』イメージのある企業『Developer eXperience AWARD 2024』ランキング上位30を発表」(https://cto-a.org/news/developer_experience_day_2024_release)

2 「エンジニア681名に聞いた『今、注目している企業』｜2024年9月最新版」(https://findy-code.io/blog/featured-companies-202409/)

3 プログラミングスキルを競うプログラミングコンテストのプラットフォーム。初心者向けから上級者向けのコンテストまで幅広くあり、成績によってランクが分けられる（https://atcoder.jp/）

4 データサイエンスや機械学習の分野のコンテストなどが行われるプラットフォーム。企業や研究機関が提供するデータセットを使ってモデルを構築しその精度を競う。成績によってランクが分けられる（https://www.kaggle.com/）

5 LINEヤフー株式会社が開催している高速化のチューニングを参加チームが競うコンテスト（https://isucon.net/）

>イベント施策

イベント施策は採用ブランディングや採用広報でも重要な施策となりますが、着手する企業も多いため個別の施策として紹介します。イベント施策は大きく**自社イベントの開催**と、**外部イベントへの登壇**、**スポンサード**に分かれます。

自社イベントの開催は、以下のような内容で開かれることが一般的です。

- 勉強会（技術や開発に関すること）
- カジュアルなご飯会・飲み会
- もくもく会（黙々（もくもく）と作業などをする会）
- その他（キャリア相談会や情報交換会など）

採用ブランディングや採用広報の目的で実施される場合は、技術や開発に関する勉強会や、カジュアルなご飯会・飲み会が行われることが多いです。また中長期的な関係を維持するために、もくもく会やその他キャリア相談会などを開くこともあります。

これらのイベントは自社単体で開催することもあれば、採用競合とはならない他企業と共催するケースも増えています。

勉強会やご飯会などを開いただけではそこから直接応募を得ることは難しく、後述するタレントプールやカジュアル面談の取り組みで応募意欲を高める必要があります。またスカウト施策や人材エージェント施策とも連携し、カジュアル面談や応募に至るほど興味が高まっていない求職者に対して、その一歩手前の接点として活用もできます。

自社でイベントを開催するだけでなく、外部のイベントに登壇したりスポンサードしたりする取り組みも増えています。これにより、普段出会えないエンジニアに自社のことをアピールできたり、登壇の声がかかることでお墨付きの効果が得られたりと、自社でイベントを開催することでは得られない効果があります。

外部のイベントには大小さまざまなものがありますが、規模が大きなカンファレンスには次のようなものがあります。このようなイベントは「（プログラミング言語等）カンファレンス」「（プログラミング言語等）勉強会」といった検索をすれば多く見つけられるので、自社と相性の良いものを見定め、登壇機会やスポンサードの機会を探ってみてください。

- RubyKaigi（https://rubykaigi.org/2024/）
- PHP カンファレンスジャパン（https://phpcon.php.gr.jp/2024/）
- PyCon JP（https://2024.pycon.jp/）
- Go Conference（https://gocon.jp/2024/）
- DroidKaigi（https://2024.droidkaigi.jp/）
- AWS Summit Japan（https://aws.amazon.com/jp/summits/japan/）
- Developers Summit（https://event.shoeisha.jp/devsumi/20240723）

イベント施策はエンジニアを巻き込むのに有用であり、採用ブランディング、採用広報の中心的な施策です。さまざまなイベントに挑戦し、後述するリクルーティング施策とも連携を深めてください。

>求人媒体の利用

求人媒体は採用をしたい企業が求人情報を掲載し、主に登録している求職者がそれらの求人に応募するサービスです。自社のリクルーティングページではなく外部の媒体に掲載することで、転職を考えている求職者に求人を見つけてもらう機会を増やせます。

求職者は給与や業務などの条件による検索から自ら求人情報を見つけるか、運営元から配信されるメールマガジンやレコメンドシステム、その他タイムラインやサービス内の企画（「スタートアップ特集」といったもの）などにより受動的に求人情報を見つけます。

エンジニア採用では以下のような求人媒体が代表的なものとして挙げられます。この他にもさまざまなサービスがあります。

- Green（https://www.green-japan.com/）
- Findy（https://findy-code.io/）
- type（https://type.jp/）

求人媒体を利用することは採用活動において基本作業として行うことが多いですが、競争が激しい採用市場では求人媒体に求人を掲載するだけではターゲットから十分な応募を獲得できることはほとんどありません。よほど知名度やブランド力のある企業でない限り十分な応募数を得ることは難しく、仮に応募が集まったとしても、求めている人材よりもスキルや経験が不足している人材からの応募であることがほとんどです。そのため、求人媒体への求人掲載は基本作業として行いながらも、後述するスカウトや人材エージェント施策を並行して行わなければなりません。多くの採用サービスで求人媒体の機能とスカウトや人材エージェントの機能は並行して提供されているので同時に活用することが多いでしょう。

求人媒体から応募を集めるためには、**求職者がどのような条件で検索するのかを想定し、その条件で検索した際に自社の求人が表示されるように調整したり、さまざまな求人が一覧表示される中でどのようなタイトルやイメージ画像であれば競合他社ではなく自社の求人をクリックしてくれるのかを考えたりしながら掲載すること**が大切です。また、レコメンドやバナー表示で類似の求人が表示されるので、**どのような競合他社のどのような求人を求職者が見ているかを把握しておく**と示唆を得られます。

有用なサービスでは、**サービス特有のアルゴリズムや機能を“ハック”すること**も重要です。たとえば、「求人を掲載し始めた1週間は新着欄に掲載されるために定期的に求人を出し直す」といったTipsや、「検索にヒットしやすくなるように求人のタイトルに技術キーワードを盛り込む」といったTipsなどさまざまな工夫ができます。

求人を作成して「待っているだけ」では埋もれてしまうので、応募が見込まれる求人媒体では能動的に運用を強化しましょう。

>スカウト施策

スカウト施策は候補者からの応募を待つのではなく、企業自ら応募や入社の誘いをする取り組みです。スカウトサービスを利用し登録されたユーザーにスカウトを送付することが一般的ですが、昨今ではSNS・ビジネスSNSを通じてスカウトすることも増えています。

求人媒体や人材エージェントに比べ、企業側の運用力・運用工数に応じて成果が出やすいため、採用のアクセルを踏みたいときに有効な手段です。エンジニア採用ではオプショナルな施策ではなく、求人媒体の利用と同様に基本的には必須で取り組むべき施策です。

スカウトサービスには多様なものがあり、大きくは総合型（さまざまな職種の求職者が登録している）と職種特化型（特定の職種の求職者が登録している）がありますが、エンジニア採用ではエンジニア特化型のスカウトサービスも豊富です。総合型を利用する場合には他の職種と併用利用ができるので費用を抑えられますが、スカウトできる対象者に限りがあるのでエンジニア特化型のサービスも併用するケースが多いです。エンジニア特化型のサービスの中でもさらに登録ユーザーのレイヤーごとの特色があったり、費用モデルが異なったり（成果報酬型のもの、スカウト通数課金のもの、月額固定費で一定のスカウトが付与されるなど）、スカウト送付の特性が異なったり（一斉配信ができるもの、個々のスカウトをしっかり書かなければ送付できないものなど）するので、**自社との相性を見極め適切なサービスを選ぶこと**も採用競争力につながります。

エンジニア採用では、以下のような媒体が代表的なものとして挙げられます。

- Green（https://www.green-japan.com/）
- ビズリーチ（https://bizreach.biz/）
- Findy（https://findy-code.io/）
- LAPRAS SCOUT（https://scout.lapras.com/）
- Forkwell Jobs（https://jobs.forkwell.com/）
- 転職DRAFT（https://job-draft.jp/）
- paiza（https://paiza.jp/）
- Offers（https://offers.jp/client/lp）
- サポーターズ（https://biz.supporterz.jp/）

昨今ではスカウトサービスだけでなく、XやLinkedIn、Wantedly、YOUTRUSTなどのSNSやビジネスSNSでスカウトを送るケースも増えており、さまざまなサービスを通じて接点を持つ努力が求められます。

サービスを適切に選ぶだけでなく、そのサービスの運用を工夫することも大切です。運用の工夫にはユーザーの検索方法や文章量の調整、送付する時間の工夫、送付回数の工夫などさまざまなやり方がありますが、最も差が出やすいのは**スカウト文面の工夫**です。送付する相手に合わせてパーソナライズすることが大切であり、以下のような工夫を行います。

- 送付者の工夫（人事からよりも該当ポジションの同僚や上長、CTOなどからの送付）

- 期待するネクストアクションを明確に記載する
- スカウト対象とした理由を経歴や実績などから記載する
- スカウトをした理由の背景にある組織やプロダクトの課題を記載する
- ポジションの魅力を記載する
- 面談の出席者やアジェンダを記載する
- 参考情報を記載する

これらを具体的な文面にすると以下のようになります。

突然のご連絡失礼いたします。エンジニアリングマネージャーの●●と申します。

〇〇様のプロフィールからA社でのエンジニアリングマネージャーとしてのご経験と、〇〇様が書かれたこちらの記事「EMを任されて考えたこと（記事URL）」の内容を拝見し、一度カジュアルにご面談をさせていただきたくご連絡いたしました。

お声がけの背景ですが、4月からチームメンバーが10名に増え、1つのチームとしては動きが取りづらくなっています。そこでバックエンドとフロントエンドでチームを分割したいと考えておりますが、バックエンドチームでは新規機能の開発を進めるとともに、技術負債への取り組みも始めたいと考えております。このような中、優先度づけやメンバーの役割分担、目標設定などが課題となっており、そこをお任せしたいと考えています。

こうした背景の中、〇〇様のご経歴や記事を拝見したところ、弊社の課題と近しいご経験があるだけでなく、一歩先の状況のご経験もされておりチームを牽引いただけるのではないかと思いお声がけをさせていただきました。

同じようなご経験を繰り返されるため〇〇様にとっては成長機会がないと思われるかもしれませんが、弊社はA社よりも規模が小さくVPoEをはじめとした多くのポストも空いている状況です。そのため、まずはチーム作りから入っていただきながら、よりプロダクト全体や経営にも関わっていただけるような機会をご提供したいと考えております。

当日は弊社CTOの■■も同席し、下記の内容について詳しくお話をさせていただきたく考えております。

・事業や組織、プロダクトの目標・現状について
・チーム状況、組織図について
・今回の募集の背景について
・今回のポジションの詳細について
・○○様からのご質問やアドバイス

ご面談をさせていただける場合は、こちらから日程をご指定いただけますと幸いです。
<調整ツールのURL>

最後に私共は～～業界の負を本気で解消したいと考えております。その中で○○様のお力をお借りしたく、ぜひ一度お話をさせてください。

※参考情報
・テックブログURL
・採用ピッチ資料URL
・CTOの取材記事URL
etc.

昨今ではよりフランクで短文のスカウトを送ることが推奨されていたり、あえてパーソナライズをせずに大量送付をするといった戦術が取られたりすることがあり、必ずしも上記のような長文・詳細なスカウトを送らなくても良い場合もあります。

しかし、「そもそも書けない」ことと「あえて書かない」のでは大きな違いがあります。どんな人に送付すべきなのか、なぜ採用したいのか、何が魅力なのかといった根本的な要素が不明瞭であれば「そもそも書けない」という状態であり、これでは他の工夫をしてもうまくいきません。

スカウト施策はエンジニア採用の中心になるものであり、サービスをいかにうまく運用するかが勝敗を分けるので、表層的なTipsの活用だけに走ってしまわないようにしてください。

>人材エージェントの利用

人材エージェントは企業とユーザーとの間で双方の紹介と採用・転職のサポートを行うサービスです。人材エージェントは基本的に成果報酬型の料金形態を取っているので、リスクを抑えて利用することができます。また人材エージェントに登録している求職者は基本的に現在転職活動中の人になるので、採用するまでのリードタイムが短く、スカウトなどと比べて手間も比較的少なく済むことも利用する目的となります。曖昧な人材像でもエージェントの担当者が汲み取って探してくれたり、求人について人材エージェントの担当者からアドバイスをもらえたりすることもメリットであり、特にはじめてのポジションの採用や採用担当者の経験が浅いなどの状況であれば利用する価値が高くなります。

このように良いことずくめの施策にも思えますが、人材エージェントは魔法の杖ではなくデメリットや攻略方法についても熟知していなければなりません。

そもそも人材エージェントが抱えるエンジニアの数は多いとはいえず、ハイレイヤーや専門性の高い職種についてはほとんど紹介できない人材エージェントもあります。そのため、利用すれば必ず良い人材の紹介があるわけではありません。良い人材の紹介を得るために数十社と契約することもめずらしくなく、大きな企業であれば100社以上と契約していることもあります。一方で数十社の人材エージェントすべてとコミュニケーションを取るのは大変なので、数十社の中から特に数社と深いリレーションを築くのが一般的です。

人材紹介手数料については、競争が激しいエンジニア採用ではより大きな金額を提示する企業が増えており、理論年収の35〜40%が相場になっていますが、常時50%の料率に上げたり一時的に100%にしたりする企業もあります。また、人材エージェントに優先的に動いてもらうためにリテーナー契約を結ぶ企業も増えています。リテーナー契約とは一定の期間において活動内容や活動量を決めてコンサルティング、紹介、フォローアップなどをしてもらうもので、成果にかかわらず固定費や活動費として料金を支払います。相場として50万円／月〜300万円／月程度となり、内容によっては成果が出た場合には別途人材紹介手数料も発生します。

ここまで述べたような工夫は基本的な動きとして検討・実行すべきものですが、これだけでは激しい競争の中で良い人材の紹介を受けることは難しくなっています。

良い人材の紹介を受けるためには、本質的に**「紹介したくなる企業」になるよう努力を重ねなければなりません**。具体的には、以下のような工夫が挙げられます。

- お客さまスタンスから営業スタンスにチェンジする
- 内定が出やすい企業、多くのポジションがある企業としてアピールする
- 依頼やフィードバックを詳細かつ具体的に行う
- エージェントの内部構造を理解しハックする

まず人材エージェントに向き合うマインドセットとして、「こちらが客である」「契約したから紹介があるのは当たり前」といった態度を取っているならば改めなければなりません。あぐらをかいて待っているだけではまったく紹介が来ないこともありえます。

採用競争が激しいということは、人材エージェントもユーザーの獲得競争が激しいということです。そのため必死の思いで獲得したユーザーをどの企業に紹介するかは人材エージェントの意向次第であり、採用競争が激化している昨今では企業よりも人材エージェントのほうが企業を選ぶことができる状況です。むしろ**企業側からエージェント側への積極的な営業活動が必要**です。人材エージェントが紹介しやすいように資料を用意したり、紹介から面談の日程を早く設定したり、結果の連絡スピードを早くしたりとさまざまな工夫をしなければなりません。

次に、**内定が出る企業としてアピールすること**も重要なポイントです。人材エージェントは成果課金となるので、紹介しても不採用ばかり出す企業はお金にならず紹介するモチベーションも下がってしまいます。新規に契約を結んだエージェントには、これまで内定が出た方の経歴や特徴を伝えましょう。紹介された求職者を不採用にした際には、その理由を明確にしてエージェントの担当者にフィードバックして目線をそろえます。このように**必要な情報を丁寧に共有し、「チームの一員」として接すること**が大切です。根本的にエージェントのビジネスを考えれば、より売上が見込める企業に紹介したいという気持ちがあるはずなので、1ポジションだけの紹介よりも複数ポジションに紹介ができるとマインドシェアも得やすく、1名の採用よりも複数名の採用枠があるほうが紹介しやすくなります。このように、自社に紹介することでより多くのお金を支払えるという姿勢や実績を見せることも大切です。

次に、**依頼やフィードバックは詳細かつ具体的に行うこと**を心がけてくださ

い。採用に至らない場合でもフィードバックを詳細かつ具体的に行うことで、エージェントも求職者に不採用の理由を説明しやすくなります。人材エージェントも求職者を集めることが大変な状況なので、明確な理由もなく不採用にされてしまえばサービスの体験も落ちてしまい、求職者に他の人材エージェントを使って転職される可能性が高まります。そのため、そもそも求職者に嫌われてしまうような企業には紹介しないようになります。

加えて人材エージェントの集客方法や求人が紹介されるまでの一連の流れ、担当者の紹介モチベーションなど、**「人材エージェントの内部構造」を詳細に理解すること**が大切です。登録ユーザーの属性や集客方法を理解した上で本当に相性が良いか判断することはもちろん、担当者は何名関わるのか、求職者と相対する担当者はどのような検索作業や検索キーワードで自社の求人を見つけるのか、利用しているデータベースはどのようなアルゴリズムで求人を提示するのかなどについて、ヒアリングを通じて理解を深めます。たとえば自社が製造業×ITサービスのSaaS事業を行っている場合に、自社の求人が求職者に紹介されるときに「製造業の企業」というくくりで紹介されるのか、「SaaS事業の企業」というくくりで紹介されるのかでは結果が大きく異なります。また最終更新日が古いものは優先度が下がるというロジックがあれば、高い頻度で求人をアップデートすることもひとつの手です。他にも「毎朝チーム内で有力な求人を企業担当から求職者担当に紹介する時間がある」というエージェントであれば、その中に入れてもらうにはどのような求人であるべきかを企業担当と相談するのが良いでしょう。

人材エージェントはリスクも手間も少ない施策に見えがちですが、「良い人を紹介して」「もっと紹介して」と依頼するだけでは満足のいく結果を得ることは難しい状況になっており、ここまでに述べたさまざまな工夫が求められます。

人材エージェントへのアプローチも工数や知見が求められるので、業務委託やRPOサービスなどで人材エージェント出身者に委託するケースも増えています。

>リファラル採用

リファラル採用は自社の社員や関係者から、その友人や知人を紹介してもらい採用につなげる取り組みです。リファラル採用は自社のことを理解している社員や関係者が一定の評価をした人を紹介するので、ミスマッチが少なく採用コストを抑えることもできる優れた採用手法です。

リファラル採用は一見競争を意識する必要がない手法に思えるかもしれませんが、求職者からしてみれば「いろいろな企業からリファラルで来ないかと声がかかる」という状況であり、**リファラル採用をすれば採用が成功するわけではありません**。

各社はリファラル制度に、以下のようなさまざまな工夫をした取り組みを行っています。

- 紹介者へのインセンティブ付与
- 知人や友人との食事費用の負担
- 募集求人、ペルソナ、採用背景などの社内説明
- 紹介された知人・友人の体験が悪くならない工夫
- 知人や友人向けに配布できる自社紹介資料の作成

まず基本的なところでは、紹介者に対して何らかのインセンティブを付与する企業は多いです[6]。金銭的なインセンティブの場合は1〜30万円程度であることが一般的でしょう[7]。また、食事費用の負担をする企業も多くあります。

リファラル採用が進まない企業では、どのような求人が募集中で、求めている人材はどのような人なのかがそもそも情報共有されていないことがあります。そのため、まずはそのような情報を社内説明すべきです。また知人や友人に説明するためには、採用背景としてどのような課題を自社が抱えているのかを説明しなければならないので、求める人材などと合わせて説明できるようにしてください。

また、リファラル採用が促進されない代表的な要因として紹介者と友人・知人との関係が壊れることへの懸念が挙げられます。たとえば、「紹介した友人・知人が不採用になった場合に気まずくなるのではないか」「面接の担当者が友人・知人を杜撰(ずさん)に扱ってしまうのではないか」といった心配です。このような懸念を抱かせないために、「不採用になったときにも、丁寧にその理由を説明し、できる限りネガティブな印象にならないよう配慮する」「面接では紹介者のことを話

6　インセンティブを賃金、給料ではなく紹介報酬として支払う場合には法令上問題になる可能性があるので運用には注意が必要です。

7　TalentX「リファラル採用の実施状況に関する企業規模・業界別統計レポート」(https://mytalent.jp/lab/resource_337/)

題に挙げ、丁寧に対応する」といったことを取り決め、このようなルールを徹底していることを紹介者にも事前に伝えることが大切です。

昨今ではベンチャーキャピタルやエンジェル投資家、自社が子会社の場合には親会社などから協力を得るケースも増えています。リファラル採用を呼びかける範囲を社内だけに限定せずに、社外であっても自社を応援してくれる人たちに協力を依頼してみるのもひとつの手です。

リファラル採用は強力な手法のひとつですが、各社がさまざまな工夫をしていることを意識し、自社でも改善や工夫を強化してください。当然ながら手法の工夫だけでなく、根本的には自社の魅力や社員のエンゲージメントの向上が重要になるので、根本的に魅力ある企業にしていくことは忘れないようにしてください。

>カジュアル面談

カジュアル面談は求職者の応募前に実施される面談であり、応募意欲を高めること、ミスマッチを減らすことを目的として実施されます。採用倍率が高いことは求職者にとっては選択肢が多いことと同義なので、応募する企業を決めることも大変になります。求人票などの公開されている情報だけでなく実際に働く人と話をすることで、求職者にとっては応募すべき企業かどうかを判断する手助けとなります。

カジュアル面談ではエンジニアや採用担当者の工数を割くことになりますが、昨今ではカジュアル面談を実施することが一般的になっています。

カジュアル面談が果たすべき役割は、第一に求職者が自社に応募すべきかどうかを判断できるように情報提供することであり、その上で自社に興味を持ってもらえるようにアピールをすること、そしてもしもミスマッチが起こりそうであればそれを事前に防ぐことにあります。

情報提供といっても一方的に自社語りをするプレゼンの場とするのではなく、**相互に話をするコミュニケーションの場とすること**が重要であり、求職者に転職活動の軸や企業選びのポイントなどについてヒアリングをした上で、それに合わせて自社やポジションについて説明するようにします。コミュニケーションの場といっても、目的がはっきりしないまま「雑談するだけの時間」にしてしまっては意味がないので、事前に候補者の情報を読み込んでおき、質問やアピールしたいことを考えておくことが大切です。

カジュアル面談は選考ではないので、求職者に選考のような質問をしたり実施後に不合格の連絡をしたりといったことは当然してはいけません。ただし、求職者が自社について勘違いしていたり、過度な期待を持っていたりする場合にはミスマッチにつながってしまうので、誤解を解いたり期待値を調整したりすることはカジュアル面談でも必要になります。

これらを基本とした上で、**昨今ではより複雑なアレンジが求められます**。求職者へのアプローチ方法が多様化しているためカジュアル面談に来る求職者の動機も複雑になっており、転職潜在層にアプローチした結果、「今後の参考までに話を聞いてみたい」といった動機もあれば、求人サイトから自己応募で「応募を迷っているから詳しく話を聞いてみたい」といった動機で実施される面談もあります。そのため、どのような経路で設定したのか、求職者の自社への理解・興味具合はどの程度なのか、自社として何をゴールにする面談なのかを事前に決めてアレンジします。たとえば、以下のような内容です。

●求人サイトや自社求人への直接応募の求職者に対して

求人サイトや自社求人への直接応募の場合には、現在転職活動中で、ある程度自社に興味があるが実際に応募するかどうかを迷っている場合が多いです。そのため、「意思決定を後押しする」ことを目的として入社後のイメージを想起させるような業務の詳細やキャリアパス、昇給の条件など求人票に記載されている内容よりも詳細な情報を説明することが大切になります。

●スカウトなどでこちらから声をかけている求職者に対して

自社のことをほとんど知らない、興味がない状態であることが多いため、「とっかかりを作る」ことを目的として、自社の紹介をしながら求職者の興味関心事や将来のキャリアプランなどについてヒアリングを重点的に行います。また、声をかけた背景である自社が抱える課題を説明しながらアドバイスを求めたり、過去の経験について話してもらったりします。このような会話を通じて少しでも興味を示してもらえる話題を探りながら、提供する情報やアピールポイントを選択するようにします。

●転職はまだ考えていない人（後述するナーチャリング対象の求職者）に対して

すぐに自社に応募してもらうことは期待できないので、「転職を考えたときに自社を思い出してもらえる」「連絡を取り合えるように関係を築く」ことを目的としてプロダクトや開発に関する情報交換を行います。このフェーズではポジションの詳細な説明などはしないほうが良いこともあります。一度限りの面談で終わるのではなく、次回の約束を取り付けられるとより良いでしょう。

カジュアル面談は基本的に現場のエンジニアやCTO、VPoEなどが担当すべきです。採用担当者ではプロダクトや開発について十分に答えられず、求職者が求める情報が提供できず満足度を下げてしまう可能性が高いからです。一方で、カジュアル面談は簡単な作業ではなく、コミュニケーション能力や場慣れも必要になります。そのため採用担当者は上記のような目的を整理したり、説明用の資料やトークスクリプトを用意したり、面談を練習したりするといったサポートも大切になります。また、目的に沿った面談ができているか確認するために録画してもらい、その内容をチェックしながら改善提案をする企業も増えています。

カジュアル面談はある種の営業の場です。カジュアル面談の良し悪しは採用競争力に強く影響するので、形だけにならないように手間暇をかけて面談力を高めてください。

>ナーチャリング

ナーチャリングとはマーケティング領域において「顧客育成」を意味し、見込み顧客の購入意欲を高め顧客化を目指す取り組みです。

昨今では採用の文脈でもナーチャリングの概念や取り組みに注目が集まっています。「現在転職活動中である」という求職者（転職顕在層）は非常に競争倍率が高いので、「今は転職意思はないけれど、いい話があれば聞いてみたい」といった転職意思がまだ潜在的である求職者（転職潜在層）にアプローチをして、ナーチャリングを通じて段階的に転職意欲や自社への興味を高めます。ナーチャリングの対象となるのはスカウトやリファラルでアプローチを行い、一度カジュアル面談などで接点を持った求職者とすることが一般的ですが、選考に乗った求職者であっても現職への残留などを理由に辞退した求職者などはナーチャリング対象とすることもあります。

ナーチャリングの最も難しいところは求職者の転職意欲を動かすところですが、よほど良い条件を提示しない限りは転職意欲のない求職者の気持ちを「今すぐ転職しよう」と大きく動かすことはできません。そのため、基本的には**定期的・継続的に接点を持ち続け、転職意欲が高まったタイミングを見計らって応募や入社を打診すること**になります。

もちろん、単にタイミングを見計らうだけでは自社を選んでくれないので、定期的・継続的に接点を持つ中で自社への興味を段階的に高めていきます。また、相手の求職者が自社の業界や技術などになじみのない場合には、それらの情報を提供して**解像度を高めてもらうこと**も大切です。

なお、定期的・継続的に連絡を取り合うことを特に「キープインタッチ」と呼ぶこともあります。

ナーチャリングの具体的な取り組みとしては、以下のようなものが挙げられます。

- 自社のニュースなどの情報発信
- キャリア相談の面談、勉強会、会食
- SNSでの関係構築
- タレントプールの運用
- 業務委託での仕事の依頼

まず基本的な取り組みとして、自社のニュースなどの情報発信が挙げられます。具体的には、プロダクトの新機能のリリースやエンジニアチームの新しく入社したメンバーの情報、決算のトピックスや資金調達のニュースなどの情報を発信します。この際には当たり障りのない情報を広く発信するのではなく、1to1のコミュニケーションを意識し、「なぜ、今、あなたが必要か」といったメッセージに次のような情報を加えられると良いでしょう。たとえば、「4月からリアーキテクチャに取り組んでいるが10月にはいったん落ち着きそうである。また近いタイミングで資金調達もする予定である。このタイミングで新しいメンバーを数名入れ、さらに開発チームを強くしたい。チームを拡大し生産性を高めていくためにあなたが必要である」といった内容にそれぞれの情報を加えて連絡します。

情報発信とともに定期的に直接話をする機会を設けることも有用です。キャリア相談を受ける場を設けられれば、キャリアの相談に乗りながら自社が提供できる機会をアピールできます。また勉強会では共同開催したり登壇を依頼したりすることで、より深い関係性を築けます。ハイクラスの人材であれば会食を催し、代表や経営陣から自社の課題を共有することも効果があります。

よりライトな関係構築・情報提供としてSNSも効果的に活用することも大切です。たとえばXなどで相互にフォローし合い、近況を把握できるようになれば、上記のようなキャリア相談や会食などの打診もしやすくなります。カジュアル面談などである程度関係が構築されたなら、求職者のアカウントをフォローしましょう。

タレントプールは求職者（＝タレント）の情報を蓄積（＝プール）したデータベースであり、求職者の名前などとともに転職意欲や最終の接点日、どのような会話をしたかなどの情報を記録するものです。たとえば、キャリア相談で得た次の転職検討時期の情報を記録しておき、次回のアプローチのタイミングを計るといったように、**タレントプールを活用することでここまでに述べてきた活動を補助・促進することができます**。タレントプールで管理する対象はここまで述べたナーチャリングの対象者だけでなく、現時点で接点はないがいつかは接点を持ちたい人を対象とすることもあります。

タレントプールはExcelやドキュメントなどを活用することもあれば、より大規模・本格的に取り組む際には専用のツールを利用することもあります。昨今では単に求職者の情報を記録するだけでなく、メールマガジンを配信したり資料の開封などの動向を検知したり、ネクストアクションへのアラートを出したりとさまざまな機能が使えるサービスも増えています。これらはマーケティング領域でのMA（マーケティングオートメーション）ツールやSFA（セールス・フォース・オートメーション）ツールから影響を受けていることも多く、HR Techの進んでいる海外ではより多機能・高度なサービスが展開されているため、今後は日本でもさらなる発展が予想されます。

採用競争が激しくなるほどナーチャリングの取り組みは重要性を増します。特にエンジニア職はそもそも人口が少なく、職種やレベルなどで絞り込みをかければさらに少なくなります。そのような中で「一度声をかけてダメだったから他の求職者にアプローチする」といった方針では、すぐにアプローチできるターゲットはいなくなってしまいます。採用競争を勝ち抜くために、ここまでに述べた動きを重ね合わせて実行し、ナーチャリングの取り組みを強化してください。

＞口コミ施策

求職者は選考が終了した後や社員の退職などのタイミングで、企業の悪かった点や良かった点などを他の求職者に口コミとして伝えることがあります。昨今ではSNSで口コミを投稿する求職者も増えていますし、口コミ投稿サービスも増えています。また報酬に特化して投稿するサービスも登場しています。たとえば、「自分は入社しなかったが良い会社だった。おすすめ」といった良い評判も、「選考でひどい態度を取られたから絶対に受けないほうがいい」といった悪い評判も多く見かけます。

転職活動における口コミついて、careerarcが実施した調査[8]では72%の求職者が「ネット上で、あるいは誰かに直接、嫌な経験を共有した人がいる」と回答しており、転職活動の体験が悪い場合にそれを周囲にシェアされてしまうリスクを無視できないことがわかります。そのため、**SNSや口コミサイトで共有されやすい時代であることを意識した取り組みが求められます**。

また、入社した後の社員の口コミも無視することはできません。実際に働いたことのある社員の口コミは求職者にとって非常に有益な情報となり、企業にとっては追い風にも足かせにもなり得ます。Openwork が実施した「退職者が選ぶ『辞めたけど良い会社ランキング2022』」[9]によれば、「風通しの良さ」「社員の相互尊重」が要素として重視されており、人事担当者と連携しながらこのような要素を改善することも重要になります。

8 CareerArc「State of the Candidate Experience Study」(https://www.careerarc.com/lp/candidate-experience-study/)

9 Openwork「退職者が選ぶ『辞めたけど良い会社ランキング2022』」(https://www.vorkers.com/hatarakigai/vol_100) ランキングの上位の日系企業について

募集活動における見極め

>「バラマキ」「間口を広げる」はしない

ここまで紹介したどのような施策でも、「とにかく誰でもいいから」といった方針を採ることはおすすめしません。このような方針で最も多いのがスカウトの「バラマキ」と、求人票の人材要件を抽象的な内容にした「間口を広げる」というものです。

前述のように、これでは採用したい求職者以外からの応募が増えてしまい、その対応に時間や工数を取られてしまいます。また、これらは一見多くの応募を集めているように思えますが、多くの場合訴求力が落ちてしまい、ターゲットとしている人からの応募は逆に少なくなったという結果も招きます。

採用したい人以外の対応に時間を使ってしまい、採用したい人に使う時間がなくなってしまうのでは本末転倒です。どのような施策でも**「とにかく誰でもいいから」といった方針を採ることはせずに、採用したい人をしっかりと見極め、そのターゲットに強く刺さるメッセージや施策の工夫を考えるようにしてください。**

>利用サービスごとに現場のエンジニアと目線をそろえる

募集活動においては利用するサービスは多岐にわたりますが、それぞれ求職者を探す際の機能は異なります。この際に採用の依頼の出し手（現場のエンジニアなど）と目線がずれてしまうことがあり、結果として本来アプローチすべきでない人にアプローチしていたり、本来アプローチすべき人を見逃して機会損失をしていたりします。

このような場合には**実際に利用しているサービスを現場のエンジニアとともに操作し、人材要件を満たす人をどうすればヒットさせられるのかを確認すること**が大切になります。

たとえば、以下のような検索条件についてどのような指定・チューニングをすれば求める人材が見つけられるのかをすり合わせてください。

- 技術的なタグ（プログラミング言語、フレームワークなど）
- マネジメントの有無
- 在籍した企業のフェーズ（スタートアップや上場企業など）の情報
- デモグラフィックの条件（地域や年齢など）
- 期待する働き方の条件（リモートワークなど）
- 求める条件（報酬レンジ、賞与の希望など）
- 副業や業務委託の意欲に関する条件
- 転職意欲の大小の条件
- 最終ログイン時間

サービスの検索機能やサービス上で確認できる求職者情報をもとに、現場のエンジニアと目線をすり合わせることで、採用活動の効率が大幅に向上します。手間に感じるかもしれませんが、必ずこのような確認を行うよう心がけてください。

Column

●「DevRel」とエンジニア採用の関係

昨今のエンジニア採用で「DevRel」というキーワードを耳にする方も多いのではないでしょうか。DevRelとエンジニア採用は親和性が高く、その取り組みに注目が集まっています。

DevRelとは、「Developer Relations」の略で、外部の開発者と良好な関係を築くためのマーケティング活動やプロセス、またはその活動を行う役割を指します。主な目的は、自社の製品やプラットフォーム、APIなどの利用促進です。それにより、プラットフォームとしての魅力度やサービス認知度の向上、フィードバックを通じた製品改善などが期待できます。たとえば、AppleはiOSアプリの開発を、GoogleはAndroidアプリの開発を促進することで、それぞれのエコシステムを強化しています。Xでは開発者向けAPIの利用を促進することでサービスの価値を広げています。日本でもLINEヤフー、サイボウズ、クラスメソッドなど、大手企業だけでなくスタートアップも含む多くの企業がDevRelに取り組んでいます。

DevRelの活動としては、以下のようなものが挙げられます。

- オフラインでの勉強会やハンズオンイベントの開催
- コミュニティの運営
- 技術カンファレンスへのスポンサード
- 利用者からの質問やフィードバックの収集と活用
- コンテンツの作成（チュートリアル、技術ブログなど）

そして、このようなDevRelの取り組みとエンジニア採用はターゲットや取り組みが共通することも多く、エンジニア採用の観点からも注目を集めています。自社のサービスやAPIに興味を持つエンジニアはその分野に高い専門性や親和性を持ち、自社への興味関心も高い可能性があります。また、DevRelで実施される技術ブログや勉強会といった活動は、採用活動の観点からも積極的に実施されています。

一方でDevRelの中で採用活動を行うことには注意も必要です。「DeveloperRelations.com」によれば採用もDevRelを行う理由のひとつとされていますが[10]、DevRelの実態がない中で採用活動だけを行うことはDevRelとはいえません。勉強会といいながら求人説明ばかりをしていたり、採用担当者がDevRel担当者と名乗りリクルーティングのみを目的として動いていたりすれば、だまされたと感じるエンジニアもいるでしょう。結果的に採用活動に悪影響を及ぼすだけでなく、自社の評判も損ねる可能性があります。

採用競争が激化する中で、DevRelは非常に強力な武器になりえます。一方で受け手によってその捉え方や期待することもさまざまなので、考えもなしに取り組むのではなく、社内のエンジニアやDevRel担

10 DeveloperRelations.com「What is developer relations?」(https://developerrelations.com/what-is-developer-relations)

当者と協議しながら進めるべきです。自社が既にDevRelを行っているならば、その活動の中で採用を連携させることができるか、またその際の注意点などを検討し、行っていないのであれば、自社のサービスやプロダクトの特性からDevRelを取り入れる余地がないかをエンジニアとともに検討してみてはいかがでしょうか。

第 5 章

選考活動

本章では、求職者の応募から内定承諾までのプロセスで行われる選考活動について説明します。

選考は、主に求職者が自社の求める人材かどうかを見極めるプロセスですが、第2章でも触れた通り、選考活動の中でも**求職者から「選ばれる」ことに意識を向けなければなりません**。採用競争が激しいエンジニア採用では、自社だけを受けている求職者はほとんどおらず、複数の企業を同時並行で受け、さらには複数の企業から内定を得ている求職者も多いです。

このような状況で、「応募が来たら後は選ぶだけ」と考えていては辞退が相次いでしまいます。そのため、本章では**「選ぶ」ための見極めの方法**を中心に、**「選ばれる」ための惹きつけの方法**についても解説します。

また、「選ぶ」ということについてはその精度を高める必要があります。これも第2章で詳しく述べた通りですが、いわゆる“ザルの選考”、“甘い評価”をしてしまい、本来は採用すべきでない人を採用してしまっては会社にとって大きな痛手となってしまいます。反対に本来は採用すべき人を不採用としてしまうのは機会損失に他なりません。人材要件を満たしているにもかかわらず必要以上の能力を求めているケースや、面接で雑談や単調な質疑応答しかできず、本来見極めたいことが確認できずに不採用としてしまうケースなどが散見されます。ただでさえ応募をしてもらうことが難しい状況であるにもかかわらず、このような間違った不採用をしてしまえば、穴の空いたバケツに水を入れているようなものです。結果、人材エージェントからも愛想を尽かされ、紹介もなくなります。エンジニア採用では、このような間違った不採用にも十分に注意が必要です。

選考は採用担当者が介入しにくいパートであり、現場のエンジニアに任せることも多いですが、採用担当者はここまでに述べた求職者の辞退を防ぐことや選考の精度を高めることも業務範囲と捉え、エンジニアと協力しながら選考活動をより良いものにしてください。

選考活動を設計する

>評価項目の決定

選考では人によって判断がばらついたり、同じ人でも日によって判断がばらついたりすることができるだけ起こらないようにしなければなりません。そのため、**事前に選考活動を設計すること**が必要になります。選考活動を設計するに当たり、はじめに**評価項目を決めること**が大切です。

評価項目は選考において見極めるべき項目であり、基本的に第3章で述べた人材要件と一致します。人材要件は採用したい人をスキルや経験などの点から説明したものなので、選考で評価する内容には人材要件で求めるスキルや経験が内包されなければなりません。人材要件は、「必須要件」と「歓迎要件」とに分けて考えることが一般的ですが、特に「必須要件」は評価項目に加えてください。

たとえば、以下のような評価項目を設定します。

- Ruby on Railsを用いた開発経験
- AWSを用いたインフラの運用経験
- 自主学習や自己研鑽に意欲的であること
- 役割に対して責任を持って最後までやり遂げる力
- ミッションへの共感

評価項目は事前に設計すべきものですが、**一度作って終わりではなく実際に選考をしながら何度も改善を重ねること**が大切です。

「今の評価項目をすべて満たしているんだけど、合格させるにはなんとなく違和感がある」といった声や、「この評価項目では選考がしづらい」といった声が上がれば、それらを評価項目に反映します。たとえば、「自主学習や自己研鑽に意欲的であること」について、ビジネス書などを読んでいるだけでなく最新技術について学ぶことに意欲的である人を採用したいといった声があれば、「最新の技術に関する事柄にアンテナを張り、自主学習や自己研鑽に意欲的であること」のようにアップデートします。このようなフィードバックを得やすいように定例ミーティング内でエンジニアからの声を拾い上げたり、ATSに改善案を記載するように促したりといった工夫も大切になります。

また、評価する項目だけでなく、**意識的に評価から除外する項目を決めておくこと**もひとつの手です。たとえば、以下のような要素は本来行いたい評価ではないにもかかわらず、暗黙的・無意識的に加点／減点の対象になっていることがあります。そのため、明示的に評価には入れない内容も考えておけると良いでしょう。

- 学歴（有名大学を卒業している、あるいはその逆であってもスキルの有無の判断はテストで判断する）
- 年齢（年齢の高低で、スキルやマインドセットに対してバイアスをかけて見ない）
- 業務の経験年数（経験年数の多さでは判断せず、スキルの有無の判断はテストで判断する）
- 過去の在籍企業（大企業や知名度のある企業であっても、スキルの有無の判断はテストで判断する）
- 知名度（SNSでの活動や登壇の活動などがあっても、スキルの有無の判断はテストで判断する）

選考では職務経歴書などから読み取れる情報や、面接時に口頭で確認できる印象などさまざまな情報を得ることになりますが、評価項目が明確でなければ、面接で何を聞けば良いかも定まらず正しく判断することが難しくなります。結果、「なんとなく違う」「あまり好きではない」といった曖昧な理由で判断を下してしまう可能性が高まるので、**評価項目を明確にすること**を特に意識してください。

>選考手法の設計

評価項目が決まったら、**それを見極めるための選考手法について考えます。**個々の手法については次節で解説しますが、まず大まかにどのようなものがあるのか、またその精度について見てみます。

フランク・シュミットとジョン・ハンターは代表的な選考の手法とともに、それらの入社後のパフォーマンスの予測精度について調査しています。それによれば、面接官が自由に質疑応答を行う非構造的な面接では入社後のパフォーマンス予測の決定係数は0.14であり（大まかには14%しか説明できない）、履歴書の場合は0.12、職務経歴書ではさらに低く0.03という結果になっています。一方でワークサンプルテストでは0.29、構造化面接では0.26、一般認識能力テストでは0.26となっており、比較的有効な手段といえます。

- ワークサンプルテスト　0.29
- 構造化面接　0.26
- 一般認識能力テスト　0.26
- 通常の面接（非構造的な面接）　0.14
- 誠実性評価　0.1
- 身元照会　0.07
- 職務経験年数　0.03
- 筆跡による能力解析　0.004

※Schmidt and Hunter (1998)「The Validity and Utility of Selection Methods in Personnel Psychology: Practical and Theoretical Implications of 85 Years of Research Findings」

ワークサンプルテストとは入社後に実際に担当することになる業務を「疑似体験」する選考です。また構造化面接とは、質問内容と評価点を事前に決め、同じ職務に応募している応募者を同じ基準で評価する選考手法です。一般認識能力テストとは批判的思考能力や推論能力を測るために設計されたアセスメントテストです。いずれも詳細は後述します。

このような調査やそれぞれの手法の特性も踏まえ、図5-1のように評価項目ごとに、それを評価するための手法や選考プロセスを考えます。

一般的には選考プロセスを技術力や語学力などの**ハードスキルを見極める選考**と、業務姿勢やバリューフィットなどの**ソフトスキルやマインド面を見極める選考**とに分けることが多いです。評価項目ごとに選考を重ねる必要はありませんが、一度の選考だけですべての評価項目を確認することは簡単ではないので、適切に評価項目を分解し、複数の選考プロセスを経て合否を判断してください。

評価項目	選考手法・プロセス
Ruby on Railsを用いた開発経験	ワークサンプルテスト（1次選考）
AWSを用いたインフラの運用経験	
自主学習や自己研鑽に意欲的であること	構造化面接（2次選考）
役割に対して責任を持って最後までやり遂げる力	
ミッションへの共感	通常の面接（最終選考）

図5-1 選考手法プロセスの例

>採点のルール

選考の手法が決まれば、採点のルールも決めなければなりません。これは非常に複雑になりがちであり、複雑になるほどメンテナンスや運用コストが高くなるので、**できるだけシンプルな内容にすること**をおすすめします。

採点のルールでは、まず「○か×」「5段階評価」「100点満点」などと評価項目を測る尺度を考えます。次に、どのような採点で最終的な判断を下すかを考えます。たとえば加点方式にするにしても、その合計や平均がボーダーラインを超えれば合格とするのか、減点方式やその両方を組み合わせた内容にするかです。さらに項目ごとに重みを変えるのか、選考担当者ごとに重みを変えるのかといったことも考えられます。

しかし、採点のルールは複雑であればあるほど良いわけではありません。複雑だからといって選考の精度が高まるわけではありませんし、関係者間の意思統一も難しくなります。どのような採点ルールにしても“完璧”というものはないので、まずはシンプルな採点ルールから始めてください。

本書では図5-2のように、「項目ごとに○か×をつけ、すべての項目で選考担当者全員が○をつけなければ見送る」という採点ルールを推奨します。

評価項目	選考手法・プロセス	採点のルール
Ruby on Railsを用いた開発経験	ワークサンプルテスト（1次選考）	○ or × すべて○がつけば通過
AWSを用いたインフラの運用経験		
自主学習や自己研鑽に意欲的であること	構造化面接（2次選考）	○ or × すべて○がつけば通過
役割に対して責任を持って最後までやり遂げる力		
ミッションへの共感	通常の面接（最終選考）	○ or × ○がつけば通過

図5-2 採点ルールの例

>選考担当者の決定

評価項目、選考手法・プロセス、採点のルールが決まれば、図5-3のように**それらを正しく評価できる選考担当者を決めます**。当然ながらこの担当者は評価項目を正しく見極められる人でなければなりませんし、選考手法をうまく使いこなせる人でなければなりません。

評価項目	選考手法・プロセス	採点のルール	選考担当者
Ruby on Railsを用いた開発経験	ワークサンプルテスト（1次選考）	○ or × すべて○がつけば通過	現場エンジニアAさん、CTO Bさん
AWSを用いたインフラの運用経験			
自主学習や自己研鑽に意欲的であること	構造化面接（2次選考）	○ or × すべて○がつけば通過	CTO Bさん、人事担当者Cさん
役割に対して責任を持って最後までやり遂げる力			
ミッションへの共感	通常の面接（最終選考）	○ or × ○がつけば通過	代表Dさん、人事担当者Cさん

図5-3 選考担当者の例

一般的には、採用予定ポジションと近い業務のメンバーが「スキルや知識などの専門性」と「チームワークのやりやすさ」などを確認するのが望ましいです。人事は誠実さやレジリエンスなど日常的な業務をする上での要件を確認し、管掌役員はアイデンティティの確立やモチベーションの源泉などを確認するといった役割分担も良いかもしれません。

選考担当者を複数名置く場合に注意すべきこととして（これも採点のルールに含まれますが）、**誰が合否判断を下すのかを明らかにしてください**。合否判断を下すことは精神的にも疲れることなので、「合格でもいいと思うけれど、少し不安が残るから不合格でもいい」とどちらともつかない答えを出してしまうことが多くあります。結果的に「もう一度面接をしたい」「他の候補者と見比べて決めたい」と判断を後回しにし、求職者に辞退されてしまうことが後を絶ちません。最終的な判断をどのように下すのか、誰が下すのかを明確にしておいてください。

はじめて募集するポジションの場合には、適切に能力を判断できる人が社内にいないこともあります。この際には業務委託の方など、外部の人材に選考をサポートしてもらうことも検討しましょう。

選考活動を実施する

>書類選考

ここから選考の手法とその運用について解説します。各施策についてはより詳細に書かれた専門書があるので、必要に応じてそちらも参考にしてください。

書類選考は、主に履歴書や職務経歴書などの書類によって合否を判断する選考方法で、選考活動のはじめに行われることが一般的です。書類選考は“足切り”の目的で実施されることが多く、高い精度よりも一定の数をこなすことが求められやすい選考施策です。そのため現場のエンジニアやそのマネージャーだけでなく、採用担当者やRPOサービスが代行することもあります。

ビジネス職の場合には、主に履歴書や職務経歴書によって選考がなされますが、エンジニア職の場合にはGitHubやその他のアウトプット、デザイナー職ではポートフォリオの提出を求める場合もあります。

書類選考では、**面接などをせずとも判断しやすいスキルや経験を問うこと**がポイントです。たとえば、経歴から読み取れるマネジメント経験のあり／なしなどです。反対に書類からは読み取りにくいスキルや経験を書類から推察で判断してしまうと、間違った不採用を招き機会損失となる可能性があります。

>ワークサンプルテスト

ワークサンプルテストは入社後に実際に担当することになる業務を「疑似体験」する選考です。応募者がポジションに適したスキルを有していることを双方が確認できる手段であり、前節で述べた通り、他の手法と比べて入社後のパフォーマンスを予想することに長けた手法です。

入社後の業務と近い内容を疑似体験することにより、スキルの習熟度をより精緻に判断できます。特に技術力や文章力、企画力、分析能力、デザイン力などのより専門的なスキルを確認するのに適しており、確認しづらい対人スキル、チームマネジメント能力などについても判断できる優れた方法です。候補者側の観点では、入社後の業務と近い内容を経験できるので動機づけにも役立ちますし、望んでいない業務であった場合には事前に気がつくこともできます。

ワークサンプルテストのメリットとデメリットとして、以下のようなことが挙げられます。

<メリット>

- 専門性を高い精度で確認できる
- 候補者が実際と近い業務を経験し、動機づけられる
- 候補者が望んでいない業務であった場合、事前に気がつける
- スキルの習熟度をごまかすことが難しい

<デメリット>

- ポジションごとに毎回設計する必要があるため、コストがかかる
- 作業コストを嫌って辞退する候補者が出る可能性がある

選考では複数の手法を組み合わせることもできるので、候補者の負担や体験を考慮しながら、自社にとって最適な手法を模索しましょう。ワークサンプルテストの形式には成果物を提出してもらう形式や、半日から数日間実際の職場で働いてもらう体験入社型までさまざまな方法があります。たとえば、図5-4のような内容で実施されます。

ワークサンプルテストの設計もこれまで述べた選考基準の設計と基本的に変わりません。採用予定ポジションに求められる専門性が何かを定義し、それを確認するためのテスト内容を考えます。具体的な内容は以下の通りです。

①ワークサンプルテストで見極める項目を特定する

ワークサンプルテストで見極めるのに向いているのは、採用ポジションの業務で必要となる「専門的なスキル」です。知識や技術といった他の選考プロセスでは確認しづらい項目を見極めるようにしましょう。

②特定した項目に適した課題を作成する

①で特定した項目が測定できる課題を決定します。採用ポジションにおいて実

方　式	概　要	メリット	デメリット
課題を渡して成果物を提出してもらう形式	実際の業務課題に対し、たとえば「1年と半年で何を実行するか」といったお題を提示し、それに対し事業計画書や営業・開発などの計画書を作成してもらう	• 採用する側のリソースは比較的抑えられる • 知識や専門技術が確認できる	対人スキルやチームマネジメント能力は確認できない
社員と同時に作業する形式（ペアプログラミング、企画ディスカッションなど）	実際の業務課題に対し、論点や改善などをディスカッションしたり、ソフトウェアエンジニア職の場合は、社員とペアプログラミングを実施してもらい成果を出してもらったりする	• 知識や専門技術に加えて、対人スキルや仕事の進め方も理解できる • 候補者の選考体験的にも安心感を与えられる	業務に直接関係ない内容や圧迫的な内容だと候補者のモチベーションが下がる
体験入社形式	半日から数日間実際の職場で働く	• 知識や専門技術、対人スキル、仕事の進め方に加えて、価値観や人柄などの深い部分まで理解できる • 候補者が仕事で直接関わらない社員ともコミュニケーションが取れる	• 物理的に参加できない候補者は辞退してしまう • 企業、候補者ともに大きなリソースを必要とする

図5-4 主なワークサンプルテストの形式

際に発生する業務に近いほど望ましく、業務の疑似体験といえるようなテーマを設定します。コンフィデンシャルな情報を渡す場合には、NDA（秘密保持契約）を締結するなど配慮しましょう。

（課題の例）

- サンプルコードを共有して、改修の条件を設定し実際にコードを書いてもらう
- 事業や開発の目標を共有し、課題や原因について仮説を考えプレゼンしてもらう

③評価項目を設計する

②で設定した課題を候補者に渡し、取り組んでもらった成果物を評価するための評価項目を設計します。この評価項目は解釈が分かれないことが重要なので、行動の有無がはっきりわかる項目を設定しましょう。

（評価項目の例）

- 改善を求めた項目が達成されながら、初期の実装と動作が変わっていない
- 企画を立案する際に考慮すべきステークホルダーがおおむね（7割程度）網羅されている

④課題の項目を精査する

③で設定した評価項目を正しく評価できるように、課題の条件項目を設定します。ただ課題を渡しただけでは評価項目が確認できないことがあります。きちんと評価項目が測定できるよう、条件となる項目や補足の説明を加えて、漏れなく確認できるように課題を設計します。

⑤作業ボリュームをチェックする

出来上がった課題と評価項目について、候補者の作業ボリュームが適切かをチェックします。課題のボリュームが大きくなり過ぎると候補者の体験も悪くなりますし、選考のスピード、チェックする側のリソースも圧迫されます。一般的に作業ボリュームは少なければ少ないほど良く、同時に確認すべき項目をしっかり確認できるという、どちらも両立できるバランスが良いポイントを見いだしていきましょう。

一通りできた後でおすすめしているのが、**実際に社内にいるメンバーが作成したテストを受験してみること**です。面倒に思えるかもしれませんが、必ず学びがあるのでやって損はありません。作業ボリュームが多過ぎないか、評価項目が妥当か、ここで確認する必要がない内容も確認しようとしていないかをチェックしていきます。

>構造化面接

構造化面接は質問内容と評価点を事前に決め、同じ職務に応募している応募者を同じ基準で評価する選考手法です。**すべての応募者に同じ質問をして、同じ基準で採点すること**が特徴です。

面接官は正しく人を評価できないことがわかっています[1]。これは、人間という生き物がバイアスの影響を強く受けることから絶対に避けられない特性です。たとえば、第一印象や在籍している企業が良い会社である候補者に対しては、この人が良い人材であるという自分の判断を強化するための材料を「無意識に」探し

1 Forbes「Here Is How Bias Can Affect Recruitment In Your Organisation」(https://www.forbes.com/sites/pragyaagarwaleurope/2018/10/19/how-can-bias-during-interviews-affect-recruitment-in-your-organisation/?sh=71fc7faa1951)

始めます。また、面接官は皆自分の面接はうまいと信じていて、自分が正しく見極められていないと感じていないことがわかっています。

さらに厄介なことに、面接は企業側が意思決定をして結果を通達するという構造上、企業は自分たちが実施している面接に問題があると気がつきにくいものです。不合格になった候補者から、「自分は通過すべきなのに選考が間違っている」とフィードバックが得られることはほとんどありません。

こうした問題を解決するのが構造化面接です。構造化面接では、面接官は自由に質問できません。あらかじめ決まっている「導入質問」と「フォローアップ質問」を実施し、必要に応じてさらに掘り下げ、やはりあらかじめ決まっている「評価基準」のどの項目に当たるのかを探っていきます。

構造化面接のメリット、デメリットには以下のようなことが挙げられます。

<メリット>

- 誰が面接を行ってもばらつきの少ない評価が行える
- 候補者の高い能力や欠けている能力を明瞭に計測できる
- 応募者の選考体験が良く、合格／不合格いずれにしても結果に対する納得度が高い

<デメリット>

- 構造化面接の設計にコストがかかる
- 面接官のトレーニングが必要

構造化面接は主に以下の4つの手順で作成します。紙幅の都合上これらを詳細に解説することはしませんが、より詳しくは、Google re:Workのコンテンツ[2]なども参照してください。

①構造化面接で見極める項目を特定する
②評価項目を設計する
③面接の質問を作成する

2　Google re:Work［ガイド：構造面接を実施する］（https://rework.withgoogle.com/jp/guides/hiring-use-structured-interviewing/steps/introduction/）

④質問の項目を精査する
⑤フォローアップ質問の改善を行う

>一般認識能力テスト

一般認識能力テストは、批判的思考力や推論能力を測るために設計されたアセスメントテストです。一般認識能力テストは手軽に大量の人材の能力を判定することが可能ですが、**どの一般認識能力テストサービスを選ぶかで測定できる能力が変わるので、自社が測定したい能力を測れるテストを選ぶこと**が重要です。
一般認識能力テストのメリット、デメリットには以下のようなことが挙げられます。

<メリット>
- 実施時の工数が小さい
- 客観性が高い評価ができる

<デメリット>
- 候補者体験を下げる可能性がある
- 替え玉受験の可能性がある
- 測定したい能力に対しカスタマイズしづらい

一般認識能力テストはさまざまな種類・サービスがあります。リクルート社が提供している「SPI」などが著名でしょう。どのようなサービスを利用するにしても十分な裏付けとなるデータが根拠にあるかも注意して見てください。

>リファレンスチェック

リファレンスチェックは、求職者をよく知る第三者から能力や勤務態度、人物像などを確認する選考手法です。外資系企業では一般的に行われているものですが、昨今では日本企業でも導入されるケースが増えています。特にCTOやVPoE、エンジニアリングマネージャーやテックリードなどの経営・マネジメントに関わる人材や専門性の高い人材に対して行われることが多いです。

過去に在籍した企業の上司や同僚、顧客やパートナーなど何らかの業務上の関係があった方などに対しリファレンスを取ることが一般的です。

リファレンスチェックになじみのない求職者が、「知らないところで何を言われているかわからない怖さ」を抱くこともあり、リファレンスチェックがあることによって辞退されることも多くあります。そのため、**求人票やカジュアル面談などでリファレンスチェックがあることを示し、その背景や具体的な内容を説明しておくこと**も大切になります。

リファレンスチェックが実施されるタイミングは、書類選考段階から内定打診前と企業によって幅があります。しかし、多くの企業が内定を出す直前の最終チェックとして実施しています。流れと手段については、求職者にリファレンスの確認先となる方の連絡先を教えてもらい、電話や書面、面談などでヒアリングを行うのが一般的です。

具体的な質問として、以下のようなものが挙げられます。これらの質問に対してできる限り具体的なエピソードや状況とともに情報を聞くようにします。

<関係性の確認>

- 候補者と一緒に働いた期間は？
- どのような関係性、周辺のチームや環境の下、一緒に働いたのか？

<勤務態度や人物特性に関する質問>

- 求職者を採用した際に、どのような点に考慮すればパフォーマンスが最大化されると思うか？
- 機会があればまた同僚として働きたいと思うか？　あなたが採用担当者なら採用するか？
- 目標が達成できない場合に他責／自責のどちらの傾向が強いか？
- この方が退職するとして、壮行会をしたら部署の何割が参加すると思うか？
- 候補者は仕事において何をモチベーションとして働いていると客観的に見て思うか？

<職務能力に関する質問>

- これまでの上司／同僚／部下トップ3/5/10に入るか？
- あなたが主観的に感じた求職者の強みと弱みは何か？

- 問題が発生したときはあったか？　どのような対応を取っていたか？

リファレンスチェックを行う際には企業が直接行う場合もありますが、昨今では以下のようなサービスも増えており、実施するハードルも下がっています。

- back check（https://site.backcheck.jp/）
- ASHIATO（https://ashiatohr.com/）
- HERP Trust（https://www.herptrust.cloud/）

リファレンスチェックと同時に行われたり内包されたりするものに、「**バックグラウンドチェック**」があります。バックグラウンドチェックは学歴や職歴などに虚偽がないか、隠している犯罪歴や不祥事がないか、反社会的勢力との関係がないかなどを調査するものです。リファレンスチェックは自社の選考だけでなく一緒に働いたことのある人からの意見を考慮することで選考精度を高めるようとする意味合いが強く、バックグラウンドチェックは虚偽の有無を確認する目的で行われます。このような目的を踏まえ、必要に応じてバックグラウンドチェックも行えると良いでしょう。

なお、**リファレンスチェックもバックグラウンドチェックも無断で行うものではなく、求職者の了解を得た上で行われます**。求職者の了承を得ずに秘かに行うべきではありません。法律に抵触しますし、倫理的な観点、求職者の印象の観点からもおすすめできません。

>エンジニアリングに関する選考手法

エンジニアの場合、その専門性を問うために**技術試験**が行われることも一般的です。これは、ここまでに述べた選考方法に内包されることもありますが、簡単な質疑応答やこれまでの経歴などから技術力について判断を行うことが簡易的な方法として挙げられます。また、より力を入れて確認したい場合には、コーディング試験やペーパーテスト、ホワイトボードを用いたテストなどが実施されることが多いです。

コーディング試験やペーパーテストでは、自社でオリジナルのものを作成したり外部のサービスを利用したりします。ホワイトボードテストは聞き慣れない採用担当者の方もいらっしゃるかもしれませんが、開発に関する問いを投げかけ求職者がホワイトボードで説明するテストです。これにより、途中の考えや図解能力も含めた説明能力なども問うことができます。

最近では外部のテストサービスも充実してきているので、スキルを正しく判断できる人材が社内にいない、「テストを作る時間がないから、適当に質問している」といった場合などには、それらを積極的に利用すると良いでしょう。

また、競技プログラミングやデータサイエンスに関するコンテストでの成績・ランクなどを技術面の能力評価に利用することもあります。

その他にも資格による判断や、ポートフォリオ、OSSの取り組み、勉強会の開催、技術記事の執筆なども確認することがあります。

これらの代表例を示すと、図5-5のようなものがあります。

	コーディング試験	コンテストサービス	資　格	その他ポートフォリオ、OSSの取り組み、勉強会の開催、技術記事の執筆など
代表的なサービス・参照サイト	• Codility Limited (https://www.codility.com/product-tour/) • Track Test(https://tracks.run/products/test/) • HireRoo(https://hireroo.io/) など	• AtCoder(https://atcoder.jp/) • TopCoder(https://www.topcoder.com/) • Kaggle(https://www.kaggle.com/) など	• 情報処理技術者試験（https://www.ipa.go.jp/shiken/kubun/list.html) • その他OracleやAWSの認定資格 など	• GitHub(https://github.co.jp/) • connpass(https://connpass.com/) • QiitaやZenn、過去在籍した企業のテックブログ など

図5-5 技術面の選考で活用できるサービスなど

技術面の選考はエンジニア採用において取り入れている企業がほとんどですが、導入時には一度社内で実施してみましょう。実施した結果、合格者がいないときには、選考の内容があまりにも厳しい内容になってしまっている可能性があります。

選考活動における惹きつけ

>選考は見極めだけではない

選考活動は求職者を「選ぶ」ための活動と考えがちですが、選考活動でも求職者に「選ばれる」ために何をすべきかを考えなければなりません。この「選ばれる」とは、**各選考について辞退されないこと**、そして**最終的に内定を出した際に受諾してもらうこと**です。

エン・ジャパンの『エン転職』が実施したアンケート調査によれば、61%の求職者が選考辞退の経験があると答えており、前年よりも5%も上昇しています。この調査では面接前、面接後、内定取得後の3つのフェーズで辞退理由を調査しており、各理由は図5-6のようなものとなっています。

選考活動は自社が求職者を見極める時間であるのと同時に、求職者が自社を見極める時間でもあることを忘れないようにしてください。これらを踏まえ、選考活動で行うべき惹きつけについて解説します。

>選考における候補者体験の向上

候補者体験は、「CX（Candidate Experience：候補者体験）」とも呼ばれ、採用の各プロセスにおいて候補者側の体験に焦点を当てた取り組みです。候補者は求人に掲載されている報酬や働き方などの条件だけで就職先を決めるわけではありません。スカウトの内容やそこから面談までの日程調整のスピード、選考時の面接官の印象やフィードバックの丁寧さなど多様な体験によって意向が左右されます。候補者体験とは、このような採用プロセスにおけるさまざまな体験を総称したものです。

候補者体験を向上させることで、選考や内定の辞退防止につながり、不合格を出した候補者も自社のファンになってくれ知人を紹介してくれるといった効果が期待できます。反対に候補者体験が悪ければ選考や内定を辞退されることはもち

【図1】転職活動において選考辞退をしたことはありますか？

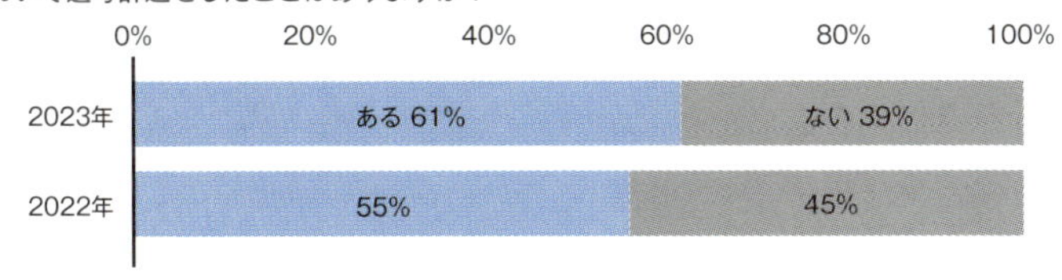

【図4】面接前に辞退したことがある方に伺います。理由を教えて下さい。（複数回答可）

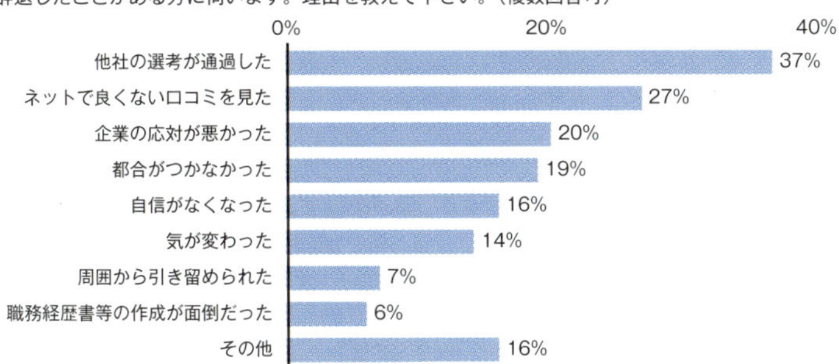

【図5】面接後に辞退したことがある方に伺います。理由を教えて下さい。（複数回答可）

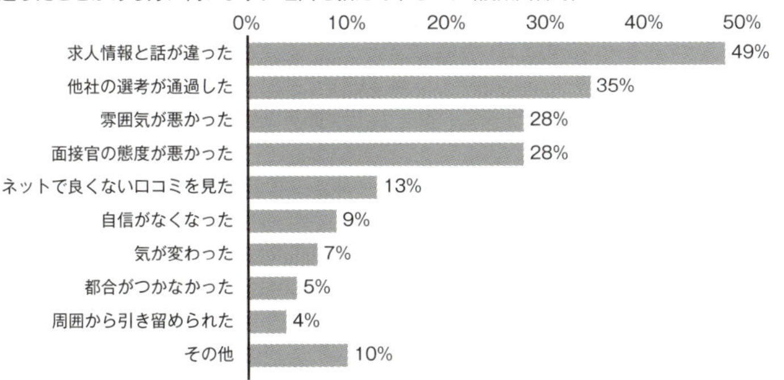

【図6】内定取得後に辞退したことがある方に伺います。理由を教えて下さい。（複数回答可）

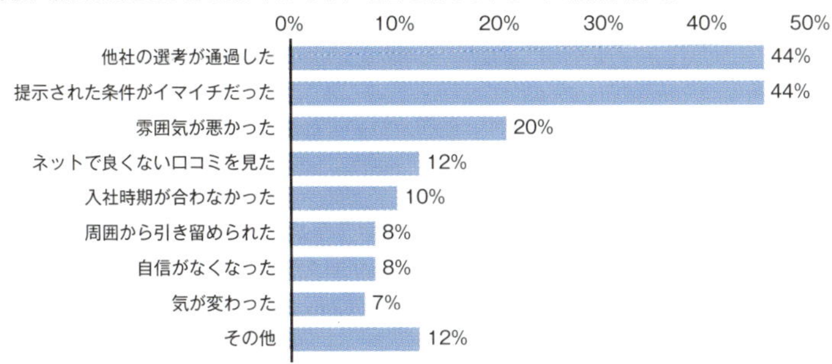

出典：エン・ジャパン「8000人に聞いた『選考辞退』の実態調査 ー『エン転職』ユーザーアンケートー」
URL https://corp.en-japan.com/newsrelease/2023/33829.html

図5-6　選考の辞退理由

ろん、周囲に「あそこの企業はおすすめできない」と悪い口コミを広げたり、自社のサービスや商品を避けたりといったことにもつながります。また、紹介してくれた人材エージェントや採用サービスからも敬遠されてしまい、今後紹介がこなくなるケースもあります。

このような背景から候補者体験の向上は、昨今各社が力を入れて取り組んでいる試みです。

候補者体験は応募前のプロセスから始まるものですが、特に重要視しなければならないのが**選考活動**です。募集活動では応募してもらうために、いうまでもなく候補者体験を意識して活動していますが、選考活動では「こちらが選ぶ立場だ」と考えてしまいがちで、求職者の体験を損なう行動をしてしまうことが多々あります。

候補者体験を向上させるためには、**Tipsよりもマインドセットや意識**が重要であり、採用担当者だけでなく選考担当者（特にマネージャーや代表などの役職者）に徹底させることが大切です。これを踏まえた上で、具体的に以下のように取り組む必要があります。

- 横柄、威圧的な態度を取らず、求職者と対等な立場として誠意を持って接する
- 面談、面接に遅刻しない（特にリモートの場合は発生しやすい。「数分ならいいか」と思わない）
- 面談、面接前に候補者の情報を読み込んでから臨む
- 面談、面接に臨む際の通信・音声環境に注意する（カフェや移動中に面接をしないなど）
- 通過、不採用の理由を詳細にフィードバックする
- オフィスツアーや社員との交流会を実施する
- Q&Aのコンテンツや社員インタビューを適切なタイミングで案内する

候補者体験については候補者から直接フィードバックを得ることが重要ですが、これは簡単なことではありません。不合格を出した候補者であれば、断られた相手に対してわざわざ選考の感想や改善点を教えてくれるのは、よほど打ち解けた相手であったり、もともと熱心なファンであったりしなければ難しいでしょうし、辞退した候補者であれば辞退したという負い目から厳しい意見は出しにく

いのが実情です。

そのため、**候補者体験は採用担当者が意識的にチェックすべき**です。たとえば、面談・面接時の様子を録画して見返したり、候補者に送付しているメールなどを見返したりして、自身が候補者の目線で確認します。

候補者体験の向上は単体の施策ではなく後述するような選考の負担低減や結果連絡のスピードを速めることなども含めた総合的な取り組みなので、各施策のベースとなる考え方と理解してください。

>選考の負担（回数、期間、内容）の調整

選考は求職者にとって心理的・時間や工数的な負担が大きいため、図5-7のように回数、期間、内容を工夫することで求職者に辞退される可能性は低くなります。

求人にも選考の期間や回数などを記載します。これにより人材エージェントから企業を紹介する際にもこのような座組の情報を伝えられます。そのため選考の負担が大きければ、「大変そうだから受けない」と最初から除外されてしまうこともあります。また、競合の選考が終わっているにもかかわらず延々と何度も選考をしていては、「いつまで経っても決まらないからもう受けない」と途中で辞退されることも増えます。

選考のプロセスは通常2〜5回程度の選考ステップを踏み、1〜2カ月前後の期間で行われるのが一般的ですが、昨今では、選考回数を2回程度に抑えたり、最短1週間で内定を出したりする企業もあります。このように、すぐに結果が出る選考は求職者にとってハードルが下がりますし、人材エージェントも紹介しやすくなります。

期間短縮の際には、単に選考回数を少なくするだけでなく、**日程調整に時間をかけないこと**も大切です。毎回選考が終わってから双方のスケジュールを確認していては、次回の選考までに2週間程度かかることもあるでしょう。ひとつの工夫として、先にすべての選考日程を決めてしまい、もしも不採用や辞退が生じた際にはスケジュールを開放するやり方があります。

ただし、これは単に「楽な採用」「短い選考」を目指すのではなく、選考の精度を高めることによってそれらを実現することが大切です。同じことを何度も聞いたり、社内の調整に手間取って調整期間が長くなってしまったりと、質の低い選考を設計しているのであればそこから見直してください。

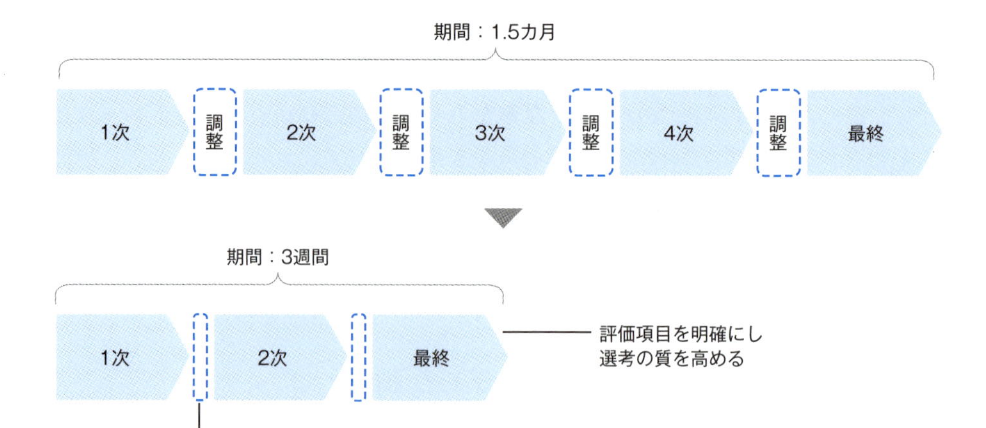

図5-7　質の高い選考にすることで、回数・期間・負担を減らす

よくある間違いとして、「何人か見比べたいから、他の人の選考結果が出るまで待ってもらおう」と企業都合で判断を遅らせることがあります。これは決まった期間に募集をかけ、「多数の応募者の中からより良い人を選ぶ」という選考会やオーディション形式を想定しています。新卒採用の場合はこのような考えも必要になることがありますが、中途採用の場合は「**基準を満たしている人を採用する**」と考えてください。特に競争の激しい採用環境において、このような判断の遅れは選考辞退に直結します。

>結果連絡のスピード、内容

選考の負担と同様に、**結果連絡を早めること**も大切です。たとえば、選考を受けてから合否の結果連絡が2週間後になるようであれば、求職者の熱量も下がり辞退される可能性が高くなるでしょう。一方で数日内に連絡が来れば求職者も自身への期待を感じるはずです。筆者の観測範囲では、昨今では3日程度、遅くとも1週間以内に連絡する企業が大半です。

募集活動ではターゲットとなる求職者に比較的広く魅力などを伝えていましたが、選考活動では一人ひとりの求職者に合わせた惹きつけが必要になります。また、募集活動では自分たちのアピールポイントを一方的に伝える傾向が強いですが、選考時の惹きつけでは求職者から得られた情報を土台として自社の魅力を語らなければなりません。たとえば、キャリアに迷っている求職者に対しては、具体的な悩みや将来のキャリアプランなどをヒアリングしながら該当ポジションでキャリアを築く有用性を説明したり、併願企業を具体的にヒアリングしたりした上で詳細な違いやメリット／デメリットを一緒に考えることも必要になります。この際には、杓子定規に自社のアピールポイントを説明するだけでなく、求職者の情報をヒアリングすることが大切になります。以下のような内容は選考のできるだけ早いタイミングから把握して惹きつけに活かせると良いでしょう。

- どのような軸で企業を探しているのか
- どのような環境、労働条件を望んでいるのか
- どのようなキャリアやライフプランを想定しているのか
- どのようなメンバーと働きたいのか
- どのようなシーンで喜びや落胆を感じるのか
- 併願している企業と進捗
- 現職の年収、SO
- 希望年収の下限、上限

これらの情報はATSなどのツールに記録し、**対策を考えてから選考に臨む**といった事前準備も重要です。

>クロージング施策

内定を出した後に承諾を促す**クロージング施策**も重要な取り組みです。求職者が自社と競合企業のどちらに入社するか迷っていたり、現職に残るべきか迷っているならば、それらを踏まえた対策が必要になります。

クロージング施策には、たとえば以下のような取り組みがあります。

- オファーレターの充実
- 経営陣との会食
- 人事面談
- 懇親会

このような施策の工夫が大切ですが、何より「**絶対に競合に負けない**」という強い意志が重要であり、その上で選考活動は競合企業の出方や求職者の求める事柄などの情報を取得し活用する情報戦であることを意識してください。

たとえば、オファーレターでは入社時の条件などを記載するだけでなく、「選考を通じてAさんのお人柄にも魅力を感じ、ぜひ一緒に働きたいと思った」などといった選考過程で企業が得た求職者の魅力や求職者に対する期待などを充実させて送付します。他にも入社後のキャリアアップやスキルアップのロードマップや、上長やチームメンバーからのメッセージなどを添えることもあります。また、その内容も単に文章ではなく、プレゼン資料を作成したり動画にまとめたりする企業も見られます。

内定を出した後に「候補者からの返事を座して待つ」だけでは、クロージング施策に力を入れる他企業に候補者の気持ちを奪われてしまいます。内定を出した後こそ勝負の場であることを意識して力を注ぐようにしてください。

Column

●「志望度」の取り扱い

選考の際に自社への志望度を問うことがあります。志望度を問うことは入社後の活躍や定着を予想するための要素ですが、志望度の扱いが原因で採用活動に問題が生じていることはよくあります。

前提として、志望度はハードスキルや経験とは異なり、自社の情報を開示して企業が高めようと働きかけなければ高まらないものです。応募前には十分に自社の情報を開示し、選考中には求職者が歩みたいキャリアプランや積みたい実績などをヒアリングしながら自社が適していることをアピールしなければなりません。このような動きをせずに志望度を問うことは、「何もしなくても興味を持ってくれるか」と問うていることになります。

また、志望度が低いことによって選考を終えるのは基本的に求職者側であり、志望度が低いことを理由に企業側が不採用としてしまうことには一考の余地があります。求職者にとって選考を受けることは一定の時間も労力もかかる「面倒で大変なこと」なので、志望度が低い人はそもそも選考を受けませんし、選考が進んだ際には辞退します。そのため選考を辞退せずに受けている求職者は一定の志望度があるはずです。

このような求職者を「なんとなく志望度が低そう」として落としてしまうことは、第2章で見た「採用すべき人を採用すべきでないと判断してしまう」という機会損失となります。「他社に行きそうだから通しても意味がない」「次の選考が無駄になる」といった意見は、工数の無駄を先に避けるという意味で一定の合理性がありそうですが、無駄になる可能性と無駄になる工数、それに対して新たな候補者を連れてくることを天秤にかければ合理的でないことは明らかでしょう。

このような意見の多くは、「こちらが内定を出しているのに辞退されたら嫌だ」「フラれるくらいなら先にフッてやる」といった選考担当者のプライドや承認欲求などによって引き起こされており、本来選考すべきこととは関係がないために注意が必要です。「内定を辞退されたけれど、志望度が低かったからむしろ良かった」などと言い訳に使ってしまうことも起こりがちです。

志望度は、選考で見極めるべき他の必須要件にバイアスがかかってしまうこともあります。たとえば、「開発能力は要件よりも低いけれど、自社への関心が強いからなんとかなるだろう」と判断してしまったり、「能力は高いけれど、本当にコミットしてくれそうかな？」などと暗黙的に評価されていたりします。そのため、**志望度が他の能力の評価にバイアスをかけないように**注意が必要です。

志望度の高低を合否判断の要素とするのであれば、必須要件にも志望度を入れ、他の評価項目と同様に「志望度はどれほどの高さが必要か」「どのように見極めるべきか」といったことを議論すべきです。志望度は実際には見極めにくく、高くても低く見えてしまう人もいれば、実際には低くても高く見せることがうまい人もいるので、**どのような方法でどのような質問をすべきかの設計をしてください**。

一方で、ここまでの話を実践しているにもかかわらず、「やはり志望度が低い人を通すことには違和感がある」場合には、「志望度」に隠れている本来見極めたい能力があるのかもしれません。たとえば、「自社のことをもっと詳しく調べて来てほしかった」「志望動機が曖昧で、なぜ自社に入りたいのかよくわからない」といった場合には、リサーチ能力や言語化能力を本来は見極めたいのかもしれません。このような内容を「志望度が低い」でまとめてしまえば、フィードバックされる採用担当者やエージェントは困ってしまいます。

「志望度」は、ここまで述べたように特に注意して取り扱うべき事柄です。関係者間で以下のような議論を行ってください。

- 志望度を高める取り組みができているか
- 志望度を理由に不採用としていないか
- 志望度が直接の理由でなくとも、他の評価項目にバイアスがかかっていないか
- 志望度を必須要件に入れ、問うのであれば、基準や見極める方法を考えられているか

第3部

実務のマネジメント

第3部は図3rd-1のように4章構成とし、実務のマネジメントについて解説します。実務のマネジメントとは、第2部で解説してきた採用実務を支えるマネジメント業務です。

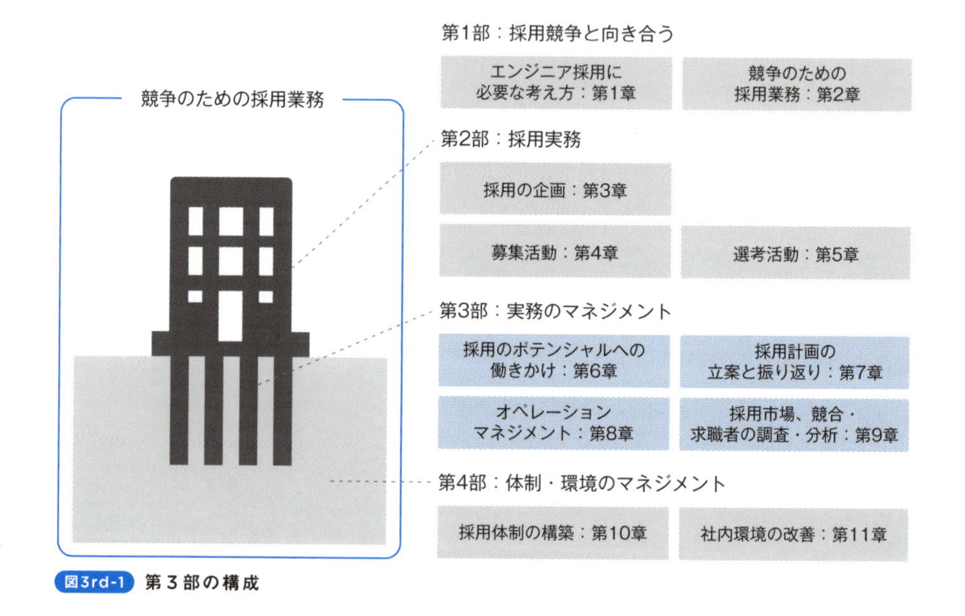

図3rd-1 第3部の構成

第6章では、採用に使える予算や時間、企業の認知度やイメージなどの、採用を依頼する前に既に決まっている事柄を「採用のポテンシャル」と呼び、**採用のポテンシャルを高めるためにどのように働きかけるべきか**を解説します。採用のポテンシャルは「変えられないもの」と諦めてしまいがちですが、第2部で述べた募集活動や選考活動の工夫（スカウトやクロージングの工夫など）をしても採用がうまくいかない場合には、このような根本的な事柄に働きかけて変えていかなければなりません。

第7章は、**採用業務の計画立案と振り返りの内容**です。計画はどのような業務でも必要ですが、採用業務では意外にもおろそかにされがちです。採用計画の作り方や粒度によって得られる示唆が変わるので非常に重要な業務です。このような重要性や具体的な作り方について解説します。

第8章では**各業務の流れや関係を整理、設計すること**について述べます。採用担当者は日々「スカウトをしながら、選考もして、採用広報のプロジェクトも回して、ポジション別に関係者に連絡して……」と毛色の違う業務を混在させながら進めることになるので、それらの流れや関係を整理、設計することにより業務効率を高める術を説明します。

第9章は、**本書のメインメッセージである「外に目を向ける」ことを具体的に体現する内容**です。本書の全章にわたって外に目を向けることの重要性を説いていますが、外の情報をいかに取得するか、具体的な方法について紹介します。

採用が成功しない企業の多くがこの第3部で述べる内容をおろそかにしがちです。募集活動や選考活動の支えとなる業務なので、しっかりと足元から固めていきましょう。

第6章

採用のポテンシャルへの働きかけ

本章では、採用のポテンシャルへの働きかけについて解説します。採用のポテンシャルとは採用の依頼が来る前に、既に前提条件として決まっている事柄です。たとえば、採用活動に使える予算、期間、工数や、企業の知名度、組織制度の特徴などさまざまなものがあります。これらについて整理するとともに、その内容を充実させるためのポイントとして、前提となる計画を理解し、「**人ではなく計画に働きかける**」ことを説明します。

採用が成功するかどうかは、このポテンシャルの有無によって決まるといっても過言ではありません。そもそも求める人材に対して採用のポテンシャルが釣り合っていなければ、どれだけ求人票を工夫してもスカウトを頑張っても採用は成功しません。このような第2部で述べたような内容はあくまでも採用のポテンシャルの変換器です。たとえるならば料理の材料が採用のポテンシャルであり、調理、盛り付け、配膳が第2部で述べた内容になります。

採用のポテンシャルに働きかけて改善することは簡単なことではありませんが、根本的な採用競争力を高める取り組みなので、遠回りなように見えて結果への近道であることも多いです。また、採用のポテンシャルに働きかけることは採用の観点から魅力的な会社を作ることでもあるので、遠慮や恐れを乗り越えて積極的に取り組んでください。

採用担当者全員がここで述べることを実行できるようになるのは難しいことかもしれませんが、少なくとも採用責任者や採用マネージャーなど採用部門を代表する立場の方は、本章で述べる内容を理解し実行できるようにしてください。

採用のポテンシャルに働きかければ、勝率は飛躍的に高まる

>採用のポテンシャルとは何か？

本書では採用のポテンシャルを「**採用が依頼される前に既に決まっている、採用に影響する事柄**」と定義します。たとえば、「企業の知名度」や「ポジションのキャリア性」、「採用に使える予算」などが代表例として挙げられます。ビジネスシーンでは企業活動のもとになる“ヒト、モノ、カネ、情報”などを「経営資源」と呼びますが、同じように採用活動の資源となる事柄を指します。

採用のポテンシャルには図6-1のようなものがあります。

採用のポテンシャルの種類	例
企業や事業、組織に関するポテンシャル	•企業の知名度、ブランド力 •人事制度、その他組織制度 •所在地、働き方、福利厚生　など
採用ポジションに関するポテンシャル	•業務の内容や魅力 •提示できる報酬レンジ、ストックオプション •提示できるタイトル　など
採用活動を実行するためのポテンシャル（活動の制約条件）	•採用活動に使える予算 •採用活動に使える時間（期限） •採用活動に使える工数　など

図6-1　主な採用のポテンシャル

採用のポテンシャルは、図6-2のように料理でたとえるならば材料です。第3章で解説した「採用の企画」はこの材料を調理する取り組みであり、第4章・第5章の「募集活動」「選考活動」は調理された料理を配膳する取り組みです。

材料が悪ければ良い調理も良い配膳もできないのと同じように、採用のポテンシャルが小さければ、どれだけ自社を魅力的に見せようとしても、どれだけスカウトの文章を工夫しても、表現の工夫だけで求職者を惹きつけることには限界があります。

そして、図6-3のように求める人材と採用のポテンシャルが不釣り合いであれ

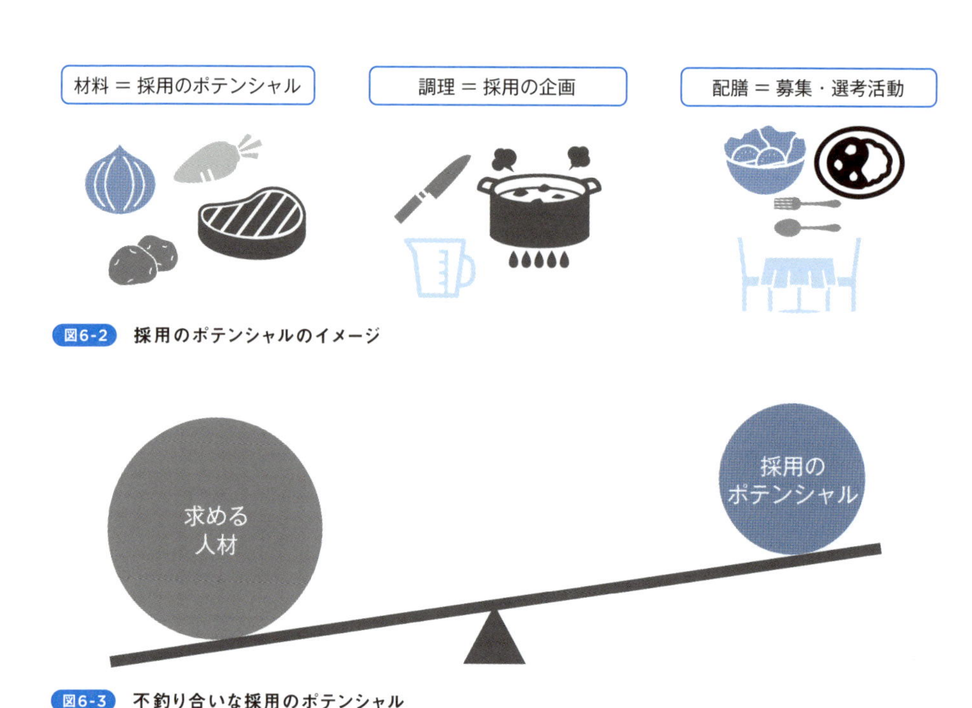

図6-2　採用のポテンシャルのイメージ

図6-3　不釣り合いな採用のポテンシャル

ば、当然ながら採用はうまくいきません。採用のポテンシャルは採用担当者の能力や力量とは関係がなく存在する採用活動の素地ですが、**採用担当者は客観的に採用のポテンシャルの大小・良し悪しを見極め、採用がうまくいかない場合には採用のポテンシャルに対する働きかけを強化していかなくてはなりません**。

>「人」よりも「計画」に働きかける

それでは採用のポテンシャルを改善する際には、どのような動きをするべきでしょうか。採用のポテンシャルは採用の成果の根底にあるものですが、**採用担当者の一存で変えられるものではないことがほとんどです**。たとえば、「事業の知名度が低いから採用がうまくいかない」と考えたとしても、採用担当者の一存で「テレビCMを打って知名度を上げよう」といったことはできませんし、「提示できる報酬が低い」と考えたとしても、採用担当者の一存で「報酬テーブルを見直す」ことはできません。これは当然のことながら、採用のポテンシャルは採用に影響すると同時に、採用以外の企業・事業活動に影響を与えるためであり、それぞれに管轄する責任者がいるためです。

そのため、採用のポテンシャルを改善しようと思えば、**“働きかけ”**が必要になります。ただし、この際に「人」に働きかけるだけでは変わらないことがほとんどです。たとえば、先の例のように、「事業の知名度が低いから採用がうまくいかない」と考えたとして、それに関係するであろう事業責任者に「採用のためにもっと事業の知名度を上げてくれ」と依頼してもなかなか取り合ってはくれないでしょうし、取り合ってくれても努力目標以上にはならないでしょう。「提示できる報酬レンジが低い」場合も同じで、開発部門の責任者や人事制度の設計を行っている人事部の責任者などにその旨を伝えたとしても、要望が反映されることはほとんどありません。よほど採用に対しての意識が強い担当者でない限り、「何度も言っているのに変わらない」状況に陥ります。

このような状態に対して変化を加えようとするならば、図6-4のように**「人」よりも「計画」に働きかけること**が非常に重要になります（ここで指す計画とは業務目標や戦略などを含みます）。

先の事業責任者や開発責任者、人事責任者などは各自自分の受け持つ計画があり、その計画に沿って思考や行動をしているはずです。そのため計画を変えない

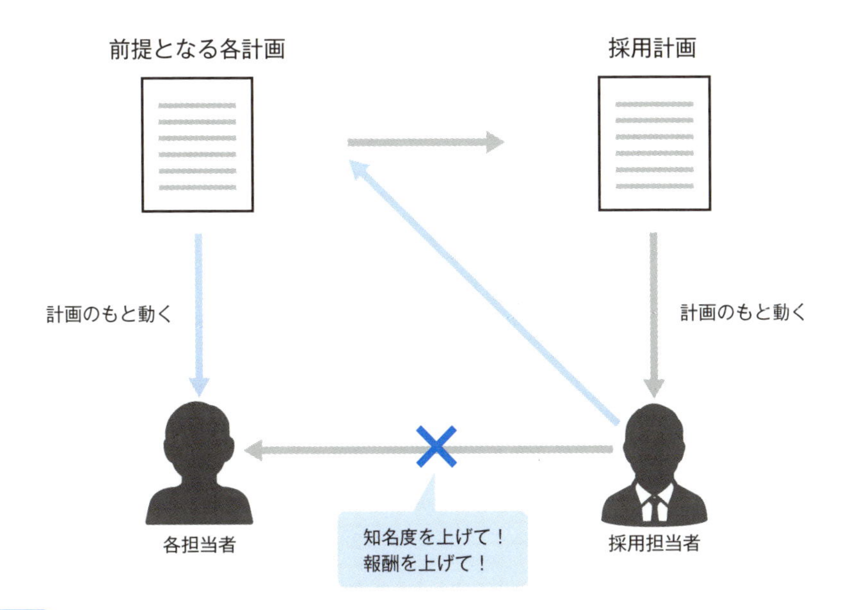

図6-4　「人」よりも「計画」に働きかける

ままに「人」に働きかけても、各担当者からすればあくまで他人事であり、「参考にします」「できれば頑張ります」という程度で終わってしまいます。

一方で「計画」に働きかけることは、その担当者の業務の目的、目標、評価に働きかけることになるので他人事ではなくなります。

もちろん計画に働きかけたからといってすぐに変えられるわけではなく、計画を補正・調整したり、次回の計画策定時に反映されたりすることになりますが、意見が流されないために働きかける対象を意識することが大切になります。

改善したい採用のポテンシャルを見極めたら、その内容が誰の意思決定によって変化するのかを把握し、その担当者が前提としている計画が何かを見極め、その計画に働きかけましょう。

採用の前提となる計画に働きかける

>採用の前提となる各計画を把握する

採用のポテンシャルを改善するためには、まず**採用の前提となる計画について全体像を理解すること**が大切です。

採用が依頼され採用計画となるまでには、図6-5のような各計画が関係し合います。各計画の詳細については次項から説明しますが、図6-5の採用計画よりも上の各計画によって各採用のポテンシャルは生み出されます。

なお、ここで述べる「計画」とは「戦略」や「方針」、「ロードマップ」といった未来に関してもくろまれた事柄を広く含むものとします。また各計画の名称、上下関係、つながりなどは企業や状況によって異なりますし、本書で示す例はあ

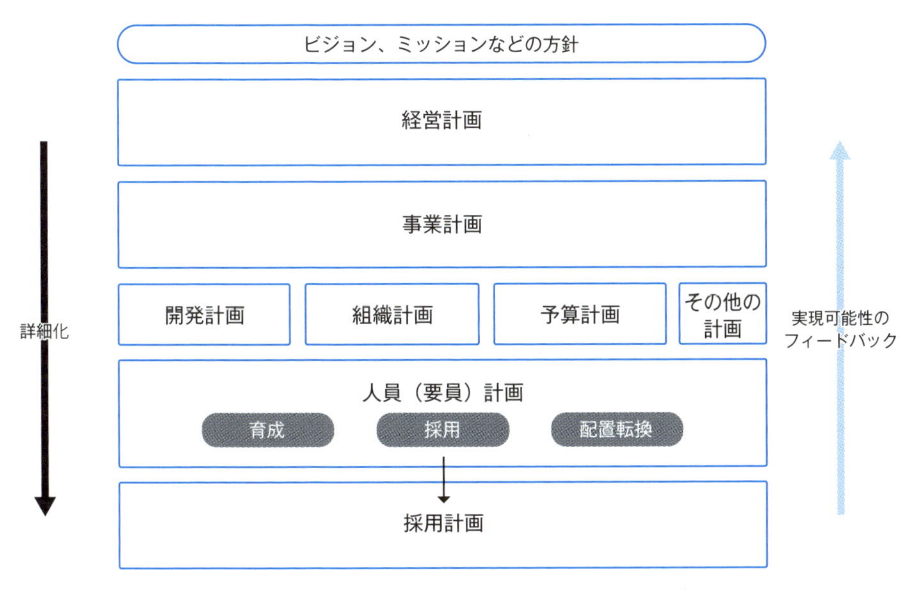

図6-5　採用の前提となる計画

くまでも簡易化したものであり、そのフォーマットや内容は実際のものとは異なることもあります。適宜自社の各計画と照らし合わせて読み替えてください。

まず企業はビジョンやミッションといった方針を掲げ、複数の事業がある場合などにはそれらを統合する形で経営計画が立てられ、事業計画では主に売上や利益を中心として組織や予算、開発、その他（マーケティングや営業など）といった企業活動の機能の中で特に重要な内容が計画されます。そして組織や予算、開発、その他の各機能の詳細・具体化した計画がそれぞれ立てられますが、人員に関する計画を行うものとして人員計画が立てられます。この中で育成や配置転換ではなく、新しく外部から人を採用したいときに採用が依頼され、この採用をどのように成功させるか計画するものが採用計画になります。

このように上位の計画から下位の計画へと詳細化されますが、**下位の計画からは上位の計画に対してその実現可能性や実現させるための諸条件についてフィードバックを行い、必要に応じて上位の計画が修正されます**。しかし実際には、下位の計画から上位の計画に対してフィードバックがなされることは少なく（または不十分であり）、上位の計画の帳尻を合わせなければならないこともめずらしくありません。採用の観点から考えれば、採用の依頼や計画に対して採用のポテンシャルが不足していることは、上位の計画において採用に関する事柄が精緻に計画できていなかったり、必要な予想ができていなかったりすることを意味します。同時に採用部門からのフィードバックができていないか、できていてもその反映が不十分であったりします。

こうした上位の計画の“しわ寄せ”が来てしまうと採用が成功しません。このしわ寄せの解消が各計画への働きかけです。たとえば、以下のようなしわ寄せを解消することが採用のポテンシャルへの働きかけです。

- 開発計画で無理なローンチ期限が設定されていて、それを反映した人員計画でも採用のデッドラインが無理な内容で設定されており、採用の依頼時に「なんとか早く採用して」と言われる
- 予算計画で「1人当たり100万円ぐらいの費用で採用できるだろう」と適当に決められた予算がそのまま採用依頼として降りてきて四苦八苦している
- 事業計画でいつまでも事業戦略が示されないのに、「もっと魅力的に事業を伝えてよ」と言われる

もちろんはじめから完璧な計画を立てることはできないので、採用部門・採用責任者もこの働きかけを定期的に行うことが大切です。

そして、採用のポテンシャルを改善したい場合には、それぞれ以下のように各計画に対して働きかけることになります。これはあくまでも一例なので、先にも述べたように改善したい採用のポテンシャルは誰の意思決定によって変化するのかを把握し、その担当者が前提としている計画が何かを見極め、その計画に働きかけましょう。

①企業や事業、組織に関するポテンシャル

- 企業の知名度、ブランド力 → 事業計画、その他の計画（営業計画など）
- 人事制度、その他組織制度 → 組織計画
- 所在地、働き方、福利厚生 → 経営計画、組織計画

②採用ポジションに関するポテンシャル

- 業務の内容や魅力 → 人員計画、開発計画
- 提示できる報酬レンジ、ストックオプション → 人員計画、予算計画
- 提示できるタイトル → 人員計画、開発計画、組織計画

③採用活動を実行するためのポテンシャル（活動の制約条件）

- 採用活動に使える予算 → 人員計画、予算計画
- 採用活動に使える時間（期限）→ 人員計画、開発計画
- 採用活動に使える工数 → 人員計画、開発計画

ここから、各計画の詳細と具体的な働きかけ方を解説していきます。実際に各計画に働きかける際には、採用に近い計画から働きかけることになるので、その順で解説を行います。なお、各計画は実際の計画よりも簡易化・要約した内容を解説しているので、詳細や正式な内容について知りたい方は別の書籍なども参照してください。

> 人員計画

人員計画は組織の人数や構成が計画されるものであり、部門やチーム、役職な

どごとにその人数が整理され、それに伴う配置転換、採用、業務委託人材の活用などの計画がなされるものです。後述する開発計画や事業計画から、「半年後にはマネージャーが1人必要だ」といった将来的に必要となる人員を想定したり、退職などによる欠員を予想したりし、それらに応える方法として「メンバーを登用するにはまだ早いため、外部から採用するほうが良い」といった計画がなされます。

厳密には区別されることもありますが、本書では「要員計画」と区別をせずに同じものとして解説します。人員計画の中で採用人数を計画することを「採用計画」と呼ぶこともありますが、本書では第3章で見た採用要件の内容（人材要件や人数、期限など）が含まれた採用目標が計画されるのは「人員計画」であるとし、その採用目標に対し、「どのように達成するか」を計画するものを「採用計画」であるとします。

人員計画を簡易的に示すと図6-6のようになります。

部門別の人数

新規採用	1月	2月	3月	4月	5月	6月	7月	8月	9月	10月	11月	12月
部門A（合計）	10	10	10	11	11	11	11	11	12	12	12	12
マネージャー	2	2	2	3	3	3	3	3	3	3	3	3
メンバー	8	8	8	8	8	8	8	8	9	9	9	9

新規採用の人数

新規採用	1月	2月	3月	4月	5月	6月	7月	8月	9月	10月	11月	12月
ポジションA		○	○	●								
ポジションB				○	○	○	○	○	●			

○：早期採用の許容期間　●：採用期限

図6-6 人員計画のイメージ

人員計画は採用計画と密接に関わる計画であり、前提となる計画の中でも特に積極的に働きかけるべきものです。人員計画における採用のニーズが具体的に採用の依頼として整理されるので、図6-1で見た採用ポジションに関するポテンシャルや、採用活動を実行するためのポテンシャル（活動の制約条件）は、まずは人員計画に働きかけることになります。

人員計画の内容によって引き起こされる採用のポテンシャルの問題には、以下のようなものが挙げられます。

- 計画される人員が自社の採用力と釣り合っていない
- 採用活動に使える期限や予算に対して実現可能性のない採用が計画されている
- 採用の依頼がいきなりなくなってしまったり、人材の要件がコロコロと変わったりする

このことを踏まえ、人員計画について働きかけるべき事柄やそのポイントを紹介します。

●「採用」という手段が適切かを改めて検討してもらう

人員計画では採用以外にも配置転換や育成・登用、業務委託人材の活用など採用以外の方法も計画されます。その中でも採用は非常に「わかりやすい取り組み」であり、実現可能性やその方法などが熟考されないまま計画されてしまうことがあります。言い換えると、不適切に「採用」というカードが簡単にきられてしまうことがあります。

このような場合、依頼された採用が「必要なくなった」と取り消されてしまうケースも多く見られます。これでは必死に行ってきたスカウト作業や求人作成の手間、サービスの固定費などさまざまなコストが無駄になってしまいます。そのため、このような場合には「なぜ取り消されたのか」「それは予想できなかったのか」「今後対策をどのように行うのか」といったことをきちんと議論するようにしてください。その際には、このポジションにどれほど時間やコストをかけ、無駄になったのかも遠慮せずにきちんと主張し、採用を依頼することに伴う責任を理解してもらうことが大切です。

特に本書で扱っているエンジニア採用は、配置転換や育成・登用などよりも採用を行うことのほうが難易度が高い場合もめずらしくありません。本当に採用という手段しかないのかは十分に検討すべきです。

●採用の実現可能性を考慮した計画にしてもらう

人材要件が「現実的に存在しない人を採用したがっている」場合や、提示できる報酬や魅力以上の人材を求めてしまっている場合には適切に人員計画を見直さ

なければなりません。また採用活動に関する期限や予算、工数なども採用市場の状況を鑑みて見直さなければなりません。

特に多い計画の改善点として、リードタイムを考えずに採用期限が計画されていることがあります。採用期限は多くの企業で「できるだけ早く」と設定されたり、「3カ月以内」とリードタイムよりも短く設定されたりしていますが、採用のリードタイムは少なく見積もっても3カ月はかかるので、できれば半年以上先を見据えた人員計画を出してもらう必要があります。「採用のリクエストを出す際には3カ月、可能な限り6カ月以上先に出してくれ」といった要求を先に出しておくことも良いでしょう。

また、一定期間に多数の採用が重なってしまい、採用部門のキャパシティに見合っていない計画も見られます。その際には、**採用したい人材が適切か、その採用活動を行うために期限や予算、工数などが適切に検討されているかを見直しましょう**。

●計画する粒度を細かくしてもらう

人員計画では人数（ヘッドカウント）やそのための手段について計画されますが、その粒度が粗いことによって詳細な計画が立てられていないことがあります。たとえば、「部門Aで10人」といった部門単位の人数しか計画されていない場合、「メンバーをたくさん採用できたけれど、マネージャーも必要だったことが後でわかった」といった事態を招いてしまいがちです。また、職位や領域によって採用にかかるリードタイムや採用予算も変わるので、粗い粒度ではこれらのずれも大きくなります。採用の依頼が急になくなったり、人材の要件がコロコロと変わったりする場合には、そもそも計画している粒度が粗く大雑把な予想しかできていないことが原因であることが多いです。

そのため、**部門だけでなく職位やグレード、領域、地域、ポジションなど、より細かい粒度で計画してもらうように働きかける必要があります**。細かい粒度で計画ができない場合は、それだけ“イメージができていない”ということなので、必要に応じてどのような組織やチームを作るべきかといった検討に採用担当者も加わるべきです。

●優先度や順番を明確に示してもらう

人員計画が単に「各部門からの要望をまとめただけ」のものとなってしまい、

会社としてそれらの優先度がつけられていないケースも時折見られますが、採用の優先度が示されていなければ、採用部門のリソースの割り振りを考えることができません。たとえば、マネージャー職とメンバー職を同時期に採用したい場合にマネージャー職を先に採用しなければ業務効率が悪くなる、開発部門と営業部門とでは営業部門を先に採用しなければ売上が作れない、などの順番に関して考慮しなければならないことは多々ありますが、このような順番を採用活動が動き始めてから伝えられてしまうと施策に影響が出てしまいます。したがって、**採用の優先度や順番を明確にしてもらうように働きかけること**が大切です。

●欠員補充を考慮・対応してもらう

欠員補充が予測できていない場合、急に採用の負担が増えたり、もともと優先して動いていた採用活動を止めたりしなければならなくなります。欠員は予想しにくいものですが、マネジメントの努力によって退職時期を後ろにしたり、採用者が決まるまで在留してもらったりすることもできるはずです。そのため、欠員補充のニーズが出た際には、**できるだけ期間の余裕が持てるように動いてもらい、人員計画に反映してもらうようにしましょう**。

＞予算計画

予算計画とは、本書では広く各活動に必要なお金に関して計画されたものとします。企業のお金に関する計画には財務計画などさまざまなものがありますが、本書はこれらを区別することなく、「お金に関する計画」と広く捉えることにします。具体的には、企業・事業活動によって得られる売上に対して、どのようなコストがかかり、各利益がどのようになるかが計画されたものが予算計画です。また資金調達や投資なども計画されるものです。予算計画を簡易的に示すと図6-7のようになります。

お金に関する事柄は先に説明した人員計画とも密接に関係しています。スタートアップやベンチャー企業では会社にお金がなくなってしまい事業が継続できなくなることがあるので、お金の事情を考慮してエンジニア職よりも売上に直結する営業職が優先的に採用されるなど、優先順位の考え方に強く影響することもあります。また資金調達を見据える場合に、事業の鍵がプロダクトである場合には「スペシャリストが十分に採用できたか」「優秀なCTOが採用できたか」といっ

売上、利益、コスト

（万円）	1月	2月	3月	4月	5月	6月	7月	8月	9月	10月	11月	12月
売上	1,000	1,000	1,000	1,100	1,100	1,100	1,200	1,200	1,200	12	12	12
原価	300	300	300	350	350	350	400	400	400	450	450	450
人件費	400	400	400	500	500	500	600	600	600	600	600	600
外注費	50	50	50	50	50	50	50	50	50	50	50	50
採用費	100	0	100	0	100	0	100	0	100	0	100	0

資金調達の計画

新規採用	1月	2月	3月	4月	5月	6月	7月	8月	9月	10月	11月	12月
ベンチャーキャピタル						○	○	着金予定	○	○		
銀行						○	○	○	着金予定	○	○	○

○：ずれる可能性のある期間

図6-7　予算計画のイメージ

た人材の獲得状況が資金調達の成功に関わることもあるので、そのような観点からも採用の優先度が決められることもあります。人員計画だけでなく予算計画の狙いや予想について理解できていると採用活動にも良い影響をもたらします。

予算計画について、採用の観点では**採用活動に関するコストがどのように計画されているか、求職者が知りたいお金に関する情報がどのように計画されているか**に目を向けます。

予算計画の内容によって引き起こされる採用のポテンシャルの問題には、以下のようなものが挙げられます。

- 採用に使える予算が不十分
- 提示できる報酬が採用市場の相場とマッチしていない
- 求職者に対してお金に関する情報で魅力づけできない

このことを踏まえ、予算計画について働きかけるべき事柄やそのポイントを紹介します。

●採用に関するコスト（予算）を見直してもらう

採用には当然コストがかかります。人材エージェントに支払う人材紹介手数料や求人媒体の利用料、RPOサービスの契約料など多岐にわたります。これらは「採用費用」や「採用教育費」といった項目で計画されていることが多いです。

この採用費用について、「採用活動に使えるお金は計画していなかったので、その他の予算で余ったお金を回す」「採用に関する予算は都度相談して決める」といった方針から社内稟議に手間と時間がかかってしまうこともあります。また採用難易度が高いポジションを採用しようとしているにもかかわらず、十分な予算がつけられていないこともあります。

そのため採用に関するコスト（予算）が計画されているか、その内容は十分かを確認し、計画されていなければ計画する項目を追加してもらったり、他のコストと調整しながら採用の予算を確保したりといった働きかけが必要です。また外注費用などにも目を向け、採用が難航した際の代替手段の予算があるかどうかも確認しておくと良いでしょう。

採用にかかる人件費についても事業や部門単位での予実管理だけでなく、「採用業務の人件費」のように、より詳細に予実管理を行い、開発部門の関係者の稼働・人件費の配分についても明確に計画することが効果的です。たとえば、「業務時間の20%は採用業務をする」という方針・ルールを開発部門が立てたにもかかわらず開発業務が忙しくて実際には動けなかった場合には、本来は採用業務に開発部門の20%の人件費がかけられるはずだったので、その補填として別の予算を採用業務に割くといった判断もできるはずです。

●採用するポジションの人件費を見直してもらう

新しく人を採用することは、その分人件費が追加されるということです。この際に採用を予定している人材の人材要件に対して支払う報酬を安く見積もってしまい、採用の直前で「人件費が高くなり過ぎるので採用できない」「希望する報酬は支払えない」といった事態を招くことがあります。そのため、人件費は新しく採用したい人材の報酬を考えられているかも確認し、適切でなければ計算をやり直してもらいます。

●ストックオプションや資金調達に関する事柄を明確にしてもらう

スタートアップやベンチャーの場合、ストックオプションは入社のインセンティブとして働きます。そのため、競合企業がストックオプションを出しているにもかかわらず自社にはなかったり、その対象者に制限があったりする場合には、採用の観点からその有用性について説明し、ストックオプションの制度を導入したり、配布する対象者を調整したりすることも大切です。もちろん採用の時点でどこまでの情報を求職者に伝えるかは慎重にならなければなりませんが、そもそも社内で制度や配布対象者が曖昧なままではインセンティブとして機能させることができません。採用の武器として使うためにも**採用者目線で要望を出し、不明確な部分があれば明確にしてもらうよう働きかけること**が大切です。

また、資金調達のニュースは企業の成長や今後の拡大を感じさせるもので、採用にとっても追い風となるものです。そのため、これらのスケジュールを把握したり、重要なポジションの採用活動とタイミングを調整したりといったことも有効です。

>組織計画

組織計画は、本書では人員計画の前提となる組織体制（組織図）の計画や評価制度、等級制度などの人事制度、従業員満足度やエンゲージメントに関するプロジェクトやバリュー浸透のためのプロジェクトなどを計画するものとします。「組織計画」という名称はあまり一般的なものではなく、その内容は事業計画や人員計画に含まれたり、個々に点在していたりしますが、本書では組織にまつわる計画としてまとめます。

組織が今後どのような形になるのか、どういった取り組みが行われるかといったことは採用活動に強く影響を与えます。そのため、前述の人員計画の部門ごとの人数やその変化といった情報だけでなく、ここで述べる内容も把握しておくようにしてください。

組織計画の内容によって引き起こされる採用のポテンシャルの問題には、以下のようなものが挙げられます。

- 入社後の配属や周辺部門との関係について明確に説明できない
- 提示できる報酬が採用市場の相場とマッチしていない
- 組織の色がなく求職者の印象に残らない

このことを踏まえ、組織計画について働きかけるべき事柄やそのポイントを紹介します。

●組織図や配属の戦略を明確に描いてもらう

組織図は組織の分割、関係、レポートラインなどが描かれたものですが、求職者からは入社を決める重要な情報になります。一方で、人員計画で「10名ほしい」といった人数の要望だけが先行してしまい、配属や周辺部門との関係が曖昧であったり、会社として戦略性のないものであったりするケースが時折見られます。このような場合には、求職者に説明する際に、彼らを惹きつけられる内容にするよう働きかけるべきです。

また、配属されるチームや上長は求職者を惹きつける重要な要素ですが、同時に採用の足を引っ張ることもあります。求職者が事業に強い興味を持っていたとしても、配属されるチームの責任者の能力や相性によって入社を思いとどまるケースも見られるので、求職者から懸念の声が上がった際には配属チームや上長を再検討したり、「なぜその配属でなぜその上長がつくのか」といったことを説明できるようにしたりしておくことも大切です。

●人事制度（等級／評価／報酬）を採用市場の相場に近づける

採用の依頼段階では、ある程度提示できる年収の幅が決まっています。そのため、その幅を超えて高い年収を提示しなければ採用ができない場合には、そもそもの人事制度を見直さなければならないこともあります。昨今では市場価値が高まっている職種の報酬競争に対応するために、全社一律の報酬テーブルから職種ごとの報酬テーブルに設計し直す企業もあり、**特にエンジニア職だけを切り出して別テーブルにする企業も増えています**。また、職種ごとでなくとも全体のテーブルの金額を底上げしたり、ボーナスの設計を変えたり、一部のレイヤーの報酬を高めたりといったさまざまな工夫を行う企業が増えています。

特に企業規模や財務状況がめまぐるしく変化するスタートアップやベンチャー企業では、人事制度が追い着いていないこともあり、新しく採用したい人材に対して適切な年収を提示できないケースも見られます。採用担当者は採用市場と自社の提示できる年収におけるギャップを認識し、現状の人事制度の何が問題なのかを整理し、アップデートを依頼する必要があります。

●目を惹く福利厚生や社内制度を用意してもらう

福利厚生や社内制度は社員の生産性やエンゲージメント向上を目的にしていることが多いですが、採用にも強い影響を与えます。たとえば、ゆめみ社では「有給が取り放題制度」があります[1]。これは、年次有給休暇とは別に同社独自に定めた特別有給休暇を付与し、傷病、育児、家族の看護・介護など、何かあったときには、制限なく取得できるものです。このような制度があることによって、採用活動でも企業のスタンスを伝えたり求職者の目を惹いたりすることに役立ちます。

採用広報などの手法は第4章で解説しましたが、採用広報をするにしても発信する"ネタ"がなければ始まりません。現状の組織課題や会社としての方針を踏まえた上で、採用の観点から有利になる福利厚生や社内制度がどのようなものかを考え、意見し提案するといった働きかけが大切です。

>開発計画

開発計画は開発する機能やそのスケジュール、各プロジェクトについて計画されます。開発計画の内容によって引き起こされる採用のポテンシャルの問題には、以下のようなものが挙げられます。

- 採用背景や業務内容などが曖昧
- 採用に協力する開発部門の工数が少ない
- 採用期限が短過ぎる

このことを踏まえ、開発計画について働きかけるべき事柄やそのポイントを紹介します。

●計画が曖昧、抽象的過ぎないか

求職者は転職に際し、開発に関するさまざまな情報を知りたいはずです。採用の背景となる開発に関する課題や、今後どのようなプロダクト・サービスにしていきたいのかといった展望、開発チームとして大切にしているもの、キャリアプランを考えてくれているのかといったことです。開発計画の解像度が低くてはこれらを高い解像度で求職者に伝えられません。そのため、必要に応じて開発計画の内容を採用の観点からより具体的に、明確にしてもらうことが必要です。

1　株式会社ゆめみ「有給取り放題制度」(https://notion.yumemi.co.jp/oss/db/有給取り放題制度)

●採用に関わる人間の工数が確保されているか

エンジニア採用は多くの場合採用担当者だけで完結することはなく、現場のエンジニアの協力が不可欠です。そのため、開発計画でも一定の採用業務に当てる時間を計画しておかなければなりません。現状の人員では手が足りないことから新規人員を採用するはずですが、その業務に時間を割けないと採用は成功しないので、いつまでも手が足りない状況が続いてしまいます。

工数にまったく余力がない開発計画では、本来の業務の片手間で行うのは難しいので、開発計画を立てる時点で採用業務に関わる時間を計画しておく必要があります。特にハイヤリングマネージャーや面接を担当するエンジニアなどは事前に計画してください。

●機能リリースなどの期限が無理に設定されていないか

機能リリースなどの期限は採用の期限に直結することがあります。そのため、前述した人員計画の採用期限が短い場合には、開発計画において該当の開発の期限が無理に設定されていないかを確認することも必要です。

＞事業計画・経営計画

事業計画は事業に関するさまざまな事柄を計画するものであり、ここまでに述べた機能別の計画を包括するものです。売上、売上総利益、営業利益などを中心に、その内容として営業に関すること、組織に関すること、プロダクトに関することなど、事業にとって主要になる事柄が計画されます。

経営計画は文字通り経営に関する計画です。規模の小さな企業では事業計画と経営計画は近しい内容のものとして計画されることもありますが、資金調達や企業買収などは経営計画に含まれることが多いです。また事業が複数ある場合などには、そのポートフォリオやリソースの配分・管理の内容や、新規事業に関する計画も経営計画に含まれます。事業間で人員の異動がある場合などには、人員計画の背景として経営計画を参照すべきこともあります。

人員計画から予算計画、組織計画、開発計画にさかのぼったように、これらの計画に働きかけても問題が解決されない場合は、**より上流の計画である事業計画、そして経営計画へと立ち戻らなければなりません**。事業計画や経営計画で取り上げられる内容は、その企業にとっての“強い関心事”なので、「採用が事業成長の鍵だ！」などと打ち出される場合には、事業計画や経営計画で明示されていなければなりません。しかし実際には、事業計画や経営計画上では採用に関してまったく触れられていないこともあります。そのため採用を本当に重視する場合には、事業計画や経営計画で大きく取り上げてもらうことが大前提です。

事業計画・経営計画の内容によって引き起こされる採用のポテンシャルの問題には、以下のようなものが挙げられます。

- 事業戦略や展望が明確に説明できない
- 事業の知名度や権威性が低い
- 事業戦略や方針が外部に発信できない

このことを踏まえ、事業計画・経営計画について働きかけるべき事柄やそのポイントを紹介します。

●計画内容を明確にしてもらう、中長期の時間軸で立ててもらう

事業や企業が今後どのような方向に進んでいくのか、具体的にどのようなマイルストーンを置いているのかといったことは求職者にとって当然知りたいことです。しかし、企業によってはこれらが明確に定まっておらず、求職者に十分に説明できていないケースも多く見られます。そのため、これらが明確でない場合は、**採用の観点からその重要性を説明し、明確にするよう働きかけること**が大切です。その際には求職者がどのような内容を知りたがっているのか、どのような懸念を自社に抱いているのかといった情報をしっかりと伝えましょう。

また求職者は転職先の企業に対し、入社直後の事柄だけでなく、「3年後はどうなっているのか？」といった将来的な見通しを得た上で入社を検討するはずです。そのため、事業計画や経営計画は中期、長期のものも立て、求職者に説明できるようにしておくべきです。もちろん将来を予想しづらいこともありますが、見通しが難しいからといって「わからない」という答えでは求職者も不安になり、入社することはないでしょう。

●宣伝やPR活動の中で、採用に好影響となる動きを計画してもらう

事業の宣伝やPR活動の内容は採用にも強く影響します。そのため、このような活動に対して採用へ好影響となる動きをしてもらえるよう、次のように働きかける必要があります。

- 「専門家お墨付きのある事業」と見せるために業界の著名人などに関わってもらう
- 各種アワードやメディアの取材を獲得できるように動く
- 「顧客満足度」「従業員満足度」などの調査結果を掲載し、事業や組織の魅力にファクトを付与する
- テレビCMや街頭広告などを実施し、「よく知られているサービス」として魅力づける

このような取り組みはマーケティングやPR領域のKPIに紐づくものですが、採用への効果も期待できることを示せれば、より多くの予算がつくこともあります。また、採用担当として「このような魅せ方をしたい」といった方針や要望を伝えることで、マーケティングやPR活動と採用活動の方向性が一致します。

●外部に公開できる情報を増やしてもらう

事業計画や経営計画では外部に公開できない情報が多くあります。しかし、求職者は企業の事業や経営に関することを知らなければ入社の判断ができません。採用以外の事業活動の観点からは競合優位性を保つために情報が出しにくい場面も多くありますが、情報を出さないことで採用が難航すると、結果として採用以外の事業活動にも悪い影響を与えます。

どの程度情報を公開するかはケース・バイ・ケースですが、「自分たちは情報を出したくない。けれども関心を持ってほしい」といった矛盾した願望は成立しません。どこまで出すべきか、出すならどのように情報を加工するかなどを熟考し、採用活動に活かすことが大切です。また、公開して構わない情報の範囲や表現などに一定のガイドラインやルールを設け、その判断を広報部門に委ねるなど、業務フローとして整備することで、確認作業を効率化することもできます。

＞その他の計画

ここまでに述べた計画以外にも、部門別の計画や企業活動を行う上での機能別の計画があるはずです。たとえば、営業計画やマーケティング計画、PR計画な

どです。**自社の事業の特性によってはこれらの計画も把握して働きかけなければなりません。**

たとえば、受託開発の事業を営んでいる場合には営業計画で次期の売上目標がどの程度か、そこでどのような単価を設定しているのかといったことが人員計画に深く影響します。またPRの計画で、「資金調達をした」「主要な機能の提供を開始した」といった外部に発信するニュースの大まかなスケジュールや方針が計画されますが、これは採用にとっても追い風になるので内容を把握し、求人の公開スケジュールやスカウトを打つタイミングなどに活かすこともできます。

同時にここまで述べた計画同様に、採用の根本的な課題がこれらの計画にある場合には働きかけを行います。

各計画に効果的に働きかけるために

>各計画の立案に関わる

ここまで述べた各計画に働きかけやすくするためには、**各計画が立案される段階から採用担当者が関わること**が非常に大切です。たとえば、人員計画を立てる際にはその場に採用担当者も同席し、「3カ月後に3人増やすと計画しているが、それは難しいので3カ月後ろ倒ししてくれ」「その人材の採用は難易度が高いから、期限を重視するなら業務委託人材で賄ってくれ」などと市況感を鑑みた上で、その計画の実現可能性や代替案などを意見できると良いでしょう。上位の計画を担う担当者も、採用の難易度が高まっているという情報を採用担当者から受け取り、計画に反映すべきです。

採用の依頼の前提となる上位の計画については、「きっと熟考した上で、完璧な計画を立ててくれたんだろう」と錯覚してしまうことがありますが、タイトなスケジュールの中で根拠なく決められていることも実は少なくありません。たとえば、経営者が人員計画を考える際に「半年後には1.2倍くらいで、1年後には1.5倍くらいの人数感が良さそうだ。マネージャーやメンバーをいい感じにバランスを取って計画しておこう」といった大雑把な検討で数値が仮置きされます。その後、日々の業務に忙殺される中で、そのような数値の詳細化・実現可能性の検討などがなされないままに、社内のマネージャーに落とされ、そのマネージャーは計画の背景を理解しないままに「ヘッドカウント的に採用しておくか。正直今は人は必要ないけれど、上が言っているから採用を依頼しておくか」といった考えで採用の依頼が来ることもあります。

上記は極端な例ですが、「採用」について考えることは簡単ではなく思考する能力や体力が問われます。組織やチームの将来像を描いたり事業や開発の将来を描いたりし、それらに対して現状を正しく捉え、そのギャップの埋め方として「人」に注目するべきかを考えなければなりません。そして配置転換や業務委託などのメリット・デメリットを比較して採用することが適切かを考えなければなりません。その上で、**本当にその採用が実現可能であるのか、難しい場合のコストやリスクの取り方をどうするべきか、代替案はどうすべきか**といったことを考える必要があります。

このような内容を採用担当者が介入せずに決めてしまうことは危険です。特に競争倍率が高いエンジニア職では経営者や現場のマネージャーなどの想定と採用市場の実態とに大きなギャップがあることが多く、採用担当者が適切にサポートすることが求められます。

>計画の閲覧権限を得る

企業によっては、採用担当者がここまで述べた計画について閲覧する権限がないことがあります。しかし、競争環境においてこれらの前提の段階から採用の観点がなければ、常に対応が後手に回ることになります。そのため、**採用担当者に各計画の閲覧権限を付与すること**は非常に大切です。

また各計画を閲覧できなければ、面談や選考時に求職者からの質問に正しく答えることもできません。

採用担当者に各計画の閲覧権限が渡されない・渡してくれない場合には、ここまでに述べたこのような、採用の前提となる各計画に働きかける役回りが必要であることを説明し、人事部門の責任者や事業部門の責任者などがそれを適切に担わなければなりません。特別な事情がない限り、採用担当者には各計画を閲覧する権限を与え、採用の観点から意見を出す場を設けるべきです。

Column

●ビジネスモデルの中心にエンジニアがいるか？

本章では採用のポテンシャルへの働きかけなど、一般的な採用業務では注力しない事柄について述べましたが、このような内容については「うちではそんなこと絶対にできない」といった意見もあるかもしれません。一方で、既にこのような取り組みに力を入れている企業も多いはずです。

これらの違いは第11章でも述べる経営者の意識やそれに付随する組織や制度などからきますが、より俯瞰した目線で捉えると**ビジネスモデルの違い**からくることが多いです。ビジネスモデルとはサービスを提供するプロセスや利益構造などのことを指しますが、ビジネスモデルにおいてエンジニアが中心になるほどエンジニア採用にも力を注ぎやすくなります。

エンジニア採用を行う企業を図6-8のように分類してみると、数字が小さい企業ほどエンジニア採用への投資を怠らないため、予算や工数、人員配置などに柔軟な考えを持つ傾向が強く、エンジニアの採用担当者としても注力しやすくなります。

企　業	例
サービス価値の源泉が技術やプロダクト、開発であり、ビジネス職をあまり必要としない企業	IT領域のディープテック系企業や、データやアルゴリズムを商品としている企業、受託開発企業など
サービス価値の源泉はあくまでもビジネスであるものの、その実現方法としてプロダクトが欠かせない企業	多くのSaaS企業など
サービスの提供方法として開発やプロダクトが必要なものの技術力をあまり必要としない企業	メディア系のサービスや、EC系サービスなど
サービスにプロダクトや開発を必要としない企業（社内業務やサービスのインフラなどでエンジニアを採用したい企業）	メーカーや製造系、ビジネスコンサル系サービスなど

図6-8　エンジニア採用を行う企業の分類

もちろん企業フェーズや状況によってこのような分類だけでは整理できないこともありますし、必ずしもこのようにきれいに分類できるわけではありませんが、このようなビジネスモデルの違いによって、エンジニアの採用人数、組織内の比率、報酬、カルチャー、外部への発信なども大きく異なり、当然エンジニア採用の注力のしやすさにも影響を与えます。採用において訴求を考える際にもビジネスモデルの中心にエンジニアがいる企業・事業であればより魅力が作りやすいです。

このようなビジネスモデルの違いによるエンジニア採用の注力のしやすさは、考えて見れば至極当然のことですが意外にも忘れがちです。

「知り合いの会社ではエンジニアが協力的なのに、うちは全然協力してくれない」といった場合に、「知り合いの会社はいい人たちが多く、うちの会社は性格が悪い」といった声を時折聞くことがありますが、これはビジネスモデルの違いからくるものかもしれません。

また、「エンジニア採用担当としてキャリアを積むためには、どういった会社に行くべきか？」といった相談を受けることがありますが、この場合にもやはりビジネスモデルの中心にエンジニアがいる会社を候補とすることがおすすめです。

改めて自社のビジネスモデルを確認し、その中でエンジニアがどの程度中心に位置づけられているのかを整理してみると新たな気づきがあるかもしれません。

第7章

採用計画の立案と振り返り

本章では実務マネジメントの軸となる採用計画について解説します。採用計画は採用業務を効果的に進める上で不可欠なものです。採用には銀の弾や特効薬はありませんので、PDCAサイクルを回しながら採用の問題点を見つけ、打ち手に濃淡や優先順位をつけ、愚直に改善を重ねなければなりません。

採用が強い企業では**採用計画の立案と振り返りに入念に取り組みます**。反対に採用がうまくいっていない企業では、そもそも採用計画がなかったりおろそかにされてしまったりしています。これではルーティンワークで毎日同じ作業ばかり繰り返すことになり、常に対症療法的な打ち手を重ねるだけで本質的な問題が解消されず、関係者間で問題意識が共有されないために各自の動きがバラバラになるなどのさまざまな問題が起こります。

採用計画の立案と振り返りはエンジニア採用にとって軸となる業務であることを意識して本章を読み進めてください。

なお、人員計画と採用計画とを混同してしまうことがありますが、本書では第6章でも述べたように人員計画は各部門などの人数や、そのための配置転換、業務委託人材の活用、採用などの手段を計画するもの、採用計画は人員計画で計画された新規採用について「どうやって新規採用の目標を達成するか」を計画するものとします。また、採用に関するデータについては続く第8章でも触れます。

採用計画を形作る枠組み

>採用計画の根底にある考え方

採用計画は、「どうやって新規採用の目標を達成するか」を計画するものと述べましたが、これだけではイメージが湧きづらいでしょうから、採用計画を形作る枠組みから採用計画を捉えます。

まず、計画立案と振り返りにおいて大前提となる考え方を押さえます。計画を立てて振り返るという行為は図7-1のように計画した目標に対して実績を整理し、その乖離を問題として捉え、原因を明確にし、原因に対して対策を考えています。

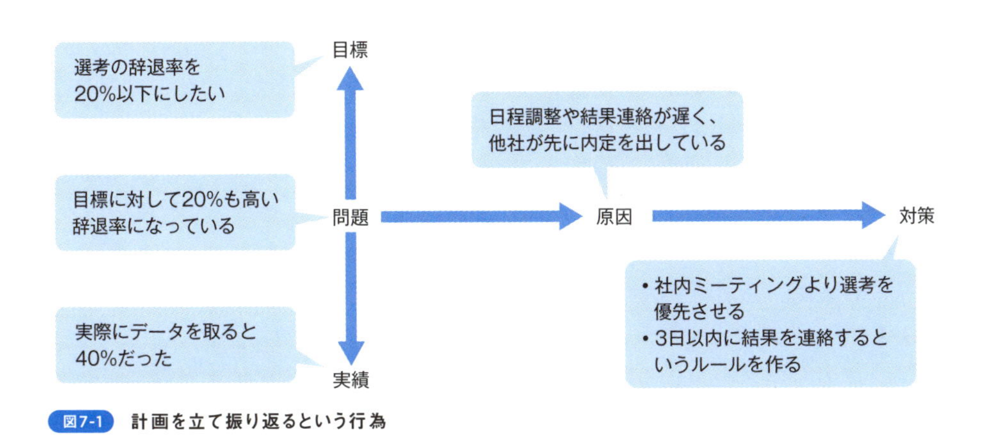

図7-1　計画を立て振り返るという行為

この考え方は当たり前に思われるかもしれませんが、意外にもできていない状況を多く目にします。たとえば、以下のようなことが起こりがちです。

●目標と実績がないまま、なんとなくネガティブなことを問題とする

問題とは、「目標と実績との乖離」ですが、目標と実績の情報がないまま問題

を考え、「なんとなくネガティブなこと＝問題」と考えてしまうケースが非常に多く見られます。自社の採用活動の問題を考える際には、**必ず「何を目標としていたのか」「実績はどうだったか」という両方の情報がなければ考えられないことを意識してください**。感覚だけで問題を決めてしまえば本当に重要な問題を見落としてしまいますし、その問題がどのくらいの重要度（乖離幅が大きい）なのかがわからず、対策にどれだけのコストや労力をかけるべきか判断がつきません。

●実績だけを見て、なんとなく良し悪しを考える

前述のように問題とは、「目標と実績との乖離」ですが、実績だけを見てなんとなく良し悪しを考えてしまうケースがあります。このようになってしまうと関係者間で問題意識がずれてしまいます。たとえば採用担当者は、「今期は辞退率を40%に抑えられて良かった！」と考えていても、現場のエンジニアは「辞退率が40%なんて高過ぎる！　採用担当は何をしているんだ」といった真逆の捉え方をしてしまうこともあります。

また、実績の評価を測る物差しがないために、“後出し”で物差しを用意することがあります。たとえば、「過去実績と比較する」や「媒体平均値と比較する」ことがありますが、物差しを後出ししていては正しく評価できません。**本来は過去実績や媒体平均値は目標を立てるための参考値として利用すべきものです。**

●問題や原因の話がなく、対策（打ち手）の話ばかりしている

「問題」や「原因」の検討が抜け、対策（打ち手）の話ばかりしている状況をよく目にします。問題や原因の検討がなければ効果的な解決策を考えられません。たとえば、「来期はどの施策に注力すべきか？」という問いに対して、「来期は採用ブランディングを頑張ろうと思う」と答えたものの、その理由を尋ねられたが、それには答えられないケースです。

当然ながら問題や原因が考えられていないまま対策（打ち手）が先行してしまえば良い結果にはつながりません。特に原因について深掘りができていないケースが多いのですが、原因こそ深掘りをして関係者間で議論し認識をそろえるべきです。思いつき、興味、取り組みやすさなどに惑わされず、**問題と原因を踏まえた対策を考えること**が大切です。

昨今では採用に関わる人が多くなる傾向があり、採用担当者やRPOサービス、

業務委託などの外部の人、現場のエンジニア、CTOや代表など多様な人が関わる中で、感覚だけで上記のような話をしていては議論がまとまらず混乱してしまいます。計画を立てて振り返る取り組みの中で、このような考え方を共通のロジックとして建設的に話し合うことが大切です。

>採用計画の立案と振り返りのサイクル

計画立案と振り返りは図7-2のように**セットで行うものであり、繰り返し行うもの**です。このサイクルは採用計画における骨組みに当たります。

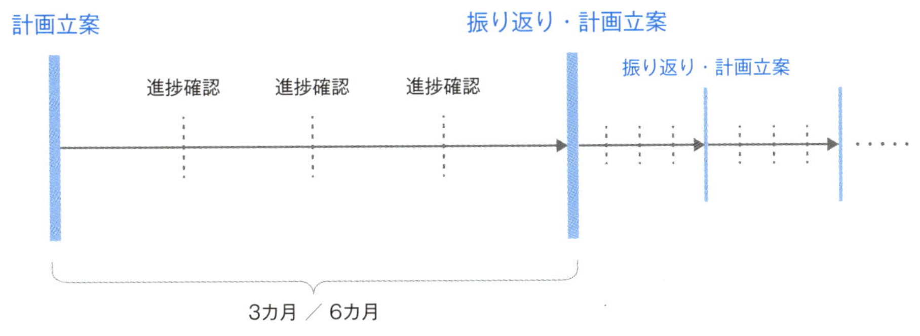

図7-2　計画の期間

計画立案と振り返りのサイクルがうまく回らなければ業務にメリハリがつきません。採用成果の有無にかかわらず、いつまでも同じ作業をだらだらと繰り返すことになります。サイクルがうまく回っていないケースには以下のようなものがあるので注意してください。

●計画立案も、その振り返りもないケース

「とにかく行動あるのみ」といった方針で計画立案も、その振り返りもないケースは時折見られます。定例ミーティングなどは行うものの、そもそも計画がないので、現状の応募状況や候補者について読み合わせるだけになってしまっている場合には注意が必要です。

●計画立案はあるが、振り返りがなされないケース

計画した各数値に対して振り返りが行われないケースです。たとえば、「上司への説明用に1年に一度だけ作るが、それ以降は振り返っていない」などと形骸化してしまっていたり、「計画は立てたけれど、実績を出すにはATSツールからデータを持ってこなければならず面倒だ」と億劫さに負けてしまっていたりするケースです。振り返りをおろそかにしてしまえば改善ができず、だらだらとルーティンワークを続けることになり、感覚的で効率の悪い行動になってしまうので注意してください。

●振り返りはあるが、計画立案がないケース

振り返りの場は設けているものの、そもそも計画がないために大雑把にしか問題や対策の検討ができないケースです。振り返りの場が関係者の感覚的な話で終始し、話がまとまらなかったり、「母集団が枯渇したから次の媒体を利用しよう」といった常習化した分析をしてしまったりして、本質的な振り返りができていないケースです。これも非常によく見かけるので意識して改善すべきです。

ここまで例示したように、計画立案と振り返りのサイクルがうまく回っていない状況は多く見られます。計画立案や振り返りが軽視されがちな理由として、以下のような声が挙がります。

- 計画を立てても、その通りにいかない（計画で100通スカウトから1人採用をもくろんだが､1通目のスカウトで採用が成功したり反対に1,000通送っても採用ができなかったりすることがある）

計画は方針や方向性を示すものであり、必ずしもその通りに進まなければ意味がないわけではありません。実績との乖離が生じた場合は、「何が自分の考えや想定と異なっていたのか」を考察するきっかけとなります。PDCAサイクルを何度も回すことで、計画の精度は徐々に高まるはずです。

- 計画を立ててもデータが多く集まらず使えない（最終選考や内定にまで進む人が少なく、最終選考通過率や内定承諾率の信頼度が低い）

データの数が少なく統計的な信頼度が低くとも 1 件のデータを注意深く見る

ことで得られる情報は多いはずですし、データ数が少ないならば計画する期間を延ばすなどの工夫ができるはずです。

• **実績データの抽出や集計に手間がかかるので実務を優先したい**

データの抽出や集計に時間がかかるのは当然のことです。これをおろそかにすれば、効果的な採用活動は期待できません。必要な時間を事前に確保したり、外部リソースを活用したりすることで、データ収集と分析に必要な時間を捻出する工夫が大切です。

採用計画の土台として、計画立案と振り返りを必ずセットで行うようにしてください。

>採用計画のフレーム

採用計画の具体的な形を、本書では「**ファネル**」と「**ディメンション**」というキーワードを用いて説明します。

ファネルとは採用のプロセスを区分けしたものです。採用に関わる方は普段からなじみ深いものでしょう。採用計画では図7-3のように、「応募数」や「内定承諾数」といった採用企業の管理しやすい区切り方と、それぞれの間の遷移率の形で計画するのが一般的です（ファネルに該当する数値は、本来は合計や割合だけでなく、平均や個数などの集計も考えられますが、採用ではこのように合計と割合で示すことが一般的です）。

アプローチ数	→遷移率	応募数	→遷移率	最終選考数	→遷移率	内定承諾数
500	10%	50	20%	10	30%	3

図7-3　**採用ファネルの例**

このファネルは、図7-4のように細かく設定するほど問題も細かく考えられます。前述の通り、目標と実績を比べて問題を発見しますが、その際に図7-4の上よりも下のように細分化したファネルのほうがより細かく比較でき、どこに問題があるかがはっきりします。

次にディメンション（次元）です。ディメンションとは分析の切り口で、「○○別に分ける」というものです。具体的には図7-5のように、ポジションやチャネル、リクルーターなどの切り口があります。

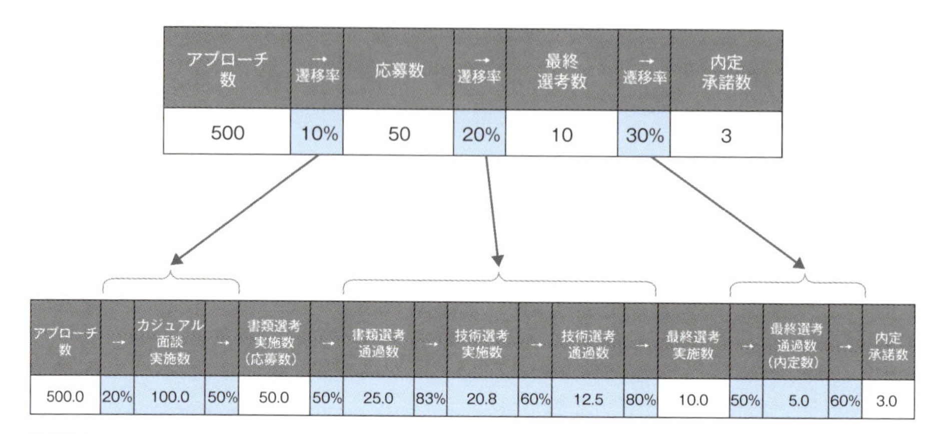

図7-4　ファネルを細分化した例

ポジションごとに分けられている

	アプローチ数	→遷移率	応募数	→遷移率	最終選考数	→遷移率	内定承諾数
EM	300	10%	30	20%	6	33%	2
テックリード	200	10%	20	20%	4	25%	1

チャネルごとに分けられている

	アプローチ数	→遷移率	応募数	→遷移率	最終選考数	→遷移率	内定承諾数
スカウト	400	5%	20	25%	5	40%	2
エージェント	100	50%	30	17%	5	20%	1

リクルーターごとに分けられている

	アプローチ数	→遷移率	応募数	→遷移率	最終選考数	→遷移率	内定承諾数
鈴木	250	6%	15	13%	2	50%	1
山田	250	14%	35	23%	8	25%	2

図7-5　ディメンションの例

ディメンションは上記以外にも、期間、地域、面接官、職位、チームなどさまざまな内容が考えられます。

また、ディメンションは上記のようなわかりやすいカテゴリーだけでなく、**自身の知りたい・検証したい切り口を反映すること**も大切になります。たとえば、「選考の通過率はマネージャーとそうではない担当者で変わるのではないか？」といった仮説があれば、「マネージャー」と「非マネージャー」という切り口で計画や実績の整理をしてもいいでしょう。他にも「リクルーターの経験年数別に成績が変わるのでは？」という場合には、「経験年数1年未満」「1年以上3年未満」「3年以上」といったディメンションで計画立案や振り返りをしてもいいかもしれません。

ディメンションもファネルと同様に、詳細に設定するほどより細かく問題を確認できます。たとえば、チャネルは「スカウトサービスA」「スカウトサービスB」のように、サービス単位で設定することもできますし、ディメンションを組み合わせ、「ポジション×チャネル」とすれば、それぞれ「エンジニアリングマネージャーポジションのスカウトチャネル」「エンジニアリングマネージャーポジションの人材エージェントチャネル」……と、より細かく計画できます。ただし、ディメンションを掛け合わせ過ぎて混乱を招くほど細かく設計してしまうと本末転倒になります。たとえば10ポジション、4チャンネル、3リクルーターをそれぞれ掛け合わせると10×4×3＝120項目を計画することになってしまいますが、Excelなどでこのようなデータを触っているうちにわけがわからなくなってしまう状況にもよく出くわします。

ディメンションはできるだけ細かくすることが正解ではなく、“いい塩梅”を見極めて計画を作ることが求められるので、まずは大雑把だと思える計画を立てて一度回し、振り返り時に「ここはもっと細かく見たい」という内容がわかったなら次の計画で細かくするようにしましょう。昨今ではATSツールを利用することでより詳細なデータを確認できるので、「方針・戦略を定める」という目的で計画を立てる際はあまり細かく設定せず、より詳細なデータを見たいときにはATSツールを参照しにいくのが有用です。

採用計画を立案する

>採用計画の期間を設定する

前節では採用計画の枠組みについて解説しましたが、ここから具体的な計画立案の流れを説明していきます。

採用計画を立てる際には、**まずどの程度の期間における計画を立てるかを考えなければなりません**。本書では3カ月もしくは6カ月にすることをおすすめしています。1カ月では数字はあまり動きませんし、半年を超えると状況の変化がめまぐるしく、有用な計画が立てづらくなります。ただし、状況にもよるので、自社の採用に合わせて調整してください。

また、「スカウトだけの計画」「リファラルだけの計画」など、切り出した詳細な計画の場合にはより短い期間にしてもいいでしょう。切り出した計画であれば、「スカウトを1,000通送ることが目標」「リファラルの紹介を10件社内から獲得することが目標」など、アクション起点の成果を設定することも多いため、リードタイムの観点からより短い期間で設定しても構いません。

計画の期間を設定することは、目標や行動について、どの程度の将来を見越すかということなので、実務やチームの状況に応じて意志を持って設定するようにしてください。

期間を設定したら、**必ずキックオフや振り返りの社内ミーティングをセットしてください**。前述の通り、計画を立てて終わりにならないように、ミーティングもうまく活用してください。また、実務ではこの期間の中で進捗確認ミーティングも実施することになりますが、進捗確認ミーティングは計画の期間を3分割もしくは4分割したタイミングで実施すると区切りがいいです。

>ファネルとディメンションを設定する

次に計画の箱となるファネルとディメンションを設定します。

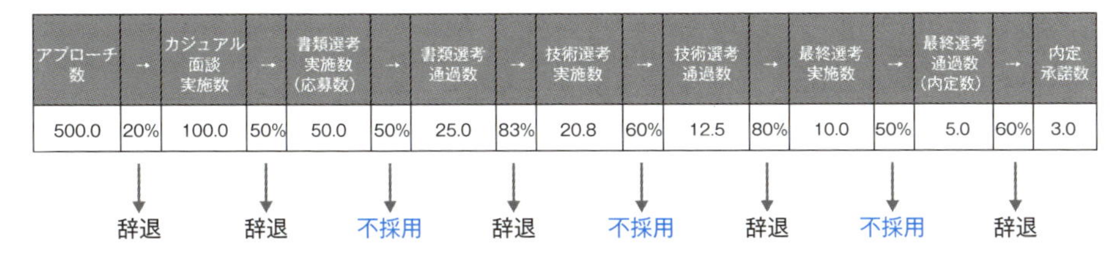

アプローチ数	→	カジュアル面談実施数	→	書類選考実施数（応募数）	→	書類選考通過数	→	技術選考実施数	→	技術選考通過数	→	最終選考実施数	→	最終選考通過数（内定数）	→	内定承諾数
500.0	20%	100.0	50%	50.0	50%	25.0	83%	20.8	60%	12.5	80%	10.0	50%	5.0	60%	3.0
	辞退		辞退		不採用		辞退		不採用		辞退		不採用		辞退	

図7-6　自社の不採用と求職者の辞退のステップで構成する採用ファネル

ファネル	内　容
アプローチ数	スカウト数やエージェントへの紹介依頼数を合わせた数
カジュアル面談実施数	カジュアル面談を実施した数
1次選考実施数（応募数）	1次選考を実施した数。カジュアル面談実施数から辞退数を引いた数
1次選考通過数	1次選考を通過した数。1次選考実施数から不採用数を引いた数
2次選考実施数	2次選考を実施した数。1次選考通過数から辞退数を引いた数
2次選考通過数	2次選考を通過した数。2次選考実施数から不採用数を引いた数
最終選考実施数	最終選考を実施した数。2次選考通過数から辞退数を引いた数
最終選考通過数（内定数）	最終選考を通過した数。最終選考実施数数から不採用数を引いた数
内定承諾数	内定が承諾された数

図7-7　各ファネルの内容

ファネルを設定する際のポイントとして、**不採用と辞退とを明確に区別すること**です。

第2章で述べた通り、採用は「選ぶ」と「選ばれる」が両立することで成り立ちますが、採用プロセスでは「選ぶ（自社に主導権があり、合格／不合格を選べる）」と「選ばれる（求職者に主導権があり、選考を受け続ける／辞退するを選べる）」という行為が交互に繰り返されて進むことになり、ファネルが移行しない理由は求職者が企業を選ばない（辞退）か、企業が求職者を選ばない（不採用）のどちらかになります。

このことから、ファネルでも「どちらがNGを出したのか？」がわかるようにすることが大切であり、たとえば「最終選考数」は「最終選考実施数」と「最終選考通過数」といった2つのステップに分解します。このような分解をしたファネル例を示すと、図7-6のようになります（カジュアル面談後に企業が求職者を見送ることはないはずなので、「カジュアル面談通過数」というファネルは除外しています）。

各ファネルの内容は、図7-7の通りです。最終的な成果は入社数にする場合もありますが、内定承諾数から入社までに期間が空くこともあるため、本書では内定承諾数を最終成果としています。

次に、ディメンションを設定します。ディメンションは細かくし過ぎるとデータの記録や整理のメンテナンスコストが非常に高くなってしまいます。そのため、本書ではディメンションとして**ポジション別とチャネル別の計画を立てること**をおすすめします。

ポジション別はいうまでもなく重要であり、ひとまとめにしてしまえばどのポジションに問題があるかがわかりません。また、採用活動ではチャネルによって打ち手が大きく変わるので、これも区分けして計画すべきです。

もちろん、どのようなディメンションが良いのか、いくつのディメンションを設定すべきか、その粒度をどのくらい細かくすべきかは企業や状況によってさまざまです。

「なんとなくうまくいっていないリクルーターや面接官がいそうだけれど、データは取れていない」といった状況では、それらを設定しても良いですし、地域や支店ごとに採用を行う場合にはそれらをディメンションとして計画しても良いでしょう。

改めて自社ではどのようなディメンションを設定するのが良いか検討してください。

ここまでのファネルとディメンションのポイントを踏まえ、本書の推奨する採用計画の箱を図7-8に示します。

>各数値を設計する

ファネルとディメンションの箱が決まれば、その中身の数値を計画していきます。

その際には、まず図7-9のように最終成果を計画します。

ここでのポイントは、**目標値を1未満の数値で設定すること**もありえることです。現実では、「この3カ月でテックリードは必ず採用してほしい。バックエンドエンジニアは採用できたらうれしいけれど、採用できなくても大丈夫」といった依頼もあるはずです。このような場合には0.5や0.1などと設定しておき、「期間内に採用できる可能性が50%」「期間内に採用できる可能性が10%」という意味で計画するのもひとつの手です。1以上の数値でしか計画しない場合、設定した期間で必ず採用する計画になってしまい、上記のような実際の期待度を表現で

ポジション別

	アプローチ数	→	カジュアル面談実施数	→	書類選考実施数（応募数）	→	書類選考通過数	→	技術選考実施数	→	技術選考通過数	→	最終選考実施数	→	最終選考通過数（内定数）	→	内定承諾数
EM																	
テックリード																	
バックエンド																	
合計																	

チャネル別

	アプローチ数	→	カジュアル面談実施数	→	書類選考実施数（応募数）	→	書類選考通過数	→	技術選考実施数	→	技術選考通過数	→	最終選考実施数	→	最終選考通過数（内定数）	→	内定承諾数
スカウト																	
エージェント																	
求人媒体																	
リファラル																	
合計																	

図7-8　本書で例にする採用計画の箱

ポジション別

	アプローチ数	→	カジュアル面談実施数	→	書類選考実施数（応募数）	→	書類選考通過数	→	技術選考実施数	→	技術選考通過数	→	最終選考実施数	→	最終選考通過数（内定数）	→	内定承諾数
EM																	3.0
テックリード																	2.0
バックエンド																	1.0
合計																	6.0

チャネル別

	アプローチ数	→	カジュアル面談実施数	→	書類選考実施数（応募数）	→	書類選考通過数	→	技術選考実施数	→	技術選考通過数	→	最終選考実施数	→	最終選考通過数（内定数）	→	内定承諾数
スカウト																	3.0
エージェント																	1.8
求人媒体																	0.6
リファラル																	0.6
合計																	6.0

図7-9　最終成果の計画

きなかったり、ファネルの前半を逆算していくと現実的ではない数値を計画したりしてしまうことになります。

この数値に合わせて**工数のかけ方に傾斜をつけておく**のも良いでしょう。たとえば、1以上のものは“注力”と位置づけ、施策を増やしたり現場とのミーティング頻度を増やしたりするのに対し、1以下のものは“非注力”と位置づけ、「0.5のポジションは人材エージェントに紹介を依頼するだけでスカウトはしない」「0.1のポジションは求人を公開するだけでその他の取り組みはしない」といった具合です。このように優先順位や注力度合いを反映して計画を立ててください。

次に、最終成果に至るまでの各遷移率と各数値を計画します。この際には、図7-10のように各遷移率を計画することでそれぞれの数値が埋まることになります。

ポジション別

	アプローチ数	→	カジュアル面談実施数	→	書類選考実施数（応募数）	→	書類選考通過数	→	技術選考実施数	→	技術選考通過数	→	最終選考実施数	→	最終選考通過数（内定数）	→	内定承諾数
EM	268.7	20%	53.7	30%	16.1	75%	12.1	90%	10.9	75%	8.2	70%	5.7	75%	4.3	70%	3.0
テックリード	487.7	10%	48.8	30%	14.6	75%	11.0	90%	9.9	75%	7.4	60%	4.4	75%	3.3	60%	2.0
バックエンド	45.7	30%	13.7	30%	4.1	75%	3.1	90%	2.8	75%	2.1	80%	1.7	75%	1.3	80%	1.0
合計	802.2	14%	116.2	30%	34.9	75%	26.2	90%	23.5	75%	17.7	67%	11.8	75%	8.9	68%	6.0

チャネル別

	アプローチ数	→	カジュアル面談実施数	→	書類選考実施数（応募数）	→	書類選考通過数	→	技術選考実施数	→	技術選考通過数	→	最終選考実施数	→	最終選考通過数（内定数）	→	内定承諾数
スカウト	581.2	10%	58.1	30%	17.4	75%	13.1	90%	11.8	75%	8.8	67%	5.9	75%	4.4	70%	3.0
エージェント	38.3	91%	34.9	30%	10.5	75%	7.8	90%	7.1	75%	5.3	67%	3.5	75%	2.7	70%	1.8
求人媒体	166.1	7%	11.6	30%	3.5	75%	2.6	90%	2.4	75%	1.8	67%	1.2	75%	0.9	70%	0.6
リファラル	16.6	70%	11.6	30%	3.5	75%	2.6	90%	2.4	75%	1.8	67%	1.2	75%	0.9	70%	0.6
合計	802.2	14%	116.2	30%	34.9	75%	26.2	90%	23.5	75%	17.7	67%	11.8	75%	8.9	70%	6.0

図7-10　各遷移率の計画

遷移率を計画する際には、過去の自社の実績をもとにしたり、利用しているサービスから他社の参考値や平均値をヒアリングしたりして計画します。どの遷移率でも、求職者側の辞退はできるだけ避けるべきで、目安として80%程度を見込んでください。また、企業側の不採用による遷移率はケース・バイ・ケースですが、目安として70%以上の数値であると良いでしょう。

注意すべき点として、書類選考やカジュアル面談ではポジションやチャネルの内訳によって遷移率が大きく異なることがあるので注意深く計画します。

遷移率から逆算した結果、アプローチ数やカジュアル面談実施数などファネルの前半部分がとんでもなく大きな数値となってしまい、実現可能性が低い計画になってしまうこともあるので注意が必要です。カジュアル面談は現場エンジニアの工数の許容範囲内か、スカウト数やエージェントへの紹介依頼数は現実的に可能な数字であるかといったことを確かめ、仮に数字が現実的でない場合には各遷移率を調整します。

そして、最も重要なことは過去の実績やヒアリング情報などを参照しながらも、**「自分たちがどのような数字にしたいか」を重視して意志を持って計画すること**です。たとえば、「内定承諾率はこれまで60%だったため、今期は10%高めたい」といった内容です。これは採用活動を行う上での方針や戦略となるものであり、このような意志が込められていなければ採用計画を立てる意味は半減してしまいます。

>アクション・プロジェクトを作成する

採用計画の各数値が設定できたら、それを達成するための**アクション・プロジェクト**を作成します。この内容は第2部で解説してきた採用実務の内容も参照してください。

過去の実績よりも高い数値にした場合は、これまでと同じやり方では実現できない可能性が高いはずなので、何をすればその目標が達成されるかを深く考え、アクション・プロジェクトを決めていきます。たとえば、以下のような内容です。

- カジュアル面談後の応募率の向上：採用ピッチ資料の作成、トークスクリプトの作成
- 各選考の通過率の向上：選考の評価項目の明瞭化、選考手法の見直し
- 各選考の実施率の向上：選考結果のフィードバック内容の充実、結果連絡までの時間を短くする
- 内定承諾率の向上：オファーレターの充実、人事面談、会食の実施
- アプローチ数の向上：RPOサービスの利用、スカウトの検索条件の見直し（人材要件の明瞭化）
- カジュアル面談の獲得率の向上：面談担当者をCTOとする

これらの内容はさまざまですが、「頑張って数字を伸ばそう」といった意気込みだけで終わらないようにしてください。

採用計画を振り返る

>実績値を取得する

採用計画を立てて業務を実施した後は、**その計画を振り返ります**。振り返りの際には計画に沿って実績データを取得します。

その際に、「計画は立てたけれど、実績のデータは残っていない」ことが起こりがちです。そのため、**計画時には実績値をどのように記録しておくか**も忘れずに考えてください。昨今ではATSツールを利用することが一般的になっているので、積極的に利用することをおすすめします。ATSで賄えないデータについては、サービスごとのレポート機能を用いたり手動で記録を残しておいたりする必要があります。

実績値を取得する際には、**できるだけ手間がかからない仕組みや、実績値をできる限りリアルタイムで取得できるようにする仕組みを構築すること**を特に意識してください。

実績値を取得する際にはさまざまなツール・サービスからデータを抽出する必要があり、それらを役立てて計画に沿うように集計・整形しなければなりません。このような作業に数日費やしてしまうこともあるので、Excelのような表計算シートで集計・整形を自動化するような関数を組んだり、外部にデータ集計・整形を依頼したりといった工夫が必要です。

また、実績値を取得する際に「3カ月に一度ツールからデータを取ってくる」といった作業ではリアルタイムでの実績がわからず、進捗を把握することが難しくなります。そのため、レポーティングツールやダッシュボードツールで実績データが逐次反映される仕組みを整えたり、ATSツールのレポート機能をカスタマイズしたりしておき、すぐに実績値が確認できるようにしておくことも大切です。

>問題を特定する

実績が整理できたら**問題箇所を特定します**。前述の通り、問題とは目標と実績との乖離であり、この乖離が特に大きい箇所を見つけます。

問題箇所の特定の際には、自身の担当領域だけに視野を狭めないようにしてください。採用担当者は応募以前のファネルを担当することが多く、応募後のファネルの後半になるほど、事業責任者や代表など役職が高い人が担当することも多いでしょう。一方で、この振り返りの作業は多くの場合採用担当者が担うため、バイアスがかかりがちです。たとえば、「2次選考で辞退数が大変多い。けれども、そこは事業責任者が担当しているから言及しにくい」「内定承諾率がとても低い。けれども、そこは代表が担当しているから問題があるとは言えない」といったように遠慮してしまうことがあります。このような偏った見方では、「応募数が少ない」「アプローチ数が少ない」といった自分の業務範囲だけで問題箇所を見いだしてしまいがちです。こうした遠慮は誰も得をしないので、採用計画全体を俯瞰して問題箇所を見つけてください。

なお、問題箇所だけでなく目標が達成された箇所についても振り返ると良いでしょう。その箇所でどのようなことが起こり、なぜ想定よりも良い数値になったのかを分析すると多くの発見があるはずです。

>原因を特定する

問題を特定したら、次は**その問題の原因**について考えます。たいていの場合はいくつかの原因が思い浮かぶでしょうから、その原因を自分なりに深掘りしたり、チームメンバーや選考担当者とも議論して確かめたりします。

原因が思いつかなかったり、深掘りができていないと感じたりする場合には、図7-11のように本書の社内プロセスをさかのぼって順に考えていきましょう。

このプロセスに沿って求職者とのやり取りなどがアウトプットされるので、原因は当然ながらこのプロセスのどこかから発生しているはずです。そのため、次のような質問をして原因を深掘りしてください。

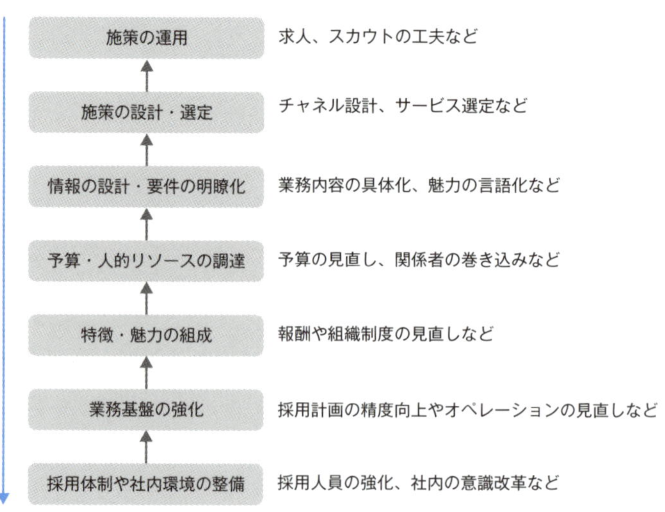

図7-11 原因の深掘りは社内プロセスをさかのぼる

1. 施策の運用は悪くなかったか？（スカウトの工夫や選考の質疑応答の内容など）
2. 施策・サービスの選定は間違っていなかったか？（採用媒体や適性検査のサービスなど）
3. チャネルの選定や比重は間違っていなかったか？（エージェント比率や選考手法など）
4. 情報の設計はよくできていたか？（具体性が足りない、わかりにくい、他社との違いがわからない、魅力的に映らなかったなど）
5. 情報は十分に社内から集められていたか？
6. 採用のリソース（費用、工数、時間）に不足はなかったか？
7. ポジションの魅力（報酬や業務内容、キャリアパスなど）は採用したい人材と釣り合っていたか？
8. 事業や組織の魅力は採用したい人材と釣り合っていたか？
9. 魅力がないとすれば業務基盤や採用体制などどこが弱いのか？

原因はどれか1つというわけではなく積み重なっていることもあります。たとえば、問題が「カジュアル面談後の応募率が低い」だった場合に、「うまく惹きつけができなかった」ことが考えられますが、さらに根本的な原因としては、

「業務内容を具体的に聞かれたが答えられないことが多かった」「副業NGであることが足を引っ張っているかもしれない」といったことが考えられるかもしれません。このようにさらに深い原因をドリルダウンしていき、根本的に改善しなければならないことを見つけてください。

また、原因を考える際には**数字だけでなくその中の求職者の情報を取りに行って確かめることも**重要です。たとえば、「カジュアル面談後の応募率が目標よりも10%低かった」という問題の原因を考える際には、「カジュアル面談を受けたけれど応募に進まなかった人」の情報を一人ひとり見てインサイトを考えることも大切です。

原因の検討は特に時間を使ってほしいプロセスです。脳に汗をかけばかくほど洗練された対策が打てるはずです。

>対策（アクション・プロジェクト）を決定する

原因が明確になれば、それに対する対策を決めます。これは計画時のアクション・プロジェクトを考えることと同じです。注意したいこととして、**原因の検討もしないまま対策を考えることは絶対に避けてください**。「流行っているから」「他社でうまくいったと聞いたから」と安易な考えで対策を決めてしまってはなりません。

ここで決めた問題に対するアクション・プロジェクトは、次の採用計画で決められるアクション・プロジェクトと統合して実施されていくことになります。

>次期の採用計画へとつなげる

ここまでの振り返りができれば、それらの内容を活かして次期の採用計画を立てます。**採用計画の立案と振り返りのサイクルを止めることなく回し続けること**が重要です。

採用計画を立てて振り返るという活動は簡単なことではありませんが、自社の本質的な採用課題を見つける上でなくてはならない活動です。ボトルネックになっている事柄を見つけ出し、採用競争力を高めるようにしてください。

発展的な採用計画

>段階的なPDCAサイクル

採用計画を立てて振り返る中で、「原因は何か？」を考えることは非常に難しいものです。たとえば応募数が問題だとして、その原因が、スカウト文面のクオリティが低いのか、サービス選定が間違っているのか、うまく魅力を言語化できていないのか、そもそも根本的に自社が人材と釣り合っていないのか……といったことははっきりとは判断できません。

採用担当者は、「そもそも根本的に自社が人材と釣り合っていない」と考えていても、現場エンジニアなどは「スカウト文面のクオリティが低いから応募が来ない」と考えているかもしれません。

こういった原因がはっきりしない場合には、図7-12のように**段階的にPDCAサイクルを回すこと**が有用です。

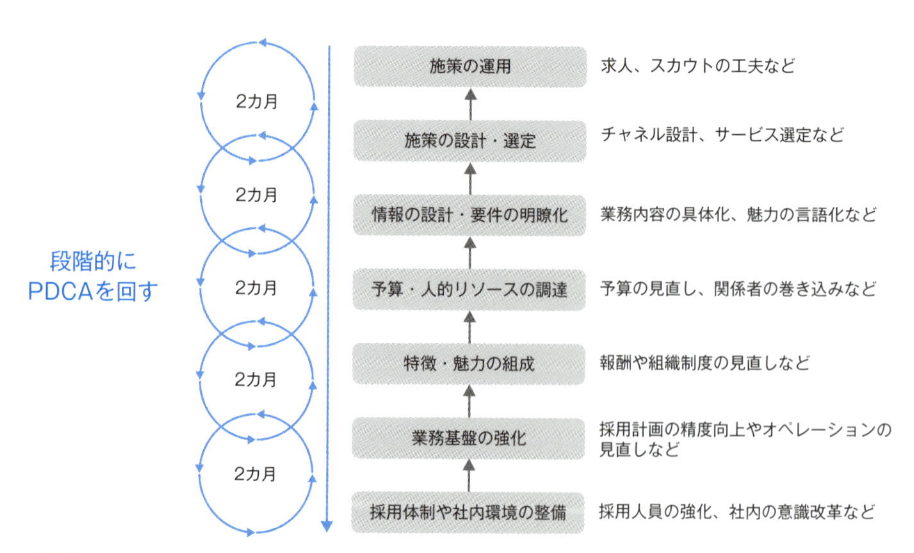

図7-12 PDCAサイクルを段階的に回す

たとえば、半年間の採用計画を立てた際に、はじめの2カ月間は「スカウトの運用改善」や「サービスの入れ替え」といった施策に関するアクションや改善に力を入れ、次の2カ月は「魅力の言語化」や「業務内容の具体化」など情報・訴求に焦点を当て、それでも採用ができなければ最後の2カ月で「報酬の見直し」や「業務内容の見直し」などのポテンシャルに目を向けるといったものです。

このようなPDCAを回しても採用ができないのであれば、「そもそも根本的に自社が人材と釣り合っていない」といった結論を出しても良いはずです。

このように段階的にPDCAサイクルを回せれば、「1年以上スカウトを打っているけれど、いつまでも採用が成功しない」などとだらだらと同じ活動を続けて時間を無駄にしてしまうことがなくなります。

>中長期の計画を立てる

採用計画は、基本的には「現在募集しているポジション」に対して計画されるものですが、**「今後募集するかもしれないポジション」も視野に入れて中長期の計画を立てること**も発展的な取り組みとして大切になります。

採用を成功させるためには日々のスカウト業務のようなフロー型の取り組みだけでなく、以下のようなストック型の取り組みによって根底的な採用競争力を高めることが重要です。しかし、これらは一朝一夕で作られるものではありません。

- 採用ブランディング、認知形成
- 潜在層へのアプローチ、タレントプール運用
- SEOコンテンツなど、一定期間後に効果を発揮する施策
- オペレーション整備
- ハイヤリングマネージャーの育成
- 採用のポテンシャルへの働きかけ
- 報酬テーブルの見直し、特色のある制度の制定

しかし、3カ月や6カ月の採用計画では「その期間で成果が出るもの」が計画されるので、基本的にスカウトやエージェントの取り組みなどが中心になり、上記のような時間をかけて構築・強化していくような取り組みは計画されづらいです。

このような場合には中長期的な目標を設定し、それを達成するための取り組みとして計画すべきです。中長期的な取り組みは、「なんとなく取り組むべきだと思っているが、うまく理由を説明できない」という声も多く聞きますが、これは中長期的に目指すべき事柄が見えていないからで、目標を設定することで解消されます。

中長期的な目標を設定する際には、将来発生し得る採用ポジション、その職位、その人数などを想定し、その際に実現しておかなければならない状況を考えます。たとえば、以下のような内容です。

- 今は採用目標が5名／月だけれど、1年後には10名／月の採用目標になる可能性がある。これを実現する場合には自己応募を増やしたり、応募率を高めたりしないといけないから採用ブランディングが一定程度できていることが大切になりそうだ
- 今はメンバー中心の採用だけれど、1年後にマネジメント以上の人材やVPやCxOクラスの人材を採用しなければならない可能性がある。これを実現する場合には潜在層へのアプローチやタレントプール運用がしっかりできていることが大切になりそうだ
- 1年後にエージェント比率を20％低くしてリファラル比率を20％高めたい。これを実現する場合には現場にも協力してもらわなければならず、時間をかけて意識を変えていく取り組みが重要になりそうだ

このような将来的な目標を立て、逆算することで中長期的な施策を行うべきかの判断がしやすくなります。

中長期の計画を立てる場合には、図7-13のように短期の計画と中長期の計画が同時に動くことになります。こうなると日々の業務では、「緊急でこなさなければならない求職者対応」と「重要だが腰が重いスライド作成」のような特色の違う業務を同時進行しなければならないことも増えます。

ここまで述べたように、中長期の計画を立てることは簡単ではありませんし、計画を立てたとしてもその計画を実行していくこともやさしい道のりではありません。しかし、中長期的に採用競争力を高めていくためには非常に重要な動きになるので、「現在募集しているポジション」に対する採用計画だけでなく、「今後募集するかもしれないポジション」も視野に入れた上で、その際にどのような問題が起こりそうかを考えて中長期の採用計画を立ててみてください。

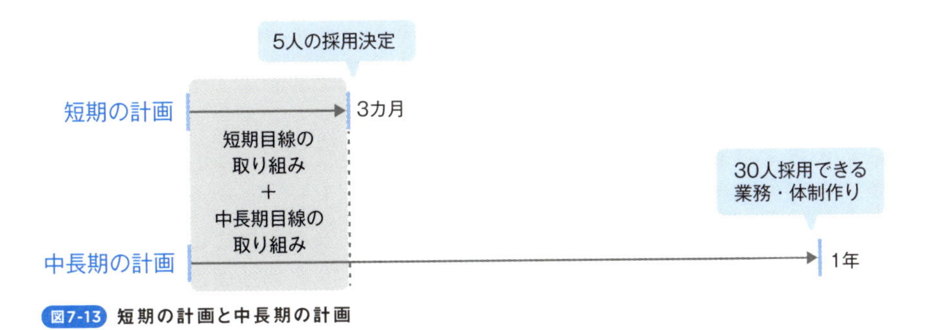

図7-13 短期の計画と中長期の計画

Column

●「エンジニアリングに理解のある会社」と「エンジニア採用に理解のある会社」は別物

エンジニア採用において、自社が「エンジニアリングに理解のある会社」であるかは重要です。

エンジニアリングに理解のある会社とは、経営陣や社内の人間が技術や開発に対して理解やリスペクトがある会社です。ビジネスに関してエンジニアの声が通りやすく、無理な開発の指示がなかったり、ツールや職場環境などに対して積極的に投資をしたり……といったエンジニアにとって働きやすく魅力ある会社のことです。

他方、「エンジニア採用に理解のある会社」とは、経営陣や社内の人間がエンジニア採用について理解やリスペクトがある会社です。エンジニア採用担当者の声が経営陣や現場に通りやすく、無理な採用の指示がなかったり、採用ツールやサービスに積極的に投資をしたり……といったエンジニア採用担当者にとって動きやすい組織です。

一見すると「エンジニアリングに理解のある会社」であれば「エンジニア採用に理解のある会社」だと考えてしまいがちですが、「エンジニアリングに理解のある会社」であっても「エンジニア採用に理解のある会社」ではないことも多々あります。

たとえば、代表がエンジニア出身であったりプロダクトや開発が事業の要であったりする場合、「エンジニアリングに理解のある会社」であることが多いです。しかし、エンジニア至上主義のカルチャーや開発業務ファーストのマネジメントなどによって以下のような考えになってしまい、エンジニア採用に理解のない会社になってしまうことがあります。

- エンジニアは重要な仕事をしており時間も貴重だから、採用なんかに時間を割けない
- 採用担当者はエンジニアではないので、エンジニアのことはわからない。採用が難しいと言っているけれど、それは採用担当者の能力不足で言い訳だ
- 自分たちは技術力が高く魅力あるプロダクトを作っているから勝手に応募が来るはずだ

このようなエンジニア採用に理解のない会社では、エンジニア採用担当者は非常に苦しむことになります。筆者もこのような企業を支援してきた経験が何度かありますが、採用担当者が疲弊してしまい最悪の場合退職してしまいます。

このような会社はどこかで考えを改めなければなりません。しかし、エンジニア自身が採用業務をすることで、はじめてその難しさを身をもって痛感したり、エンジニア部門のトップが採用に理解のある人間に変わったりといったイベントがなければ考えが変わることはまずありません。「採用担当者が辞めるのは、うちのカルチャーに合わなかったから」と正当化してしまい、採用担当者を雇っては退職していくという同じ間違いを繰り返す企業もあります。

もしもこのような会社に入社した場合には、「エンジニア採用に理解のある」方向に会社を変えていく努力をすべきですが（第11章参照）、転職時には「エンジニア採用に理解のある会社」であるかどうかをしっかりと確かめてから入社することが大切です。

第8章

オペレーションマネジメント

本章では採用業務の効率を左右するオペレーションマネジメントについて解説します。オペレーションマネジメントとは、本書では以下のような取り組みを指すものとします。

- **業務フローの設計、運用**
- **ミーティングやデータの設計、活用**
- **ツール（テンプレートを含む）などの活用による業務の型化、標準化**

採用では、「スカウトをしながら、選考もして、採用広報のプロジェクトも回して、ポジション別に関係者に連絡して……」のように、多様な業務を多様なポジションで同時進行でこなさなければなりません。このような業務の流れや関係を整理・設計できていなければ、関係者間でうまく連携が取れなかったり、急な退職などによって関係者が抜けた際に補填することが難しくなったりしてしまいます。

また、採用業務では採用担当者とエンジニアの密なコミュニケーションが重要であり、ミーティングやデータをうまく設計、活用することが非常に大切です。加えて採用に関わる人が多くなるほど業務のやり方やクオリティにばらつきが発生するため、それらを型化、標準化することで業務の効率化やクオリティの底上げが期待できます。

このようなオペレーションマネジメントを行うことはチーム全体のパフォーマンスを高めるので、間接的に採用競争力を高めます。そのため、**オペレーショナル・エクセレンス**[1]（オペレーションを徹底的に磨き上げ競争優位性とすること）を目指し足腰の強い業務体制を作ることが大切です。

1　本来は企業活動や事業活動に関する概念ですが、採用活動でも重要な考え方となります。

オペレーションマネジメントの重要性は基本的に採用数の増加、関係者の増加に伴い高まるので、急拡大中のスタートアップ企業や大手企業などは特に力を入れるべきです。また、まだ規模が小さい企業であっても今後採用数が増える見通しがあるのであれば早いうちから意識してください。

一部の採用現場では、オペレーションマネジメントというと求職者の応募後の面談調整（担当者の割り振りや日程の調整など）のように狭い範囲のみを指すことがありますが、本書ではすべての採用業務に対し、流れや関係を整理・設計する取り組みとします。

本章ではまず業務フローについて解説し、その後ミーティングやデータ、テンプレート活用について解説を行います。

業務フローをマネジメントする

>業務フローを整理する

業務フローとは、本書では各採用業務とその流れ、その流れの中の実行者、業務ルールや業務上の重要な事柄などを広く含んだ概念とします。

業務フローを改善するためには、まず現状のフローを整理し、その中で問題が起こっている箇所を発見しなければなりません。この際に整理される主だった要素として、以下のようなものが挙げられます。

- 業務の流れ、その方向
- 業務が発生するタイミング、条件
- 実施されるミーティング（会議）
- 担当者（作業者、意思決定者）
- 利用するツールやテンプレート
- 引き継がれる情報、記録されるデータ

これらを図示しながらオペレーション上の問題点を整理しますが、こうした情報をすべて書き出してしまうと、業務フローは非常に煩雑になってしまいます。

そのため、まずは**オペレーションの骨組みとして主だった業務とその担当者のみを整理してください**。一例として、第2部で述べた主な採用業務を整理すると図8-1のようになります。

このような整理を土台として、日々の業務で課題に感じている事柄を検討します。たとえば、「担当者が不明瞭な業務がある」「選考プロセスに時間がかかっている」「選考時のデータが記録されていないことがある」などです。このように**課題に応じて図として整理する要素やその範囲を調整して整理すること**が基本となります。

より具体的な例を示すと、採用現場ではキックオフミーティングなどを行わず

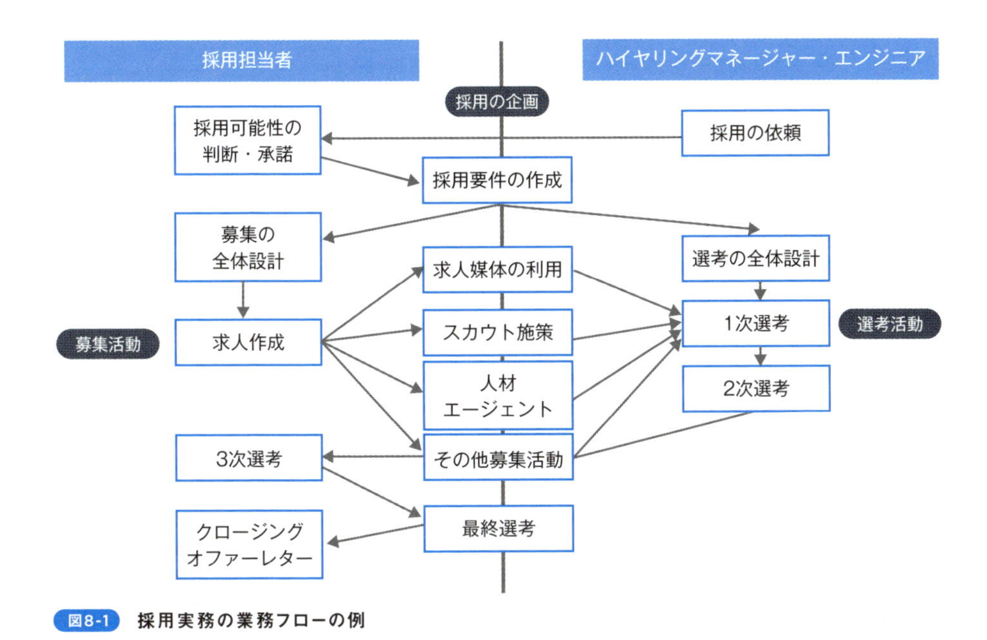

図8-1　採用実務の業務フローの例

に募集活動を始めていたり、振り返りが行われずにルーティンワークをこなすだけになっていたりすることがありますが（第7章参照）、これらの問題からミーティングと改善方針に焦点を当てた業務フロー図を図8-2のように作成し、関係者間で認識をそろえたり検討順序を議論したりします。

オペレーション上の問題にはさまざまなものがありますが、以下のような問題が発生していないかを確かめ、問題が発生している場合には整理するようにしてください。

- ハイヤリングマネージャー、採用担当者、業務委託、RPOなどの役割分担が明確になっているか
- 本来はCTOやエンジニアリングマネージャーが役割として任命されている作業や意思決定を、実際には採用担当者が代行していないか
- ポジションの魅力など、言語化しづらいことを考える役割が明示的に示されているか
- ATSへの入力タイミングや、テンプレートの参照タイミングは関係者で認識がそろっているか

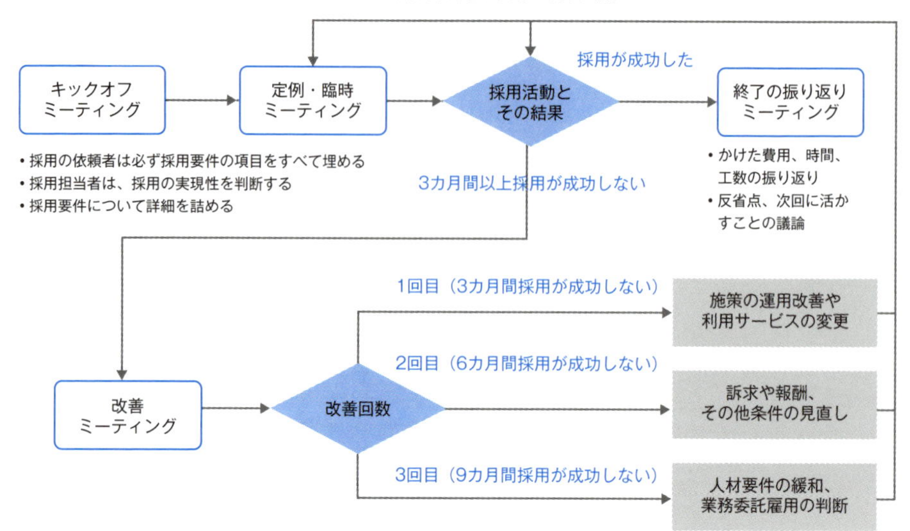

図8-2　要点を絞り詳細化した業務フロー図

- 選考が終了した後のプロセスが明確になっているか（採用担当者に共有する、誰がお礼連絡をするかなど）
- 選考の評価を記録する際の期限（1営業日以内など）は明確になっているか

問題が発生している場合には、関係者の周辺業務やその業務フローを整理してみることで原因や対策も見えてくるはずです。オペレーションを改善することは簡単な作業ではありませんが、多くの採用ポジションを抱える企業や、関係者が多くいる場合などにはこのような整理をしっかりと行いましょう。

>業務フローを運用する

ここまで業務フローの整理、設計について述べてきましたが、理想的な業務フローを描けたとしても、それを運用できるかは別問題です。作って終わりではなく運用も含めてマネジメントします。ここでは運用におけるポイントを解説します。

●関係者に説明し同意を得る

理想的な業務フローを描けたら、その内容を関係者に説明し同意を得る必要があります。たとえば、採用が始まる前に紹介しておき、採用の依頼が上がってきたタイミングで詳細を説明します。また事業部門の責任者とは業務フロー内での役割分担や、ルールの細かさなどについて議論して同意を得ておきます。複雑な内容になるほど一度説明しただけでは理解されにくいので、ドキュメントなどに説明を記載し、常に参照できる場所に置いておくといった工夫も必要です。

●できる限り例外を認めず描いたオペレーションに則る

業務フローを事前に説明し同意を得たとしても、それに則らないケースは多々出てくるはずです。このような場合に放置してしまえば、業務フローの整理や設計に力を入れる意味がなくなってしまいます。たとえば、CTOなど会社の中でも職位が高く多忙な人が採用業務に関わる場合には、「その人なりの採用の進め方」をしてしまうことが多々あります。このような場合にはCTO1人のラーニングコストは低く済みますが、関係者全体で考えれば効率が悪くなる可能性が高いです。業務フローから外れた場合には原則に従うよう促すことが必要であり、職位の高い関係者であろうともこのスタンスを徹底するようにしてください。

●定期的に見直す

はじめから最適な業務フローを構築することはできませんし、状況に応じて「良い業務フロー」は変化します。たとえば、採用業務の経験に乏しい関係者が多い場合に、あまりに細かい分岐やルールを設計すれば理解し守ることに多大なコストがかかってしまいます。このような業務フローは、いくら時間を注いで設計したとしても「良いオペレーション」とはいえません。運用を通じて課題が見えれば適宜見直しを行います。

業務フローは設計よりも運用することのほうが難易度が高いものです。理想的できれいな業務フローを紙の上で描くことは数時間の作業でできますが、その業務フローを定着させ運用に乗せなければ、絵に描いた餅になってしまいます。運用に乗せるためは、上記で述べたようなポイントも踏まえ、根気強く関係者に働きかけたり細かいチューニングをしたりといった日々の努力がかかせません。運用こそ重要であると改めて意識して業務フローをマネジメントしてください。

ミーティング、データ、ツールをマネジメントする

>ミーティングをマネジメントする

採用業務を円滑に進めるには**ミーティングを設計すること**も大切になります。個々の採用業務と同様に、場当たり的にミーティングを実施していては必要なタイミングでの情報の共有や合意形成ができないことがありますし、不必要にミーティングを重ねてしまうこともあります。そのため、**ミーティングをいつ実施するのか、そのミーティングに誰が参加し、どのようなやり取りを行い、どのような意思決定をするのか**といったことを設計することが大切です。

採用業務の中で行われる主なミーティングには、以下のようなものがあります。

<採用業務の中で発生するミーティング>

主な参加者：該当ポジションの採用担当者・事業部の担当者（ハイヤリングマネージャー）

責任者：基本的には採用責任者が担い、議題の設計やファシリテーションなどを行う

●キックオフミーティング

採用業務を開始する際に関係者で集まり行われるミーティングです。関係者間で必要な情報共有、議論、意思決定などを行います。

注意点としては、**キックオフミーティングだけで作業しないこと**です。キックオフミーティングの前には事業部で採用要望を企画し（人材要件や提示条件、予算などを決める）、採用部門側ではその要望に応えられるかを判断します。これらの内容をキックオフミーティングに持ち寄り、共有、議論、意思決定などを行います。

このような各自の作業をおざなりにし、「キックオフミーティング内で一緒に

考え・一緒に作業すればいい」といった考えで臨んでしまっては時間がいくらあっても足りません。これは他のミーティングにもいえることですが、ミーティングと各自の作業とは切り分けるべきです。

●進捗確認ミーティング

個々のポジションの採用進捗について確認するミーティングで、定期的に行われます。選考中の求職者が何名いるのか、その求職者はどのような人であるかを関係者間で確認します。その場で解決できない問題が発見された際にはプロジェクトを立てます。

頻度はさまざまですが、注力するポジションであれば週次、もしくは隔週で行います。また最終面談に求職者が進んだり、その後辞退が起こったりした場合など、採用ファネルの後半に求職者が進んだ場合には必要に応じて実施します。

●振り返りミーティング

振り返りミーティングでは、成果と実施した採用活動について振り返りを行います。基本的な数値状況や採用までにかかった時間・コストなどを振り返り、問題点の洗い出しや対策を考えます。特に求職者に辞退された場合などは重点的に振り返ります。

「採用が成功したから終わり」ではなく、**しっかりと振り返りを行うことで次に活かすこと**が重要です。キックオフミーティングと同様にミーティングの前に数値の集計をしたり、各担当者がそれぞれ振り返りの内容をドキュメントにまとめたりしておきます。

<業務マネジメントの中で発生するミーティング>

主な参加者：採用責任者・採用担当者

責任者：基本的には採用責任者が担い、議題の設計やファシリテーションなどを行う

●採用計画ミーティング

採用計画について共有、議論、意思決定などを行うミーティングです。ここでは第7章で述べた採用計画についてミーティングが行われることになります。基本的に採用計画の期間とそろえて半年や四半期ごとに実施されます。採用計画も

できる限り各担当者が事前に検討しておき、ミーティングの場では持ち寄った内容について話し合えると良いでしょう。

●進捗確認ミーティング

採用計画の進捗確認を行います。必要に応じてプロジェクトを立案し、採用計画とともにプロジェクトの進捗についても管理ができるようにしてください。

●採用計画の振り返りミーティング

採用計画の振り返りを行うミーティングです。各自が担当した採用ポジションについて成果や取り組みを持ち寄り、採用部門としての振り返りを行います。振り返りの詳細は第7章でも解説した通りです。

関係者が多くなるとミーティングを調整することも大変になります。本来は採用計画の立案や振り返りは月初や月末に行いたいと考えていても、日程が合わずに数週間遅くなることもあります。このように実施したいタイミングでミーティングができなければ当然採用競争力も落ちてしまうので、**先んじてミーティングを設計、設定しておくこと**を意識してください。細かいTipsですが非常に重要な取り組みです。

>データをマネジメントする

オペレーションをマネジメントする際にはデータの活用が不可欠です。採用活動では求職者を中心にさまざまなデータを扱います。たとえば、「求職者のプロフィールのデータ」や「選考の評価データ」「応募数のデータ」などです。これらの中で有益なデータを取得、蓄積、整理し、目的に沿って利用できるようにしておくことはオペレーション上非常に大切になります。特にポジション数や応募数が多い企業では、データをうまく活用することはオペレーションを強化する上で重要なポイントです。

一方で、多種多様なデータの海に溺れてしまい有効に活用できないケースも多く見られます。昨今では各サービスやツールでもデータに関する機能が充実しており、ローデータをダウンロードできたり、レポートを自動で作ってくれたりと便利になっていますが、目的もないままにそれらに踊らされてはいけません。

データを扱う際には、**基礎的なデータリテラシーがあることが望ましい**です。たとえば、データの種類やテーブルデータを理解したり、集計や可視化、要約などができたりすると一層データマネジメントが進むはずです。気になる方はこれらを学習することも有益でしょう。

このような基礎的なデータリテラシーについて解説することは本書では行いませんが、データマネジメントを行う際の手順については解説します。

データマネジメントを行う上ではじめにすべきことは、データ活用の目的を決めることです。たとえば、以下のような目的が挙げられます。

- 選考時の候補者に紐づく情報を充実させたい
- 求職者とやり取りする際に情報を思い出したい
- 成果を分析できるようにしたい

目的が決まれば、必要なデータがどのようなものかを検討します。たとえば、以下のようなデータが挙げられるでしょう。その際、フリーテキストのような自由に記述されたデータとして取得したいのか、カテゴリカルなデータ（項目化したデータ）としたいのか、数値データとしたいのかといった、具体的な形式についても決めておくと良いでしょう。

選考時の候補者に紐づく情報を充実させたい

<取得したいデータA>

- 各選考における結果：2値データ[2]（通過、見送り）
- 各スキルに対する評価：数値データ（1〜10）
- 他社の選考状況：カテゴリカルデータ（内定を得ている企業あり、内定はないが選考中の企業あり、選考中の企業なし（今後受ける予定あり）、選考中の企業なし（今後受ける予定なし））
- 申し送り・共有事項：フリーテキスト

2　2つのカテゴリカルな値を持つデータのこと。たとえば回答（Yes/No）、有無（有／無）などが挙げられます。

求職者とやり取りする際に情報を思い出したい

<取得したいデータB>

- 前回の面談日：日時データ
- 前回の面談で話した内容：フリーテキスト
- 次回のアクション日：日時データ
- 次回の具体的なアクション：カテゴリカルデータ（面談、会食、メール連絡、その他）

成果を分析できるようにしたい

<取得したいデータC>

- スカウト数：数値データ
- カジュアル面談数：数値データ
- 応募数：数値データ
- 1次選考数：数値データ
- 最終選考数：数値データ
- 内定承諾数：数値データ

これらの内容が決まれば、各データをどのようなタイミングで、どのようなツールや手段によって取得するかを整理します。たとえば図8-3のように採用プロセスをベースとして整理すると俯瞰しやすいでしょう。また採用プロセスで発生する各情報がどこに記録されているのかを整理することにも役立ちます。

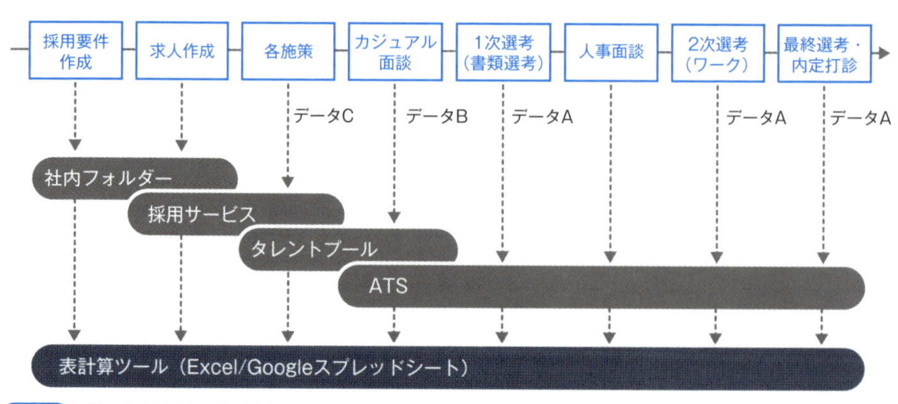

図8-3 データの取得の整理例

プロセスやツールのフローが整理でき、データが実際に取得できれば目的に沿って活用を進めます。

データの記録方法や記録場所を考える際には、**フロー情報**（一時的に必要な情報。目的を果たせば忘れていい情報）と**ストック情報**（分析で利用したり何らかのシステムで利用したりする情報）を見極めることも大切です。申し送りなどのデータはフロー情報であるため、チャットツールで関係者に共有するだけで良い場合もありますが、結果や評価のデータは後に分析する必要があるストック情報のため、時間が経っても引き出しやすい場所に記録・保管する必要があります。

スカウト媒体などを複数利用している際には、それぞれにデータが散らばっていて、その取得・整理が困難であったり、データの抜け漏れが多く扱いが難しかったり、それぞれのデータをどのように紐づけるかに迷ってしまったりすることもあるでしょう。また、スカウトサービスやATSツールなどではデータの取得やレポート機能も充実しており、上記で述べたようなステップを刻まずともある程度データを活用できますが、このような手順を自分で踏めず、「ツールを利用するだけ」になってしまえば、「もっと細かい分析がしたくてCSVデータをダウンロードしたけれどうまく扱えない」のように、ツールで提供されること以上のことを求めた際に身動きが取れなくなってしまいます。

本章ではデータマネジメントについて概論や要点を説明しましたが、これらを実務で行う際には時間や工数もかけて取り組むことになります。データやその活用をマネジメントするスキルも今後重要視されるので、身につけておいて損はありません。ぜひ積極的に取り組んでください。

発展的な取り組みとしては、人事データなどと掛け合わせ、入社後の昇給や勤続年数のデータと入社前の選考データとの関係を分析することで、人材要件を正しく設定できているのかを振り返ることもできます。また、採用以外の人事業務の観点では、入社前の自社への印象に関するデータや懸念点に関するデータなどを取得しておけば、入社後のマネジメント業務やオンボーディングの成果の確認などに役立てることができます。

>ツールをマネジメントする

オペレーションのマネジメントにしても、ミーティングやデータのマネジメントにしても、それらを実行する際には各種のツールが大きな力を発揮します。そのため、ツールをマネジメントすることもオペレーションを強化することにつながります。

ツールのマネジメントでは、以下のようなことを検討・実行します。

- 特定の作業をツールによって補佐・代替できるか検討する
- さまざまなツールから自社に合ったものを選び、導入する
- 自社のオペレーションに沿ってツールを設定する
- ツールの運用ルールを設計する
- 関係者に使い方などを説明し運用をサポートする

上記のような検討・実行をする「ツール」には、市販されているサービスだけでなく、自分たちで作成するテンプレートや関数なども含まれます。たとえば、以下のようなものが挙げられます。

<採用を支援する各種サービス>

- ATS（HRMOS採用、HERP Hireなど）
- 表計算ツール（Googleスプレッドシート、Microsoft Excelなど）
- 社内のWiki、ドキュメントツール（Notionなど）
- プロジェクト、タスク管理ツール（Trello、Notionなど）
- スライド作成ツール（Microsoft PowerPoint、Google スライドなど）
- 日程調整ツール（eeasy、TimeRexなど）
- BIツール、ダッシュボードツール（Tableau、Looker Studioなど）
- タレントプールツール（TalentCloud、HubSpotなど）
- その他スカウトサービスなどのレポート機能など

<自分たちで作成するテンプレートや関数>

- JD、採用要件のテンプレート
- 選考のフィードバック項目のテンプレート
- スカウト文章のテンプレート

特にATSツールは採用業務の中心となるものなので、その設計や運用について専門的なサポートを受ける企業も増えています。全体のオペレーションをどの

ようなものにしたいのか、その中でどのようなデータを扱いたいのか、そのためにATSツールをどのように設計・運用すれば良いのかといったことを設計・構築するために、数百万円をコンサルティング費用として支払うケースもあります。

「ツールをうまく使いこなす」ことは強い採用オペレーションを組む上で不可欠なので、上記の内容を踏まえ、自社のツール活用の状況と照らし合わせてツールのマネジメントを強化してください。

Column

●求人票を作り過ぎて数値の整理ができない問題

本章ではデータマネジメントやツールマネジメントについて解説しましたが、これらを行う中で「求人票を作り過ぎて数値の整理ができない」という問題が起こりがちです。たとえば図8-4のように似通ったタイトルの求人があった場合に、どの求人票を同じものとして扱い、どの求人票を別のものとして扱うべきかわからず、ポジションごとに数値集計などを行いたい際に混乱を招いてしまうケースです。

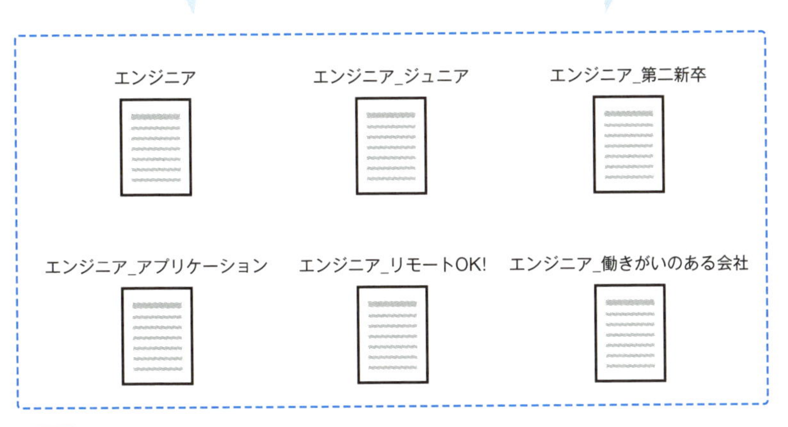

図8-4　求人票を作り過ぎたときに起こりがちな問題

このようになってしまう原因は、図8-5のようにポジション（採用要件）と求人票、そして求職者との紐づけが整理されていないことです。

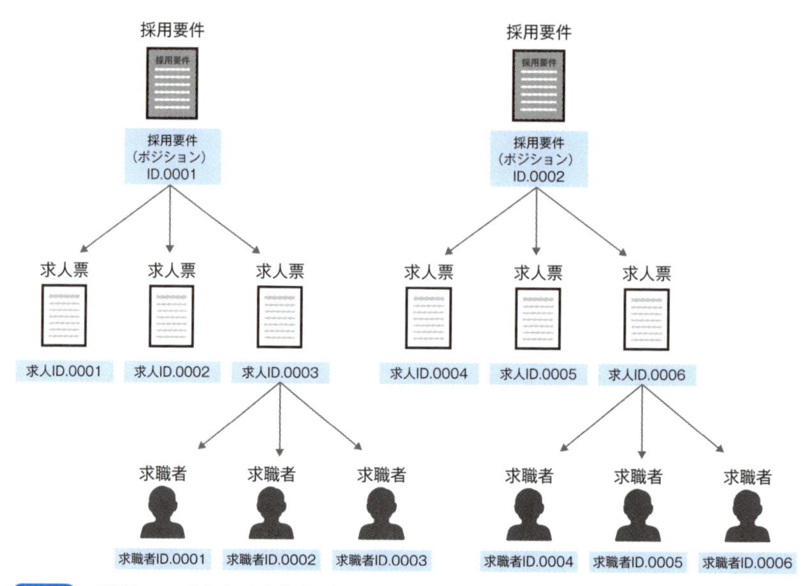

図8-5 ポジション／求人／応募者データの関係性の例

本来は、これらを図8-6のようなシートなどでそれぞれ整理し、どのポジションからどの求人が派生しているのかを把握できるようにしておかなければなりません。また、それぞれタイトル名などではなくIDで管理すると整理がしやすくなります。

求人ID	求人タイトル	該当ポジションID	該当ポジションタイトル
0001	エンジニア	0001	エンジニアポジション
0002	エンジニア_ジュニア	0001	エンジニアポジション
0003	エンジニア_第二新卒	0002	エンジニアリーダー候補
0004	エンジニア_アプリケーション	0002	エンジニアリーダー候補
……	……	……	……

図8-6 求人票のID管理

ATSには求人票と求職者の紐づけが管理されているものもありますが、ポジションと求人票とのつながりが基本的な設定ではできないものもあるので、このような場合には**「タグ」や「ラベル」といった機能を用いて自分たちで紐づけを管理する**必要があります。

この問題は採用計画の実績を整理する際に起こりがちなので、もしも「求人票を作り過ぎて数値の整理ができない」という問題が起こっていれば、データマネジメントやツールマネジメントを実施して改善を図ってください。

第 9 章

採用市場、競合・求職者の調査・分析

本章では採用市場や、採用競合企業、求職者などに関する調査について解説します。競争が激しいエンジニア採用を成功させるためには、自社の“外”に目を向ける必要があります。

採用市場や採用競合企業、求職者などの情報は日頃の業務の中でもある程度得られるものでしょう。採用担当者同士で意見交換をしたり、人材エージェントと会話をしたりする中で多くの情報が得られます。このように採用現場に身を置き、肌感覚として自社の外の状況を理解しておくことは非常に重要ですが、その上で採用に関連する情報を「わざわざ調査や分析をせずとも感覚でわかるもの」と考えてしまうことは危険です。参考にしている情報が古かったり、自社にとって都合の良い情報だけを受け取っていたりすることでバイアスがかかっていることもあるでしょうし、受動的・偶発的に受け取る情報だけでは量・質ともに不十分なことも多いです。そのため、**普段の業務で受動的に得られる情報だけでなく、能動的・戦略的に情報を取得しにいくこと**が大切です。採用業務の一環として採用市場、採用競合の調査に時間を割いてください。

また、**取得した情報は自身だけでなく関係者全員で共有し、理解する必要があります**。関係者の中には求職者や人材エージェントなどと接する頻度が少なく、これらについて理解できていない方も多いため、採用担当者は関係者に対して説明することも求められます。その際には、「採用担当者の感覚的な情報」として伝えるのではなく、本章で述べるような調査を通じて得た情報であることをしっかりと伝えるようにしてください。また、伝え方の工夫として数値や情報元・調査方法などを示し、客観性の高い情報として伝えることも求められます。これについては第11章でも触れます。

本章では多岐にわたる情報の中で、どのような情報を得たいのか整理すべきことを説明した上で、具体的な調査方法について紹介します。

調査したい情報を整理する

>採用市場と採用の3C

本書では繰り返し“外”に目を向け情報を得ることが大切だと述べてきましたが、その際に「採用市場」という言葉を使ってきました。「採用市場」という言葉は採用現場でもよく使われますが、一方で何を指すかは人によってさまざまです。

本書では採用市場を図9-1のように**求職者、採用企業、採用サービスなどが内包されたもの**として扱います。「市場」というと一般的には消費者やサービスなど対象が限定されて語られるものですが、採用業務を行う上では求職者、採用企業、採用サービスなどの情報を広く、また結びついたものとして見たいことも多いことから、図9-1のような関係であるとします。

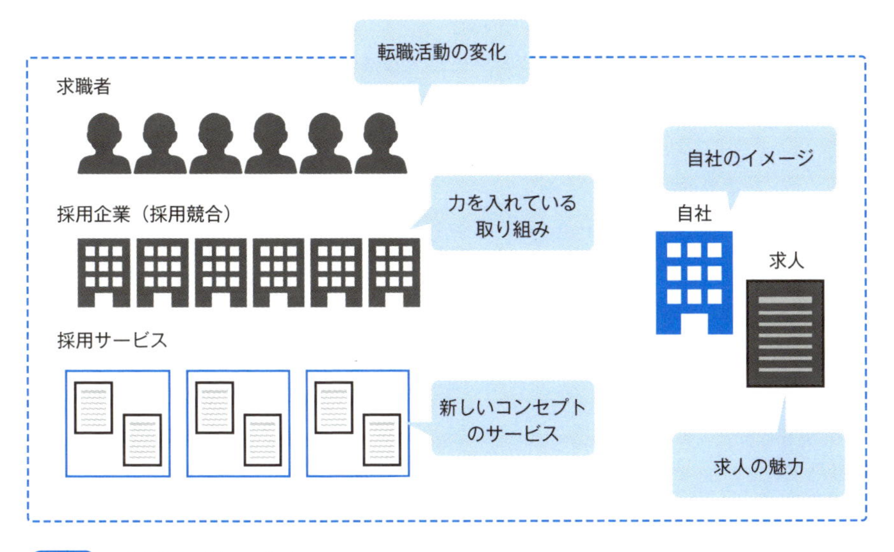

図9-1　採用市場が内包するもの

採用市場の中の採用企業や求職者、採用サービスなどは相互に関係し合うものであり、採用企業の動きが求職者に影響を与え、さらには採用サービスに影響を与えるといったことが起こります。たとえば、採用企業がそれぞれ報酬を高めて人材を獲得しようとすると、求職者が抱く報酬への期待値も高まり、さらには報酬情報で企業を選べる採用サービスが登場したりといったことが起こります。他の例では、応募前にカジュアル面談を行う企業が増え、求職者はカジュアル面談をすることが一般的だと感じるようになり、カジュアル面談に特化したプラットフォームサービスが登場し利用者が増えています。このように個々の要素はそれぞれ関係し合っています。もちろん採用企業が関係の起点というわけではなく、それぞれの動きが他の要素に影響を与えます。

このことから、個々の要素だけでなく、**それぞれの結びつきを意識して他の要素の動向にも目を向けること**が大切です。新しい採用サービスが登場したということは、それを求める求職者がいることを意味しますし、そのような求職者がいるのは採用企業が新しい工夫を始めたからかもしれません。細かな話では、求人媒体を利用してみると、検索の際に「副業OK」「リモートワークOK」「エンジニア比率が高い」「代表や経営メンバーがエンジニア出身」といったタグがありますが、このようなタグからも求職者側が求めている条件や環境を把握できます。このような想像力、洞察力も“外”に目を向ける際には重要になります。

そして、採用市場から具体的な情報を取り出す際には、主に**採用の3C**を調査することになります。ビジネスシーンではCustomer（顧客）、Competitor（競合）、Company（自社）の頭文字を取った「3C分析」がよく用いられますが、採用では図9-2のようにCustomer（顧客）の代わりにCandidate（求職者）とした3Cを調査して分析することが有用です。

Candidate（求職者）やCompetitor（競合）については調べる対象として理解しやすいものの、Company（自社）については「調べなくてもよくわかっている」と思われるかもしれません。しかし、意外にも自社については「わかっているつもりで実はよくわかっていない」状態であることが多いです。

ここで指すCompany（自社）とは、自分たちが認識している自社ではなく、Candidate（求職者）やCompetitor（競合）との関係の中で存在するCompany（自社）です。つまり、求職者から見られている自社であり、競合との関係の中で位置づけられた自社を指します。自社の特徴や打ち出したい内容はあくまでもこれらの関係の中で相対的に決まるものであり、自己認識では客観的に見られていな

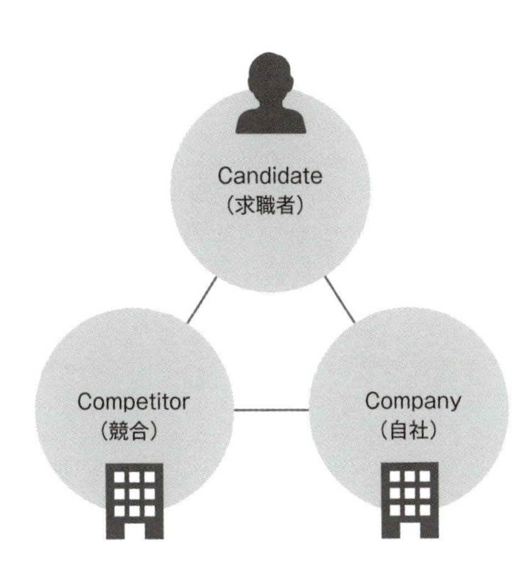

Candidate（求職者）

- 企業を選ぶ軸にはどのようなものがあるか
- 探している企業はどのようなところがあるか
- よく利用する転職サービスは何か
- 転職サービス以外ではどこで活動しているか

Competitor（競合）

- 強み、弱みは何か
- どのようなイメージを持たれているか
- 力を入れている施策は何か
- 採用体制や予算はどの程度かけているか

Company（自社）

- 強み、弱みは何か
- どのようなイメージを持たれているか
- 力を入れている施策は何か
- 採用体制や予算はどの程度かけているか

図9-2　採用の3C

いことが多いです。

採用市場や採用の3Cはそれぞれ関係しているので、**関連付けて調査し、理解を深めること**も大切です。たとえば、エンジニアリングマネージャーのポジションの採用に苦戦している際には、まずはCandidateについて、その母数やよく利用するサービスなどを調査したり、ペルソナとなる人を集めインタビューをし、求めるキャリアや併願している企業などをヒアリングし、その内容をもとに競合企業の動向を調べ、求職者が求めているキャリアにフィットしているのか、その他の条件や魅力はどのような打ち出し方をしているのかを調べたりします。そして、それらをもとに自社について客観的に調査を行い、求職者が持つ自社へのイメージは競合と比べてどうなっているのか、外の視点から自社を冷静に見つめたときに情報の公開や魅力の提示はできているのか調べることで理解が深まります。

>「自分たちは何を一番知らないのか？」を問う

採用市場や採用の3Cなどについて重点的に調査をする際には、それらの中で**「自分たちは何を一番知らないのか？」を問うこと**が大切です。これにより、調べるソースが同じであってもその目的が変わります。

それぞれについてよくあるケースを以下に示します。

●採用市場について知らない

エンジニア採用をこれから始める場合や、新しくエンジニア採用を任された場合には、そもそも広く採用市場について理解できていないこともあるでしょう。そのような場合には個々の要素の情報を細かく調査するよりも、**大局的な情報を得て市況感や相場感を得ること**が大切です。たとえば、以下のような内容を理解できているかを確認し、理解できていない場合には情報を得るようにしてください。

- エンジニアの採用倍率はどの程度か
- 特に採用が難しいといわれるポジションにはどのようなものがあるか
- 報酬の相場はそれぞれの職種でどの程度なのか
- 採用倍率や報酬の高まりは今後どのように変化しそうか
- 昨今のトレンドとなっている採用の施策は何か
- エンジニアに特化した採用サービスにはどのようなものがあるか、最近人気のサービスはどのようなものか
- エージェントのフィーは、最近どのように変化しているか
- エンジニアは転職をする際に、大まかにどのような行動を取るか
- エンジニアは大まかに何社くらい併願して受けるのか
- スタートアップ、中小企業、大手企業など、どのような企業にエンジニアは集まりやすいのか

●採用競合について知らない

選考を辞退されたり内定を辞退されたりすることが相次ぐ場合には、採用競合についての理解が足りていない可能性が高いです。この場合、**競合企業の設定から見直しを行い、それらの企業について深く調べること**が必要になります。たとえば、以下のような内容を理解できているかを確認し、理解できていない場合には情報を得るようにしてください。

- 競合企業の各条件（報酬や働き方など）はどのような内容か
- 競合企業はどのようなブランドイメージを作りたがっているのか

- 競合企業は業務内容やキャリアパスなどを、どのくらい具体的に記載しているか
- 競合企業は成果報酬型のサービスだけではなく固定費サービスも活用しているか（どのくらいお金をかけているか）
- 競合企業は採用背景やチームメンバーの紹介などのコンテンツを充実させているか
- 競合企業はテックブログやSNSなどを行っているか
- 競合企業の採用体制は何名の人員でどのような関係者が関わっているか
- 競合企業はカジュアル面談でどのような会話をしているか
- 競合企業にはどのような口コミがあるか
- 競合企業は選考回数や期間、内容をどのようなものにしているか

●求職者について知らない

スカウトを多く送付してもリアクションがない場合には求職者に対する理解が足りていないのかもしれません。その場合、**ペルソナを複数設定し、それらの中で特にターゲットとなるペルソナを見極め、転職行動やインサイトについて深く理解する**必要があります。たとえば、以下のような内容を理解できているかを確認し、理解できていない場合には情報を得るようにしてください。

- 求職者にとって魅力的な企業、ポジションとはどのようなものか
- 求職者が求める報酬や働き方などの条件はどのようなものか
- 求職者はどのようなサービスに登録し、どのようなイベントに参加しているか
- 求職者はどのようなキャリアパスを歩んでいるか
- 求職者は人材エージェントからどのような情報を得たいのか
- 求職者はカジュアル面談に何を期待しているか
- 求職者はどのような態度を「横暴な態度」と思うか
- 求職者は選考回数や期間がどのくらいだと「普通」だと感じるか
- 求職者は選考結果の理由をどのくらい詳細に伝えてほしいと考えているか
- 求職者は結果連絡までの期間がどのくらいだと早いと感じるか

●自社について知らない

　カジュアル面談で自社のことを紹介する際に、どのような切り口から説明すれば良いのかわからない場合や、求職者がどのような理由・導線で応募してくれたのか把握できていない場合には、自社について理解が足りていないのかもしれません。この場合、**求職者にどのように映っているのか、競合とどのような軸で比較され、どのような位置づけとされているのかを深く理解する**必要があります。たとえば、以下のような内容を理解できているかを確認し、理解できていない場合には情報を得るようにしてください。

- 自社はどのようなイメージ、ポジショニングで捉えられているか
- 自社の事業やプロダクトはエンジニア目線でどのように映っているか
- 自社に応募してくれる人はどのような点に魅力を感じ応募してくれたのか
- 自社はエージェントから紹介される際にどのようなカテゴリーで、どのような企業とセットで紹介されるのか
- 自社にはどのような口コミがあるか（退職者や選考終了後の口コミなど）
- 自社に応募する前に足かせとなっている事柄は何か（情報の不足、提出書類の多さなど）
- 自社の内定を承諾する際に懸念に思うことは何か、家族や友人に胸を張って転職したいと言えるか
- 自社は転職時の第一想起に入れているか
- 自社が作りたいブランドイメージは作れているか
- 自社が払拭しなければならない負のイメージはないか

　改めて「自分たちは何を一番知らないのか？」を問い、上記を参考にしながら積極的に情報を調査するようにしてください。

　上記のような内容を考え、仮説を立てる際には間違っていても構いません。事前に深く考えられているほど、調査やヒアリングの質も高くなり、得られる情報も深いものにできるはずです。仮説を立てないままゼロベースで調査・ヒアリングをしないことが大切です。

>必要な情報の粒度を見極める

調査によって得たい情報は、大まかにマクロな情報とミクロな情報とに分けられます。

マクロな情報とは採用市場を総括した情報であり、採用倍率や報酬相場、転職活動の動向などがあります。このような情報はエンジニア職全体に関する戦略や意思決定に活用します。たとえば、採用ブランディングの取り組みや選考体験の改善などに用います。

一方でミクロな情報は特定の企業やポジション、特定の求職者、特定のタイミングなどの情報です。このような情報は、より詳細かつ具体的な採用活動に活かせます。たとえば、求人のタイトルを他社と差別化する工夫や、ターゲットとなる求職者を深く分析する際に役立ちます。

マクロな情報とミクロな情報は明確に境界線があるわけではなく、図9-3のようにグラデーションの状態です。

図9-3　マクロな情報とミクロな情報

マクロな情報だけで個別具体的な打ち手や課題に対応しようとすると、その精度は高くなく、ミクロな情報だけではバイアスが強くかかってしまうことがあるため注意が必要です。そのため、**マクロな情報もミクロな情報も得ながら目的に**

応じて使い分けることが大切です。たとえば、テックリードのポジションに苦戦し、他社が提示している報酬の情報を知りたいとします。この場合に採用サービスなどが行っている全エンジニアを対象とした調査から、「エンジニアの報酬平均は700万円」といった情報を得ても大味過ぎますし、反対に選考を受けている求職者にヒアリングし、たまたま話に挙がった「外資コンサルティング企業では1,500万円提示された」といった情報では個別ケース過ぎて鵜呑みにするにはリスクがあるでしょう。このケースは単純化したわかりやすい例ですが、どのような情報を得たいかを事前にイメージできていなければ混乱を招いてしまいます。

調査を行う際には、マクロ／ミクロの度合いを関係者間で話し合い、見極めるようにしてください。

さまざまな調査方法

>調査・レポートを参照する

ここでは調査方法の例をいくつか紹介します。前節で述べた調べたい情報に対し、ここで紹介するさまざまな方法を用いて情報を集めます。ここで述べる方法以外にも自分なりの情報ソースを模索してください。

まず、エンジニア全般を対象としたマクロな情報を得たい場合には、第三者による調査を活用することが有益です。第三者の調査は、主に国や自治体が実施するものと民間企業が行うものに大別されます。国や自治体が行う調査では、勤労に関するデータや日本全体のエンジニアの数といった大規模な統計情報を参考にできます。一方、民間の調査では、採用サービスや各種協会が利用企業・ユーザーを対象にさまざまな調査を実施しており、採用活動や転職活動の実態を知ることに役立ちます。以下に一例を示します。

●国勢調査、労働力調査[1]

総務省が実施する調査です。「ソフトウェア作成者」や「その他の情報処理・通信技術者」などから、国内におけるエンジニアリングに関わる人口を知ることができます。年齢や地域で区分することもできるので、ペルソナの大まかな人数について知りたい場合や、自社の採用で地域を限定する場合に、その母集団の規模を推定するのにも役立てられます。

●doda転職求人倍率レポート

エンジニア採用において多く引用される調査です。倍率の動向などについてマクロな情報を得られます。本書の第1章でも引用している調査で、定期的・継続的に実施されているため、中長期的な変動を見るのに有用です。

1　総務省「労働力調査」(https://www.stat.go.jp/data/roudou/index.html)

●Developer eXperience AWARD 2024[2]

一般社団法人 日本CTO協会が実施した、「Developer eXperience AWARD 2024」では図9-4のように、「開発者体験ブランド力」を調査するためのアンケートを実施しています。求職者にとってどのような企業が魅力的に見えているのかを知り、その企業をベンチマークすることで採用活動のさまざまなヒントを得られるはずです。

Developer eXperience AWARD 2024			
01	株式会社メルカリ	16	株式会社リクルート
02	Google	17	Amazon Web Services, Inc.
03	LINEヤフー株式会社	18	Sansan株式会社
04	日本マイクロソフト株式会社	19	Apple, Inc.
05	株式会社ゆめみ	20	楽天グループ株式会社
06	株式会社サイバーエージェント	21	クックパッド株式会社
07	フリー株式会社	22	株式会社NTTデータ
08	株式会社ディー・エヌ・エー	23	ファインディ株式会社
09	クラスメソッド株式会社	24	株式会社はてな
10	株式会社SmartHR	25	株式会社タイミー
11	株式会社LayerX	26	株式会社ログラス
12	Amazon Japan	27	GMOインターネットグループ
13	サイボウズ株式会社	28	Ubie株式会社
14	株式会社マネーフォワード	29	株式会社MIXI
15	ZOZO, Inc.	30	ソフトバンク株式会社

図9-4 Developer eXperience AWARD 2024 上位30社

>企業の採用のオウンドメディア、コンテンツ、イベント

採用競合は自社のHPやリクルーティングページだけでなく、さまざまなオウンドメディアやコンテンツを通じて情報を発信しています。取り組みとして何に力を入れているのか、またその内容としてメンバーや制度、業務内容などにおいてどのような魅力を打ち出しているのかを調査することに役立ちます。以下に一例を示します。

2 日本CTO協会「Developer eXperience AWARD 2024」(https://cto-a.org/developerexperienceaward)

●テックブログ、採用オウンドメディア

昨今ではテックブログやその他オウンドメディアを採用に活用することも一般的になりました。はてなブログ（https://hatenablog.com/）、Qiita（https://qiita.com/）、note（https://note.com/）などのサイトで投稿されることも多く、このようなサイトで競合企業を検索してみると、投稿内容や頻度の調査を行うことができます。

●採用ピッチ資料

会社紹介資料を作成し、Web上に掲載することも一般的となっています。Speaker Deck（https://speakerdeck.com/）やWeb上で「企業名＋会社紹介資料」「企業名＋採用ピッチ資料」などのキーワード検索によって、競合の資料は見つけておくべきでしょう。その他にも「企業名＋採用」「企業名＋職種名」といったキーワードで検索することでさまざまなコンテンツがヒットします。

●イベント

採用広報の取り組みが盛んになった昨今では、競合のイベントの開催有無や頻度の調査も重要です。イベント開催時には、connpass（https://connpass.com/）やPeatix（https://peatix.com/）といったイベント開催サービスが利用されることも多いため、このようなサイトで競合企業を検索してみると、これまでどのようなイベントを、どのくらい開催したかを調べられます。

>人気企業の訴求や取り組みを調べる

エンジニアにとって人気の企業を集中的に調べることも有用です。たとえば、図9-4にある上位10社の打ち出し方や採用活動を調べることで、多くのヒントが得られます。

このような調査で上位になる企業は規模が大きくサービスの認知度も高い企業が多いので、必ずしも自社にとっての正解が見つかるわけではありませんが、さまざまな気づきは得られるはずです。たとえば、以下のような内容を調査し、自社として参考にすべきことがないか考えてみてください。

- 各条件（報酬や働き方など）はどのような内容か
- どのようなブランドイメージを作りたがっているか

- 業務内容やキャリアパスなどをどの程度具体的に記載しているか
- どのような口コミがあるか
- 採用背景やチームメンバーの紹介などのコンテンツを充実させているか
- テックブログやSNSなどを行っているか
- 選考回数や期間、内容をどのようなものにしているか
- カジュアル面談でどのような会話をしているか
- 採用体制は何名の人員で、どのような関係者が関わっているか
- 成果報酬型のサービスだけでなく固定費サービスも活用しているか（どのくらいお金をかけているか）

人気企業は業界や職種によっても違うので、自社がグルーピングされる範囲を意識して人気企業を設定してください。

ここで、「**強者の戦い方をそのまま真似しない**」ことも同時に大切になります。たとえば、人気企業が「エンジニアを広く募集」といった間口を広げた求人を掲載していることがありますが、これはサービスや企業の知名度があるからこそできる戦い方です。これを知名度のない企業がそのまま真似してもうまくいきません。人気企業の取り組みを参考にするのは良いことですが、「人気企業がしているから真似しよう」という短絡的な考えではなく、人気企業の特性と自社の特性とを分解して冷静に判断することも大切です。

>ペルソナへのインタビュー、候補者へのヒアリング

ペルソナとなる求職者に対してインタビューを行うことは非常に有用です。たとえば、ペルソナとなる人をLinkedInやXなどで見つけ、「1時間程度、弊社の求人に対して意見をもらいたい」といった連絡をします。昨今ではYOUTRUSTやPittaなど、さまざまなサービス上でこのような声がけを行うことができます。声がけの際には謝礼などを案内しても良いでしょう。

インタビュー時には以下のような項目を設け、意見やアイデアを求めます。

<ペルソナ理解>

- 現在の業務、年収、働き方など
- これまで転職された際のそれぞれの転職理由

- 転職を検討する際に重視するポイントや軸
- これまでスカウトや紹介のあった企業やポジションで惹かれたものとその理由
- 考えているキャリアプラン

<求人>

- 求人全体を通してポジティブな点、ネガティブな点
- 求人から読み取れる企業、事業、組織の印象
- 求人から読み取れる業務内容、採用背景、条件の印象
- この求人にマッチすると思う知人・友人はいるか（自社が考えるペルソナとずれていないか）
- 社内で賛否が分かれる要件や表現に対して（技術的な魅力とキャリア的な魅力のどちらを打ち出すべきか）の意見
- 求人を改善するとしたら、どこをどのように変えるべきか

また自社に応募してくれた候補者に対し、面談時や選考後にヒアリングを行うことでも多くの情報や気づきが得られます。特に辞退した方に対し、「来ないならもういいや」などと投げやりにならず、**粘り強くヒアリングを重ねること**が大切です。ヒアリングだけでなくアンケートを用いて調査することも有用です。

応募してくれた候補者にとっては、長い時間をかけてヒアリングされたりアンケートを採られたりすることは負担にもなりかねないので、以下のように特に確認したいポイントに絞って実施できると良いでしょう。

- どのような企業を併願しているか
- どのような採用サービス、情報ソースで自社を見つけたか
- 情報収集の際に、他にどのような情報があれば良かったか
- どのような点を魅力に感じ自社に応募してくれたか
- 転職の軸や比較しているポイントは何か
- 上記の軸やポイントにおいて自社はどのような位置づけか

このように、ペルソナとなる求職者や実際に応募してくれた候補者から直接情報を得ることは非常に大切です。自分たちが考えていたことや伝えたいことが、

意外にも的はずれであったり伝えきれていなかったりするかを確認できます。
このようなインタビューによって情報を得る際に、自社の社員にヒアリングすることもひとつの有用なやり方です。ただし、多くの場合、自社や自分たちのチームは魅力的に感じやすいものです。このようなバイアスを内集団バイアス（内集団ひいき）といいますが、これは自分が所属する会社やチームを外部の会社やチームと比べたとき、実際よりも肯定的・好意的に評価してしまうものです。そのため、基本的には外部の人に意見を求めるのが望ましいです。内部の社員から意見を求める場合は、このようなバイアスに注意しながら情報を集めるようにしてください。

>SNSから情報を得る

SNSは採用企業も求職者も利用していることが多く、さまざまな情報が得られます。採用企業側では以下のようなアカウントを調査することでさまざまな情報が得られます。

- 公式アカウント
- 代表や役員のアカウント
- 在籍しているエンジニアのアカウント
- 採用担当者のアカウント

SNSの投稿は想像以上に採用に影響力を持っています。たとえば、業界内で知名度のあるエンジニアが入社した場合には、そのニュースだけで強い採用広報コンテンツになり得ますし、採用に強い会社では代表やCTOがアイコン的な存在として強く影響を及ぼしています。
在籍しているエンジニアが社名を公開してSNSを利用しており、その人数が多い場合には求職者にとっても「よく見聞きする企業だ」といったように想起を獲得しやすくなりますし、社員がSNSで求人などを多くシェアすればその分採用は成功しやすくなります。
具体的なSNSとしては、Xではビジネス利用として日々の業務に関する事柄や組織に関する事柄などが積極的に発信されていたり、昨今ではYouTubeで自社の紹介をしたり勉強会の様子を配信したりする企業・人が増えています。

ベンチマーク企業や採用競合となる企業のこのような動きについて、上記に挙げたそれぞれのアカウントの投稿から、**利用具合や投稿内容について調査しておくこと**が重要になります。

>求人媒体から情報を得る

採用サービスからも多様な情報を収集できます。中でも求人掲載サービスは外部からも情報を集めやすく有効活用すべきです。たとえば、採用サービスのGreenでは図9-5のように各求人について想定年収を確認できます。このような求人票に掲載されている提示条件を収集することで、ベンチマーク企業や平均的な提示額を知ることができますし、タイトルの付け方なども参考にできます。

これらのサイトでは、**報酬や訴求内容だけでなく職種名も確認しておきましょう**。自社では気づかないうちに一般的でない職種名をつけてしまっていることもあります。自社が使っている職種名を検索し、他の求人もヒットしないのであれば一般的でない可能性が高いです。このような職種名を用いてしまうと、求職者から検索されず見つけてもらえません。

また、採用サービスの転職DRAFTは、図9-6のように企業が年収つきの指名を行う競争入札型転職サービスであり、参加企業の最低提示年収、提示年収中央

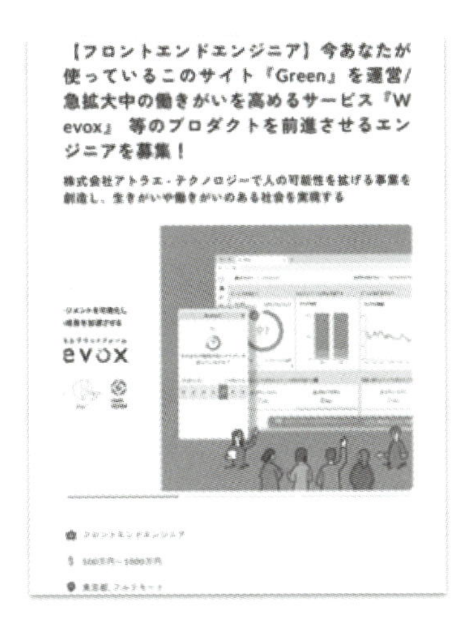

出典：Green HP
URL：https://www.green-japan.com/
図9-5　Greenでは各企業の想定年収を確認できる

出典：転職DRAFT HP
URL：https://job-draft.jp/companies
図9-6　転職DRAFT 累計参加企業一覧

額、最高提示年収額などの情報も確認できます。特にメガベンチャーや急成長中のスタートアップなどは高い年収を提示する傾向にあり、相場を把握したり特定の採用競合の情報を得たりすることに役立ちます。

このように求人媒体やスカウト媒体などの各採用サービスから得られる情報は非常に多く、日頃の採用活動で利用する際には情報収集の目的としても目を凝らして見るようにしてください。

>スカウトサービス、人材エージェントサービス

スカウトサービスや人材エージェントサービスから情報を得るのも有効です。スカウトサービスには検索機能があるので、**要件の違いによって、どれほど母集団の数が異なるかを比較できます**。

人材エージェントも情報源として非常に大切です。単に「紹介してくれ」と依頼するばかりでなく、うまく付き合うことでリアルな情報を得られるので、積極的にヒアリングしましょう。

>リクルーティングページや求人から情報を得る

採用競合企業のHPやリクルーティングページには多くの有益な情報が掲載されています。昨今ではエンジニア職だけを特設サイトとして分離している企業もめずらしくありません。また、リクルーティングページに採用ピッチ資料やテックブログ、その他メンバーの紹介動画などの多様なコンテンツをリンクしているものも多くあります。そのため、**どのようなコンテンツを掲載しているのか、どれほど作り込んでいるのか、求人票の内容や具体性はどうかといったことを調べる際に役立ちます**。

Q&Aや社員インタビューのコンテンツを充実させていたり、動画で事業の内容や戦略を説明していたりする企業も増えています。

また、**採用競合企業の「採用部門の求人」を確認すること**でも有益な情報を得られます。採用競合企業がどのような採用体制で活動しているのか、開発部門との協業体制について書かれているのか、どのような人材を集め、どのような役割分担で戦おうとしているのかなどが読み取れます。

>サービスページ、PR活動、IR活動などからも情報を得る

採用競合について調査し理解を深める際に、採用に関する情報だけでなく、その企業や事業に関する情報も得ることが重要です。

求職者の目線に立てば、転職活動を行う際に転職サイトや採用ページなどで求人票を見るだけでなく、企業や事業に関する情報を自ら調べるはずです。競合の事業が成長しているのか、大きな業務提携や資本提携があったのか、サービスとして目立った機能開発があったのかといったことは求職者にとって転職を考える上で重要な情報です。

そのため、**顧客やユーザー向けのサービスページを見たり、PR活動やIR活動で公開されている資料を調べたりすること**も採用活動において大切です。たとえば、次のような情報ソースを確認してください。これらは特別な調べ方も必要なく、競合企業のHPなどをたどれば見つけられるものです。

- サービスページ
- プレスリリース
- 中期経営計画
- 有価証券報告書、決算短信

これらで競合企業の動向や魅力などについてより理解を深められれば、自社の相対的な強み・弱みも明確になりますし、自社の広報などの部門と連携を強め、事業やサービスの情報を採用広報活動の目的も持って発信するといった取り組みにもつなげられるはずです。

>口コミサイト、レビューサービス

求職者は口コミやレビューを見て転職の参考にすることも多いでしょうから、口コミサイトやレビューサービスからも有用な示唆が得られます。代表的なサービスにOpenWork（https://www.openwork.jp/）があります。また、各種SNS上の口コミを転職活動の際に調べる求職者も一定数いますし、Googleで社名を検索すると表示されるローカルリスティングの「Google のクチコミ」にも昨今では注目が集まっています。このようなサービスの中で、**競合や自社の口コミについて調査・分析をすること**は非常に有用です。

また、昨今では給与情報を投稿するサービスも登場しています。たとえばOpenSalaryではソフトウェアエンジニアの年収が投稿されており、図9-7のように職種ごとの平均年収や分布がわかります。このような情報は自社の給与を考える際や相場感を知る際に非常に役立ちます。

このように企業が意志を持って発信する情報だけでなく、求職者や在籍者などが日頃発信している情報にも注意深く目を向けなければなりません。

口コミやレビューはコントロールできるものではないからこそ、調査・分析の対象として有用な情報源となります。

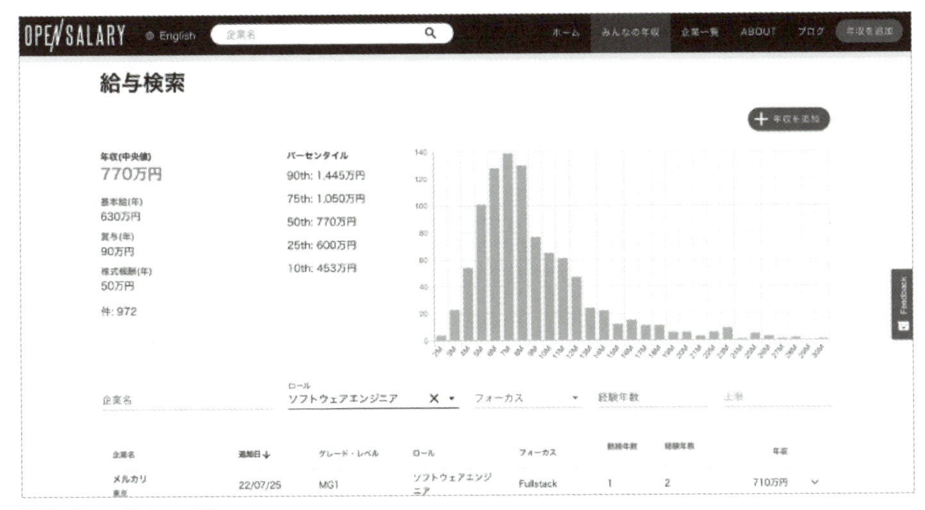

出典：OpenSalary HP
URL：https://opensalary.jp/explore-salaries?role=software-engineer
図9-7　OpenSalaryでは職種ごとに平均年収や分布を知ることができる

>インターネットリサーチ

自社の認知度やイメージについて広く調査を行いたい場合には、外部のインターネットリサーチサービスを利用するのもひとつの手です。

一般的には消費者向けのビジネスが市場調査などを行うためにインターネットリサーチサービスを利用しますが、昨今では採用に特化したサービスも登場しています。たとえば、「GMO Ask for 採用DX（https://gmo-research.ai/service/gmoask/recruitment-digitalization）」ではインターネットリサーチサービスを採用に特化させたサービスとして提供しており、調査・分析を依頼できます。

またインターネットリサーチサービスを利用しない場合でも、人材エージェントやスカウトサービスに相談し、登録者に対してアンケート調査を行うことも考えられます。

ただし、このような面を広げた調査は、比較的社名やサービス知名度の高い企業でなければ有益な結果は得にくいかもしれません。そのため、前述の求職者や競合企業を絞り込んだ調査方法とあわせて実施すると良いでしょう。

Column

● 「できることベース」から「すべきことベース」へ

エンジニア採用では、「本当はすべきだと思うけれど……」と理想を思い描くだけで立ち止まってしまうことが多々あります。たとえば、採用担当者の方と話をする中で「採用広報の記事を書くべきだと思うけれど、求人票の修正で忙しくてできない」「エンジニアとポジションの魅力をブラッシュアップすべきだと思うけれど、エンジニアは忙しいから私ができる範囲で修正する」といったように、できない理由が多く挙がります。

しかし、よくよく聞いてみると「実は記事を書くことが苦手だから避けていた」「実はエンジニアの手は空いていたけれど、反応が怖くて声がかけられなかった」など健全ではない理由が裏に隠れていることがあります。

このようにエンジニア採用の業務では「できること」を優先してしまうことがありますが、エンジニア採用を成功させるためには、図9-8のように視点を「できることベース」から「すべきことベース」に変える、言い換えると思考の出発点を**「何ができるか？」から「何をすべきか？」に変えること**が非常に大切になります。

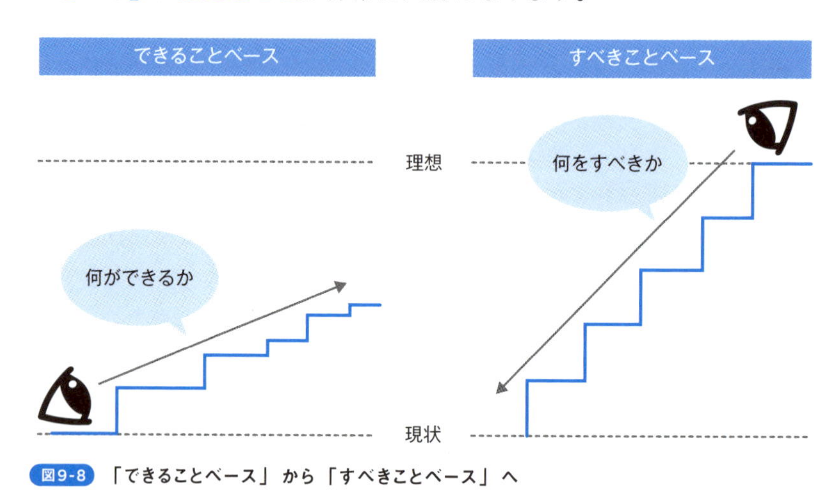

図9-8 「できることベース」から「すべきことベース」へ

できることベースで考えてしまえば、アイデアの幅は狭まり、できることばかりを重ねるうちに時間も工数もお金もなくなっていき、できることはどんどんと小さくなっていきます。次第にできない理由ばかり挙げてしまうようになり、振り返ってみるとかけた労力や費用に対して得るものは少なく、理想の状態とはほど遠い状況に陥ってしまいます。

反対にすべきことベースで考えれば理想の状態から逆算した、本当にしなければならないことが見えてきます。たとえ実現が難しいと思えても、なんとか実現する方法を探して実行することで能力は成長し採用競争力も高まります。

もちろん、実現可能性を考慮したり理想を追い求め過ぎて目の前の業務がおろそかにならないようにしたりすることは大切です（第3章では、「無理な採用の依頼をそのまま受けないよう実現可能性を考えろ」とも述べています）。その上で理想の状態になることをあたかも当然のことのように捉え、果敢に挑戦し、逆境を乗り越えていってほしいのです。

もしも、できることベースの罠にハマってしまっていると思われた際には、一度立ち止まり視点を切り替えてみましょう。

第 4 部

体制・環境のマネジメント

第4部は図4th-1のように2章構成とし、採用業務の実行主体である人・チームや、その周りにある環境面のマネジメントについて解説します。ここで述べる内容は第2部と第3部を取り囲む地盤のようなものです。地盤が緩ければ建物が建てられず地盤の改良が必要なように、慢性的にうまくいかない企業ではここで述べる内容から改善しなければならないこともあります。

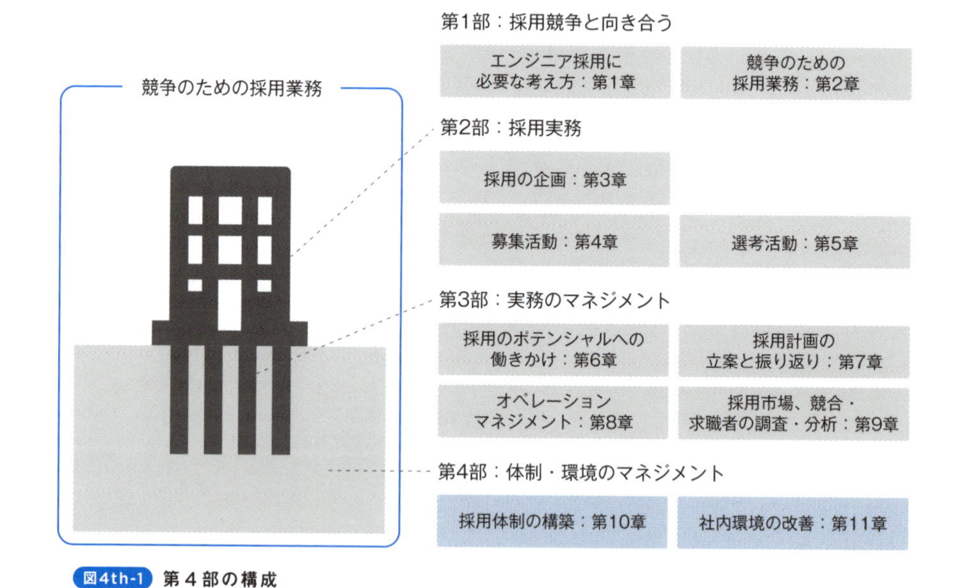

図4th-1 第4部の構成

第10章では、**採用業務の担当者やチームについて、エンジニア採用では特にどのようなことに気をつけるべきか**を解説します。採用現場では、「あれをしたい」「こうすべきだ」といった要望や理想は多くアイデアも出ますが、実行できるリソースやノウハウが担当者・チームにない場合も多く、戦略や計画が絵に描いた餅で終わることも少なくありません。そのため、採用体制に焦点を合わせ能動的に強化していくことが大切です。

第11章では、**担当者やチームを取り囲む社内環境について述べ、どのようにして動きやすい社内環境を作るべきか**を述べます。担当者やチームに熱意があっても社内環境が足を引っ張ってしまっているケースは後を絶ちません。情報が降りてこなかったり、協力を得られなかったり、些細な意思決定でもさまざまな関係者に許可を取らなければならなかったりと、社内環境の抵抗や援助の大きさで採用業務の速度やアウトプットは大きく変わります。これらについて原因や対策を解説します。

第4部で述べる内容は、特に採用マネージャーや採用責任者の方が担われることが多いでしょう。「変えられない・変わらないもの」と思わずに、自らの手で人・環境をマネジメントしてください。

第10章

採用体制の構築

本章では、採用業務を実行する担当者や実行するチームである採用体制について解説します。

エンジニア採用ではここまで述べてきたように、業務の難易度が上がり、工数が増加し、リスクやコストに対して高度な判断が求められます。そのため、これらを遂行できる**十分な採用体制**が求められます。十分な採用体制とは、チームが必要な能力を備え、十分なリソースが確保され、円滑な連携が取れる状態を指します。

採用体制を作ることは、「採用の観点から組織を作る」ということです。企業活動において組織作りが重要かつ高度な取り組みであるように、**採用活動でも採用体制作りは重要かつ高度な取り組み**です。営業では「チームセリング[1]」という言葉がありますが、採用でも採用担当者1人だけが求職者と向き合うわけではないので、「チーム」として足並みをそろえて求職者に向き合わなければなりません。1人でも足並みがそろわなければチーム全体の努力も無駄になってしまいます。チームとして動くには関係者が共通した目的意識を持ち、能力や工数を補完し合い、業務をバトンリレーで無駄なくつなげることが大切になります。

採用がうまくいかない企業では採用体制の検討や構築がおろそかにされがちで、必要な工数や能力の見積もりがなく、役割も不明瞭で、「手が空いている人がすればいい」「採用なんて誰でもできるでしょう」といった状況であることが多いです。

一方で採用に強い企業では、このような特性を考慮した上で採用体制の構築に力を入れています。必要な工数を確保するために採用部門以外のリソースも潤沢に使えるようにしたり、ビジネス能力・経験の高い人材をアサインしたり、チームビルディングに力を入れたりとさまざまな工夫をしています。

本章では上記のような企業を参考に、どのような採用体制を、どのように作るべきかについて解説します。採用体制を取り囲む関係者の認識や組織構造などについては第11章で述べることにします。

1　1人の営業担当者がすべての業務を担うのではなく、チームで業務を分担・連携し営業成果を創出すること。

採用体制に意識を向ける

>採用体制とは何か？

はじめに「採用体制」という言葉について整理しておきます。採用体制という言葉が指す意味は状況によってさまざまですが、本書では**採用業務の実行者である担当者やチーム**を指します。オペレーションやツールの話も採用体制として語られることもありますが、本章では採用体制とは分けて考えます（第8章参照）。

また、採用体制に含まれる範囲を「**採用業務で何らかの責務を担う人**」とします。

この定義からすると、図10-1のように採用担当者はもちろんのこと、採用業務に関わるエンジニアや代表なども人材要件を決める責務や選考で判断を下す責務を担うことが多く、採用体制の一員に含まれることがほとんどです。同様に外

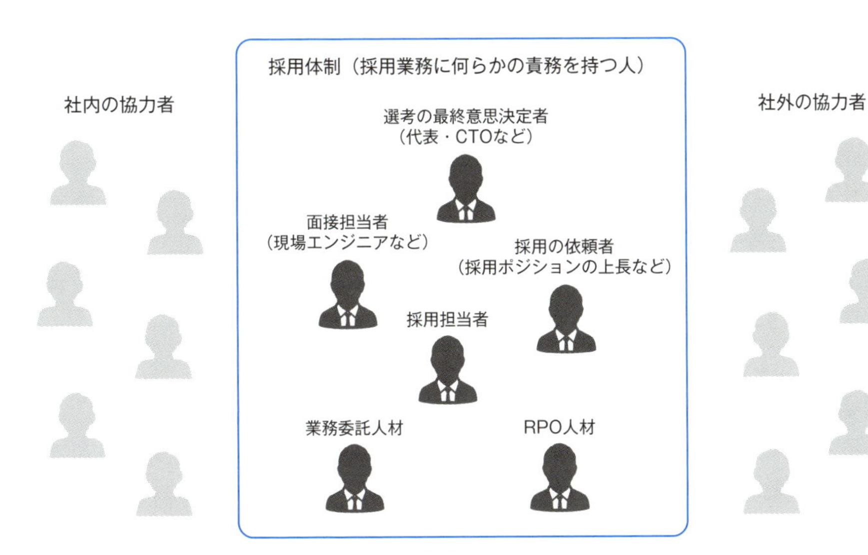

図10-1　採用体制に含まれる人、含まれない人

部の業務委託の人やRPO（採用代行）サービスもスカウト送付の業務などを受け持つので採用体制に含まれます。反対にリファラル採用に協力してくれる社内の人や、採用広報の記事の拡散に協力してくれる社内の人などは明確に責務を担うわけではないので、本書では採用体制の中には含まないものとして考えます。

このように**どの範囲までを採用体制とするか**は非常に大切です。採用体制の構築や改善に取り組む際に、事業部のエンジニアや代表なども深く採用業務に関わっているにもかかわらず、採用担当者や採用部門のことだけしか考えられていないケースがよく見られます。たとえば、責任範囲や役割分担、必要な工数などを考える際に、関係者を網羅できずに採用部門の人員の範囲で考えてしまえば体制に無理が生じてしまいます。

まずは「採用体制」という言葉は採用業務の実行者である担当者やチームを指し、その範囲には何らかの責務を負うエンジニアや代表なども含まれることを意識してください。

＞採用体制が強化されづらいさまざまな理由

採用体制はいうまでもなく重要です。第2部と第3部で述べたように求められる業務内容は多岐にわたり、その業務量や難易度、複雑性が高まっています。そのため、採用担当者にはそれに見合う能力や工数が必要ですし、チームには強い連携が求められます。

しかし実際には、「今期は10人採用するために新しいサービスに挑戦したいが、余力のある人がいない」「採用広報に取り組みたいけれどノウハウがない」といったように、採用体制に問題があり、戦略やアクションプランを立てても絵に描いた餅となるケースが散見されます。

採用体制が強化されづらい理由には以下のようなものがあり、採用体制を強化するためには、これらを理解・攻略する必要があります。

●間接部門という認識

採用は直接売上を作るわけではないため間接部門とみなされ、「できるだけ少ない人数で運用したい」「できるだけ安い人件費の人に担ってほしい」といった思惑が発生しやすい部門です。

そのため兼務で賄ったり、時にはインターン生やアルバイトの方が担当したりすることもあり、ビジネス経験が豊富な人材に十分なリソースを割くことがされづらい傾向があります。また他の職種（営業や開発など）と比べて多人数を抱える業務ではないため、マネジメント業務を担うポジションも人事マネージャーや事業責任者などが兼務で対応することが多く、採用体制に十分に目を向けにくくなっています。

採用体制を強化する際にはこの認識が足かせになっていないかを考え、**採用体制への投資を積極的に行うべき**です。

●人事のファーストキャリアとしての位置づけ

採用担当者は人事のファーストキャリアとされることが多く、未経験者や社会人経験の浅い人が担当者にアサインされるケースが多々あります。

このような場合、エンジニア採用をこなすには能力や経験が足りないことが起こりがちです。また、採用担当者として十分に経験を積んでも他の人事業務のキャリアに進むことも多く、採用について高い専門性を得た人材が定着しにくい要因になっています。

採用体制を強化する際には、このような構造を理解して社内の配置を見直すことも必要です。

●目標達成のトップラインの上限

営業であれば「売上目標1,000万円／月」に対して「売上実績3,000万円／月」であれば称賛されインセンティブがもらえることもありますが、採用の場合、「採用目標 1人／月」に対して「採用実績3人／月」となっても、「そんなに採用しなくてもいい」とされ、褒められることはありません。

このように目標のトップラインの上限があるために、人員を増やすことによって得られるリターンは限られ、それよりも人員を増やした際にうまくいかなったときのリスク（人件費やマネジメントコストなど）が重視されがちです。

採用体制を強化する際には採用人数だけでなく、**自社の認知形成やイメージ向上などの目標を設定することも考え、必要に応じて人員を強化すべき**です。

●採用目標の変動のしやすさ

採用業務は目標が変動しやすい業務です。たとえば今期10人の採用目標であったとして、事業の事情などによって来期には採用目標が0人になることもめずらしくありません。そのため、採用人員を増やすリスクが大きく、積極的な投資が行われにくい構造があります。もちろん急な退職や育休／産休などによって採用人数が増えることもありますが、「もし目標人数が少なくなって採用担当者のやることがなくなるくらいなら、目標人数が増えたとしても少ない人数で頑張ればいい」というコストカットを重視した考えになりがちです。これは、上記で述べた間接部門の観点などからです。

もちろんこのような考えにも一理ありますが、エンジニア採用では過度なリスクヘッジやコストカットの意識は逆効果になります。エンジニア採用は中長期的な仕込みとなる取り組みも多く、目の前の採用目標だけで人員の試算をすれば採用競争力を高めることは難しいですし、人員が不足し採用が鈍化することは事業成長の妨げになります。

採用体制を強化する際には、このような採用目標の変動性についても考慮して投資の有無を判断しなければなりません。

>採用体制に投資する企業が増えている

採用体制はそもそも強化されづらいものであることを述べてきましたが、一方で採用に力を入れている企業では意識的に採用体制に目を向け積極的に投資を行っています。具体的な内容は次節以降で述べますが、採用部門の人数を増やすことはもちろん、社内で活躍しているエンジニアやマーケターを採用担当者としてアサインしたり、RPOや外部の専門家を積極的に活用したりする企業も増えています。他にもハイヤリングマネージャーの役割を明確に決め、エンジニアが主体的に採用に関わるようにしたり、代表やCTOが業務の20%を採用に使ったりするといった取り組みも行われています。

「競争のための採用業務」は“守り”よりも“攻め”を重視するものなので、それを実行する採用体制も“守り”よりも“攻め”の姿勢で投資する企業が増えています。

次節以降では採用体制を強化するための方法を述べていきます。

採用担当者の個の能力

>エンジニア採用担当者としてのレベル

採用体制を考える上でまず考えるべきは**個々人の能力**です。個々人の能力がエンジニア採用を行うレベルまで達していなければ、どれだけ多くのリソースがあっても採用業務を十分にこなすことはできません。

「はじめに」でも述べたように、エンジニア採用では職種理解と採用競争への対応という両面の能力が求められます。エンジニアリングに関する用語などを理解することも簡単ではありませんし、本書で述べている採用業務は「読めばすぐにできる」ものではなく難易度も高いものです。エンジニア採用の求人倍率が13倍なのですから、当然採用業務の難易度もそれだけ高いものになります。

これらの2つの能力を各レベルに整理すると図10-2のようになります。必ずしも採用に関わる人全員がLv3である必要はありませんが、「採用体制」の中にはそれぞれLv2以上の担当者がいることが望ましいでしょう。

職種理解のレベル分けに関しては前著『作るもの・作る人・作り方から学ぶ採用・人事担当者のためのITエンジニアリングの基本がわかる本』（翔泳社）にも記載していますが、Lv0は用語の意味や関係を理解できずキーワードとして利用する程度であり、Lv1では自社の採用業務で登場する用語などを理解でき採用業務に活かせます。Lv2では他企業の開発や技術についても一定程度理解でき、エンジニアの志向性の理解も深まり、社内のエンジニアとも対等に議論ができるようになり、Lv3ではエンジニアのキャリアや転職の動機などへの理解も深まり、社外のエンジニアともコミュニケーションが取れるようになります。

そして本書で述べている競争のための採用業務については、Lv0は社内にばかり目が向き社外を無視した採用業務しかできず、Lv1では採用市場や採用競合の情報を受動的・偶発的に得ながら基本的なリクルーティング業務ができている状態です。Lv2では採用市場や採用競合の情報を能動的、戦略的に獲得し採用業務に反映・活用できるようになります。そしてLv3ではエンジニアを巻き込んだ

	職種理解	競争のための採用業務
Lv0	エンジニアリングに関する用語の意味や関係などを理解せず、単なるキーワード一致で候補者を検索したりテンプレートのスカウトをばらまいたりといった作業になっている	採用市場や採用競合をまったく気にせず、採用の実現可能性や必要なコスト（期間や費用、労力など）を見積もらないまま、エンジニアからの採用依頼を作業としてこなす
Lv1	自社の採用業務で必要なエンジニアリングの知識については一通り理解できており、人材要件や採用背景に技術的な用語が使われていてもエンジニアと会話しながらブラッシュアップができる	• 採用市場や採用競合の情報を受動的・偶発的に得ており、求める人材の採用難易度や必要なコストを肌感覚で見積もることができる • 自らリクルーティング業務の問題点や対策を考えることができる
Lv2	• 自社だけでなく他企業のエンジニアリングに関する事柄も理解できる • どのような職場環境を提供すべきか、どのような組織が魅力的に映るのかといったエンジニア特有の志向性を理解し、エンジニアリングに関する事柄でも社内のエンジニアと対等に議論ができる	• 採用市場や採用競合の情報を能動的・戦略的に集められ、採用難易度や必要なコストを客観的に見積もることができる • リクルーティング業務の問題点や対策を考え、関係者への改善の働きかけができ、意見を出す際には市況感や競合情報を比較表にまとめるなどして客観的な情報として関係者に説明できる
Lv3	• エンジニアのキャリアや転職の動機などへの理解も深まり、テックブログや勉強会、カンファレンスなどの技術的な切り口もエンジニアに提案できる • 社外のエンジニアともコミュニケーションを取ることができ、コミュニティや交流会などにも参加できる	• エンジニアを主体的に採用に巻き込み、選考や人材要件の作成などエンジニアが業務の中心となっていることに対しても積極的に介入・指摘し、改善をリードできる • 事業計画や人員計画の策定に関わり、採用の観点からそれらに提言でき、給料水準や働き方などボトルネックになっている要素についても社内に働きかけることができる

図10-2 エンジニア採用担当者としてのレベル分け

り、事業計画や人員計画にも働きかけたりと、社内への働きかけも積極的に行えるようになります。

このようなレベル分けを参考に、後述する採用担当者の採用や育成についても取り組んでください。

>「採用のプロである」と自覚する重要性

採用を成功させるためには、採用担当者のマインドセットも非常に重要になります。採用業務を行う上で、エンジニアと議論したり経営陣に交渉したりといったことは日常的に行われますが、その際には自身で**「採用のプロである」と自覚すること**が非常に重要になります。たとえば、エンジニアに対して採用要件のブラッシュアップなどを求める際には、エンジニアリングに関する知識や用語理解が多少追い着いていなくても、採用の観点から「業務内容が抽象的過ぎるから、もっと具体的に書いてくれ」などと言うべきことは言わなければなりませんし、経営陣に対して採用予算の交渉をする際には「事業成長を考えるならば、もっと採用に投資すべきだ」などと自信を持った態度で臨まなければなりません。

本書で述べた競争のための採用業務を実行できていない場合、知識や経験以上にエンジニアや経営陣に対する遠慮や恐れなどの心理的な壁によって阻害されてしまっていることが非常に多いです。

前述のように採用担当者は人事のファーストキャリアともされやすく、社内でも立場や発信力が弱くなってしまう傾向にありますが、海外では、このような採用競争の激化に伴い採用に関わる人材の専門性が実際に認められています。本書で説明する内容とは多少方向性が異なるものの、2001年にアメリカで出版され、日本でも話題となったエド・マイケルズ、ヘレン・ハンドフィールド・ジョーンズ、ベス・アクセルロッドの『ウォー・フォー・タレント』（翔泳社）でも語られている通り、「タレント」といわれる優れた技量を持つ人材を重要なポジションに据えることが企業の競争力を左右する経営課題として捉えられるようになっています。海外ではタレントアクイジションという職種も生まれており、Glassdoor でHead of talent acquisition（人材獲得責任者）の基本給は約2,600万円／年、ボーナスなどの追加報酬も含めると約4,900万円／年となっている[2]ほどです。これは、人事部長やハイクラスなソフトウェアエンジニアと比較しても遜色ない価値が認められています。また日本でも徐々に採用の専門性が認められ始めており、LinkedInが出している「Jobs On the Rise」の2022年に発表されたランキングではTOP10に「採用スペシャリスト」がランクインしています[3]。

このような背景も踏まえ、**採用担当者は自身が高い専門性を発揮していることを自覚し、採用のプロとして自信を持ってエンジニアや経営者と接してください**。「CTOの要望だから反論せず対応するしかない」「社長に言われたから言い返せない」といった考えは捨て、採用のプロとしてしっかりと自分の意見を持ち、自分の頭で考え、必要に応じて建設的な反論や提案もすべきです。「社内では誰よりも採用に詳しい！」「誰よりも求職者の気持ちがわかる！」といった強い気持ちを持ち、エンジニアや経営陣と相対する際には、ある種の開き直りを見せ、遠慮や恐れを乗り越えて採用業務に臨んでください。

2　Glassdoor「Head of Talent Acquisition Overview」より（2024年12月時点）（https://www.glassdoor.com/Career/head-of-talent-acquisition-career_KO0,26.htm）

3　LinkedIn「2022 Jobs On the Rise Japan」（https://www.linkedin.com/pulse/linkedin-jobs-rise-2022-10-japan-roles-growing-linkedin-news-japan/?trackingId=q6vClGXOTR%2BaSQ5aRvoOmw%3D%3D）

採用体制を設計する

>責任の所在を決める

採用体制はやみくもに人手を増やせば良いわけではありませんので、要所を設計することが特に重要になります。採用体制を設計する上ではじめに考えなければならないことは、**採用の責任を誰が持つのか**です。採用の責任を持つとは、当然ながら該当ポジションの採用成果にコミットすることであり、必要な行動を取ることですが、特に重要なことは**そのポジションの採用をどのように成功させるのか、成功しない場合にはなぜ成功しないのかを考え、必要に応じて関係者に説明する責務を負うこと**です。責任には、遂行責任（Responsibility）、説明責任（Accountability）、賠償責任（Liability）などがあるといわれますが、特に誰が説明責任を持つかを決めなければなりません。具体的には、以下のような問いに答えられる人です。

- どのような時間軸で、どのような行動をすれば採用できるのか？
- どのような手法、サービスで採用するのか？
- その人材が自社を選ぶ理由は何か（報酬や魅力は求める人材に釣り合っているのか）？
- 採用に必要な費用や工数などのコストはどの程度か？

採用の責任者の役割としては、上記のような採用を成功させるための戦略や計画を考え、それを達成するのに必要な権限（予算内で利用するサービスを決められる、採用チームメンバーを自由にアサインできるなど）を持ち、必要な資源（予算や期間、人的リソースなど）を社内で調達することなどがあります。

よくある勘違いとして、以下のような人を「採用の責任者」と呼んでしまうことがありますが、上記の責務を負わないのであれば「採用の責任者」ではないので混同しないようにしてください。

- 選考の最終的な意思決定を行う人

- どのような人材像か、いつまでに必要かといったことを明確にする人
- 採用部門の責任者

採用の責任者が明らかではないケースは非常に多く見られます。また責任者が十分に責任を果たしていないケースも頻繁に見られます。たとえば、「みんなで考えてみんなで頑張ろう。採用が成功しない場合にはみんなの責任」といった"みんなでやろう"というケースや、「一応開発部門のマネージャーが責任を持っているけれど、実務は採用担当者が動いているので、開発部門のマネージャーには採用がうまくいかない原因やその対策はよくわからない」といった"名ばかりの責任者"になっているケースは多いです。このような場合には失敗の原因やネクストアクションがうやむやになってしまいます。

本書で指す「採用責任者」はポジションごとに発生するものなので、複数人がそれぞれ担うケースも、1人で担うケースもあります。また、採用の責任者は1人で採用業務を担うわけではありません。上記で触れた「採用するかどうか最終的な意思決定を行う人（代表など）」「採用業務が属する部門の責任者（人事部長など）」が採用責任者を担ってはいけないわけでもありません。

重要なことは、**採用の責任を持つのであれば、責任を持つポジションの採用をどのように成功させるのか、成功しない場合にはなぜ成功しないのかを考え説明できるようにしておく必要がある**ということです。布陣として現場の実務を採用担当者が担い、人事責任者が採用の責任も持つ場合には、名ばかりの採用責任者とならないように気をつけ、採用担当者からアイデアや現場の情報をもらいながらも、採用成果や成功までの戦略やアクションに対してきちんと責任を持つようにしてほしいということです。

>ハイヤリングマネージャーを立てる

ハイヤリングマネージャーとは採用の責任者であり、開発部門や事業部門の人間が担う場合にそう呼ばれます。基本的には採用するポジションの部門長や上司となる人間がハイヤリングマネージャーに任命されます[4]。VPoEやエンジニアリ

4　採用部門が採用の責任を持つ場合にも、採用業務の一部の責任を持つ関係者を「ハイヤリングマネージャー」と呼ぶことがあります。そのため、「ハイヤリングマネージャー」という役割の意味や責任範囲は、企業やケース、文脈によって異なります。ただし、該当のポジションについて最終的に誰が責任を持つのかは忘れずに決めなければなりません。

ングマネージャーなどマネジメントの役割を持つ人が任命されるケースももちろんありますが、普段の業務でマネジメントの役割を持たない人が担当することもあります。

ハイヤリングマネージャーは「採用の決裁者」とされることがありますが、ハイヤリングマネージャーが選考の最終的な意思決定をする権限を持ちながら、前項で述べた「どのように採用を成功させるのか」という採用成功の責任は採用担当者に丸投げしてしまい、「ハイヤリングマネージャーは良い人の応募が来るまでふんぞり返っているだけ」のようなケースも散見されます。そのため、本書ではハイヤリングマネージャーは単に選考の最終的な意思決定を行う人ではなく、前項で述べた**採用の責任を持つ人**と定義します。

ハイヤリングマネージャーに社内で明確な役割を持たせ、きちんとした制度とすることで、採用に関わることを任意の仕事から必須の仕事に変えることができ、明確に業務内容としたり評価に加えたりすることがしやすくなります。

ハイヤリングマネージャーは必ずしも立てなければならないわけではありませんが、エンジニア職のような専門性が高い職種では採用担当者の職種理解の程度によっては十分にパフォーマンスを発揮できない可能性もあるので、必要に応じて積極的に任命しましょう。採用の責任者をハイヤリングマネージャーとする場合と、採用担当者が担う場合とでメリット、デメリット、適するケースを整理すると図10-3のようになります。

	ハイヤリングマネージャーを立てる場合	ハイヤリングマネージャーを立てない場合
担う人	開発部門長や採用するポジションの上長	採用担当者、採用部門の責任者
メリット	• エンジニアが主体的に動きやすい • エンジニアリングに関する情報を扱いやすい	• 会社全体の情報が扱いやすい • 基本的な業務はスピード感を持って動ける
デメリット	• エンジニアの負担が大きくなる • 会社全体の情報が扱いづらい • 基本的な業務のスピードが落ちることがある	• 採用担当者の負担が大きくなる • エンジニアの巻き込みが難しい • エンジニアリングに関する情報を扱いづらい
適するケース	• 特に専門性の高いポジションを採用する場合 • 採用担当者の人数に対してポジションが多い場合 • 開発部門のボトルネックが採用にある場合	• 専門性の低いポジションを採用する場合 • 採用担当者の人数に対してポジションが少ない場合 • 新卒採用やジョブローテーションなどが発生する場合

図10-3 ハイヤリングマネージャーの有無による各比較

ハイヤリングマネージャーを任命し、エンジニアが採用の責任を持つ場合に、採用担当者は何もしなくてもいいのかというと、もちろんそうではありません。図10-4のように採用担当者は「採用のプロ」として採用を支援することになり、人材要件を企画したり施策を考えたりする際にパートナーとなり、企画や実行のサポートを行います。特にハイヤリングマネージャーは市況感や採用競合の情報に触れる機会も少ないため、それらの情報を適切に提供する必要があります。

またハイヤリングマネージャーはあくまでも個別ポジションの採用の成功に焦点を当てるので、全社的な採用ブランディングの取り組みや、ポジション横断で使える各種テンプレートの作成、データ管理などは採用担当者が担えると良いでしょう。

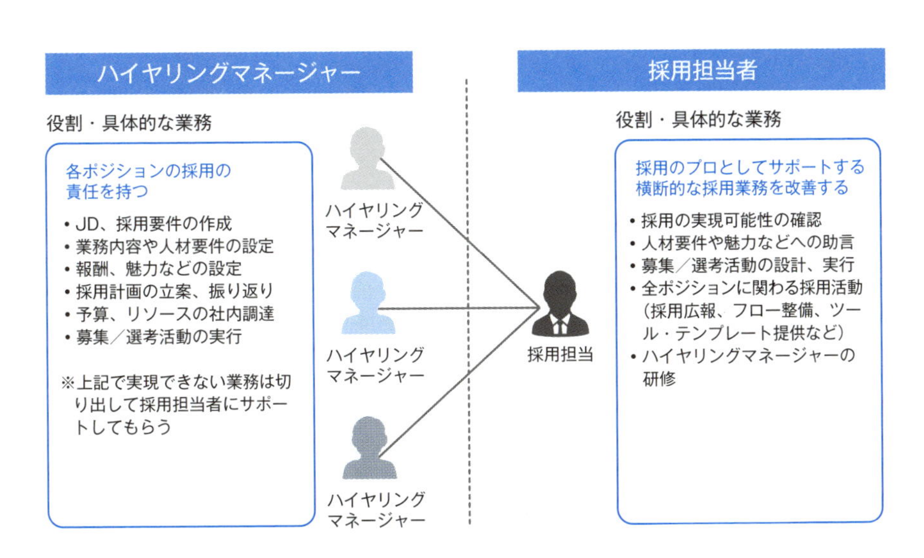

図10-4　ハイヤリングマネージャーと採用担当者の役割分担

エンジニア採用では基本的にはハイヤリングマネージャーを立てることをおすすめしていますが、開発に集中したい期間やポジション数が少ない企業フェーズでは無理にハイヤリングマネージャーを立てるよりも採用担当者が責任を持つほうが良いこともあります。

大切なことは、**名ばかりのハイヤリングマネージャーを作らないこと**です。ハイヤリングマネージャーを立てる場合には採用の責任を持ってもらうこと、そして時間や労力を採用に割いてもらうようにしてください。

>役割や権限を決める

責任の所在を決めたら役割や権限を決めていきます。大まかには図10-5のような分け方をすることが一般的で、役員クラスの人間が採用予算の決定や選考の最終意思決定などを行い、ハイヤリングマネージャーは採用するポジションの人材要件を決定し、最終選考以外の選考の意思決定を行います。採用担当者は採用計画を策定し決定したり、予算内でどのような施策や媒体を利用するかを決めたりし、それらの中の求人や記事の内容も決定します。

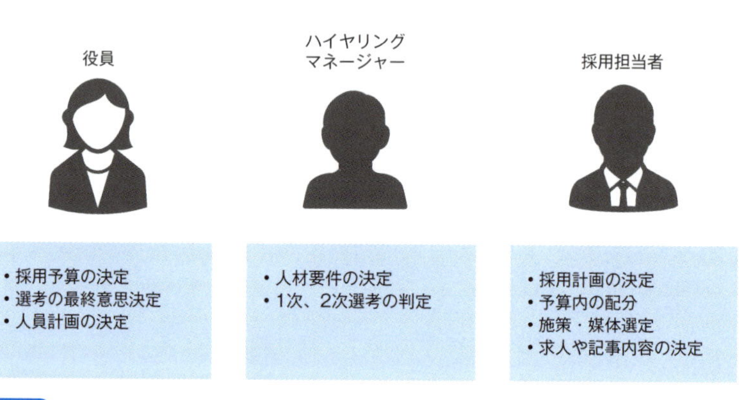

図10-5 大まかな役割・権限の分担

採用を少人数で行っているうちは図10-5のような大まかな役割・権限の分担で問題ありませんが、関係者が増えるほど役割や権限が曖昧になり、無駄な重複業務が発生してしまったり、意思決定者が明確でなくお見合いをしてしまったりといったことが起こってしまいます。

そのため、関係者が増えた際には図10-6のように、より細かく役割や権限を整理します。役割分担を考える際には、まず土台となる採用業務について棚卸しをし、全体像を整理します。本書では既に採用業務を整理しているのでそれを踏襲します。そして整理した業務に対して役割や権限を割り振ります。

業務カテゴリー	主な活動	担当者
採用の企画	採用を依頼する	ハイヤリングマネージャー
	実現可能性を確かめる	採用担当者
	採用要件にまとめる	ハイヤリングマネージャー
	情報の収集・整理	採用担当者
	情報の具体化	採用担当者
	情報の抽象化	採用担当者
募集活動	募集活動を設計する	採用担当者
	募集活動を実施する	採用担当者
選考活動	選考活動を設計する	ハイヤリングマネージャー
	選考活動を実施する	ハイヤリングマネージャー
採用のポテンシャルへの働きかけ	採用の前提となる計画に働きかける	ハイヤリングマネージャー
採用計画の立案と振り返り	採用計画を立てる	•ハイヤリングマネージャー（担当ポジション） •採用責任者（全体）
	採用計画を振り返る	•ハイヤリングマネージャー（担当ポジション） •採用責任者（全体）
オペレーションマネジメント	オペレーションをマネジメントする	採用責任者
	データ、ツール、会議体をマネジメントする	採用責任者
採用市場の調査・分析	調査・分析を設計する	採用担当者
	調査・分析を行う	採用担当者
採用体制の構築	採用体制を設計する	採用責任者
	採用体制を構築する	採用責任者
	採用体制を運用する	採用責任者
社内環境の改善	採用の追い風となる社内環境を作る	採用責任者
	根底にある関係者の意識を変える	採用責任者

図10-6　役割・権限の整理

業務整理を行う際のポイントは、**募集活動や選考活動といった求職者と相対する業務だけでなく、採用のポテンシャルへの働きかけや採用計画の立案と振り返りなどの業務もしっかりと誰が担うのかを決めること**です。

必要に応じて図10-6よりも細かく業務・役割を整理しましょう。例示した内容は本書で述べた大まかな分類とその中の中心的な業務なので、募集活動の中でも「エージェント施策とスカウト施策とを分けたい」場合には、さらに細かい業務整理・役割分担をします。役割についても例示した内容では採用責任者、採用担当者、ハイヤリングマネージャーの3つの役割で割り振っていますが、採用担当者が1人の場合にはすべての業務をカバーしなければなりませんし、企業によっては募集活動を中心に行う役割を「リクルーター」、スカウトを主に担う役割を「ソーサー」、面談調整として日程調整や候補者との連絡を行う役割を「コーディネーター」、その他CXを主に担当する「CXディレクター」と、それぞれを設定することもあります。役割の名称にこだわる必要はありませんが、自社の状況に応じて役割を整理してください。

ここで決めた役割分担は第8章で整理したオペレーションマネジメントの業務フローとも連動するものなので、相互に行き来しながら整理してください。

>必要な能力や工数を整理する

業務や役割が整理できれば、それぞれについて必要な能力や工数を考えます。

必要な能力について考える際には、競争倍率の低い状況・ポジションと比べ、以下のような点が強く求められることを意識してください。

- ルーティンワークではなく、計画や調査を交えてPDCAサイクルを回すことができる
- 1人で仕事を行うのではなく、チームや他部門も巻き込むことができる
- 短期的なフロー型の施策だけでなく、中長期的なストック型の施策を企画・実施できる
- 人員計画や開発計画、事業計画などの上位の計画についても理解できる
- マーケティング的、営業的思考で業務ができる

工数について考える際には、競争倍率の低い状況・ポジションと比べて以下のような工数の増加が見込まれます。目安として他の職種と比べ、3〜5倍程度の工数を見込まなければならないことが多いです。

- 認知獲得のための取り組みによる工数の増加
- 必要なスカウト数のエージェント折衝の工数の増加
- 面談数の増加による工数の増加
- 業務マネジメントに力を入れることによる工数の増加
- 中長期的な取り組みを行うための工数の増加

工数は正確に見積もることよりも、「把握できていなかったが、意外に工数を割いている業務は何か」「重要だけれど工数を割けていない業務は何か」といったことに重点を置きながら整理することが大切です。

能力や工数について整理した例は図10-7のようになります。

業務カテゴリー	主な活動	役　割	必要な能力	必要な工数
採用の企画	採用を依頼する	ハイヤリングマネージャー	• 業務課題の発見 • 業務の定義 • 人材の定義	3時間／回
	実現可能性を確かめる	採用担当者	• 採用市場の理解 • 調査、分析能力	3時間／回
	採用要件にまとめる	ハイヤリングマネージャー	• 言語化能力 • ドキュメント作成力	3時間／回
	情報の収集・整理	採用担当者	• 事業の理解 • 事業部との折衝力	3時間／回
	情報の具体化	採用担当者	• 情報の分解力 • テキストでの表現力	3時間／回
	情報の抽象化	採用担当者	• 情報の要約力	3時間／回
募集活動	募集活動を設計する	採用担当者	採用施策の設計力	3時間／回
	募集活動を実施する	採用担当者	• スカウトスキル • エージェント折衝力	3時間／回
選考活動	選考活動を設計する	ハイヤリングマネージャー	選考手法の設計力	3時間／回
	選考活動を実施する	ハイヤリングマネージャー	• 面接力 • クロージング力	3時間／回
採用のポテンシャルへの働きかけ	採用の前提となる計画に働きかける	ハイヤリングマネージャー	• 事業理解 • 社内交渉力	3時間／回
採用計画の立案と振り返り	採用計画を立てる	ハイヤリングマネージャー（担当ポジション） 採用責任者（全体）	• 計画・タスクマネジメント能力 • 数値管理、プロジェクト管理能力	3時間／回
	採用計画を振り返る	ハイヤリングマネージャー（担当ポジション） 採用責任者（全体）	• 計画・タスクマネジメント能力 • 数値管理、プロジェクト管理能力	3時間／回
オペレーションマネジメント	オペレーションをマネジメントする	採用責任者	オペレーション設計力	3時間／回
	データ、ツール、会議体をマネジメントする	採用責任者	• データ、ツールへのリテラシー • 会議設計力	3時間／回
採用市場の調査・分析	調査・分析を設計する	採用担当者	• 調査設計力 • 分析能力	他業務に含まれる
	調査・分析を行う	採用担当者	• ヒアリング力 • データ分析のリテラシー	他業務に含まれる
採用体制の構築	採用体制を設計する	採用責任者	• 業務整理能力 • チーム、組織の設計能力	3時間／回
	採用体制を構築する	採用責任者	• 採用力 • 育成力	3時間／回
	採用体制を運用する	採用責任者	社内の巻き込み力	3時間／回
社内環境の改善	採用の追い風となる社内環境を作る	採用責任者	• 社内折衝、交渉力 • 組織への理解	都度試算
	根底にある関係者の意識を変える	採用責任者	• 社内折衝、交渉力	都度試算

図10-7　**必要な能力・工数の整理**

ここまでに述べた、業務や役割の分割、そこに必要な能力や工数の見積もりなどは、採用担当者が普段から行っていることと同じことをしているはずです。自分たちの業務になると意外にもおろそかにしてしまいがちなので意識して取り組んでください。

昨今では「全員採用」や「スクラム採用」といったキーワードがよく持ち出され、「みんなで頑張ろう」という一体感・空気感のある企業も増えています。このような一体感・空気感はとても素晴らしいものですが、責任の所在や役割分担を曖昧にしていいわけではありません。このようなキーワードを掲げるだけに慢心してしまい採用体制の設計をおろそかにしてしまえば、最初は高い熱量で動けていた採用体制が、事業状況や採用状況によって発生する少しのつまずきで崩壊し、結局採用担当者1人が頑張っている状況に陥ってしまいます。せっかく一体感・空気感が醸成できたのならば、それを無駄にせずに効果的な採用体制を構築してください。

採用体制を構築する

>エンジニア採用の専任チーム・担当者の検討

採用体制を設計できたら、その構築を行います。高い能力、多くの工数が必要になるエンジニア採用では、特に外部リソースの活用も重要な取り組みになります。

多くの企業で採用を行う職種はエンジニア職だけではないでしょう。そのため、採用チームや採用担当者はエンジニア以外の職種も担当していることも多いはずです。また、組織規模が小さい企業ではそもそも採用専任のチームや担当者を置かずに他の人事や管理部門の業務も兼務で行っていることもあるはずです。そのため、採用体制を構築するにあたって**エンジニア採用の専任チームを置くべきか、またエンジニア採用の専任者を置くかを考えなければなりません。**

本書はエンジニア採用を対象としているので、採用体制についての解説もエンジニア採用に絞ったものにしていますが、他の職種も含めた採用業務全体から見ると、採用体制を考える際には主に職種ごとに分けるか（エンジニア職の採用担当、営業職の採用担当など）、業務ごとに分けるか（スカウトやエージェントコントロールなどリクルーティング業務担当、日程調整担当などのコーディネーション業務担当など）、それらを組み合わせた形で役割を分けるかといったことが考えられます。

エンジニア採用の専任チームや専任者を置くべきかを考える上では社内のリソースの潤沢さやエンジニア職の採用人数などを考慮しなければなりませんが、本書では専任チームや専任者を置くことを推奨します。

これまで説明してきたように、エンジニア採用はそれ以外の倍率の低いポジションとは考え方や取り組みが異なります。エンジニア採用で「コストやリスクをかけて、どうやって13倍の競争に勝つか」と考えている最中に、倍率の低い職種の採用業務で「いかにコストやリスクを抑えられるか」といった毛色の違うことを考えるのは簡単ではありません。そのためエンジニア以外の職種の採用を兼務することは、エンジニア採用の成功だけを考えれば効率を下げてしまいます。もちろん採用以外の人事・管理部門の業務を行うことも同様です。

エンジニア採用に力を入れている企業では専任のチームや担当者を置くこともめずらしくなくなっています。第11章でも述べますが、専任のチームは管理部や人事部の配下に置かれるのではなく開発部門の下に独立した形で置かれることも多く、業務範囲がエンジニア採用に限定されるだけでなく開発部門との連携の取りやすさにも寄与します。またエンジニア採用の専任者は、海外では「Tech Recruiter」と呼ばれることもあり、昨今ではひとつの職種・キャリアとして注目されつつあります。

先進的な企業では、「難易度の高いポジションでは1ポジションにつき1人の採用担当者を置くべき」といった声もあり、エンジニア採用の専任チーム、担当者を置くだけでなく、さらに詳細化した区分（研究開発関連のポジションと開発に当たるポジション、データ分析関連のポジションとそれ以外のエンジニアポジションなど）で専任チーム、専任者を置くケースも見られます。

エンジニア採用の専任チーム、専任者を置くべきかは難しい判断になりますが、採用体制に力を入れる場合には積極的に取り入れてください。

> 人材配置、社内調達

役割分担が明確になれば役割に対して適した人材を配置します。社内の採用担当者、開発部門の採用関係者の能力・工数、相性などを加味し、適材適所で役割に従事してもらいます。

また既存の関係者に適任者がいない場合には、以下のように社内で人材を調達してくることも必要です。

●他職種から採用担当者へのコンバート

採用業務の業務特性が変わってきているので、昨今では事業開発やマーケティング、PRなどの経験がある人材を登用する企業もあります。このようなコンバートでは、「他の職種で活躍できなかったから採用担当者になった」というネガティブな理由ではなく、採用を企業の重要部門として位置づけ、特に役職者やエース級の人材がコンバートしているケースも増えています。

●エンジニアから採用担当者へのコンバート

エンジニア採用では職種理解が重要になるので、その前提知識を持っているエンジニアが採用担当者へとコンバートし、追って採用業務を身につけるパターンもあります。

●CTOやVPoEの採用へのコミット

CTOやVPoEなどエンジニア部門のトップは組織作りの責任があるはずなので、採用に関わるのはある種当然のことですが、そのコミット具合が低い企業も多く見られます。一方で採用が成功している企業ではエンジニア部門のトップのコミット具合が非常に高く、少なくとも3割程度の工数をかけ、時にはすべての時間を採用にコミットすることもあります。ハイヤリングマネージャーだけでなくCTOやVPoEに何らかの採用業務を任せ、採用体制の一員とすることも検討しましょう。

＞採用担当者の採用

社内の人員で賄えない場合は新しく人を採用することも必要になります。

新しい人材を採用する際には、**「競争が激しいエンジニア採用だからこそ必要になるスキルや経験」とは何かを、先に述べた内容も踏まえて採用要件に落とし込んでください。**中長期的な取り組みや戦略的な取り組みができるのか、社内に積極的に働きかけられるのか、などを正しく問うことが大切であり、「採用経験があればいい」といった大雑把な人材要件の設定をしないようにしてください。

このことを鑑みると、エンジニア職で一定の実績を残した採用担当者を採用する難易度が高まっていることは理解しておくべきです。昨今ではこれまで述べたように採用競争が激しくなることで、戦略的・効果的な採用活動を求める声が大きくなっており、「優秀な採用担当者を採用したい」と外部から人材を獲得しようとする企業も増えていますが、採用担当者は人事部門のファーストキャリアとされることもあり、採用業務で一定の成果を収めた人は人事部門の他の業務を担当することも多く、採用のスペシャリストとしてキャリアを培ってきた人材は多くありません。またエンジニア採用では本書の冒頭でも述べたように、職種理解としてエンジニアリングに関する知識も必要ですから、外部からの人材確保も簡単なことではありません。

そのため、採用担当者を新しく採用する場合にも、時間や工数、費用などを一定数投下する覚悟を持って新規の採用に動くことが必要です。

>外部リソースの活用

社内の登用や新規採用でも賄えない場合は外部のリソースを活用する必要があります。昨今では採用代行サービス（RPOサービス）や、フリーランス・副業の人材に業務委託して積極的に活用する企業が増えています。

採用には前述のように採用目標の変動のしやすさが特性としてあります。このような特性から一定期間のみ、一部の業務やポジションのみ外部リソースを活用することでリスクを最小限に抑え、採用のアクセルを踏むことができます。たとえば、以下のようなものが挙げられます。

- 欠員補充で3カ月だけリソースを補強する
- 苦戦しているテックリードの1ポジションだけ外部リソースを使ってスカウトを増やす
- 採用を継続するか迷っているポジションだけ外部に依頼し、なくなれば外部サービスも止める

また工数面の強化だけでなく能力面の強化としても、外部リソースは積極的に活用されています。たとえば、「技術広報の戦略・運用支援」「ATS設計、データ設計の支援」「コミュニティのマネジメント」といった特殊な業務については社内に専門性を持つ人が在籍していることも少なく、ノウハウの強化を目的にRPOサービスや業務委託人材が活用されます。

このように**適切に外部リソースを活用すること**も採用体制の強化では重要になります。

採用体制を運用する

>目標設定・評価の工夫

ここまで採用体制の設計と構築について説明しました。本節では、その運用において意識してほしいポイントを説明します。運用については、「この順番でこれだけ行えばいい」という網羅的なものはなく、実務上で工夫しながら採用体制を作り上げていくしかありません。実際には設計、構築、運用は相互に行き来することが大切なので、その点も意識してください。

採用体制を作ることは、採用の観点で組織を作ることであると本章の冒頭で述べましたが、目標や評価をうまく工夫することで強い採用体制が実現できます。目標や評価の設計をどのように行うべきかは本書の範囲を超えますが、ここでは特に意識してほしいポイントに絞って述べておきます。

●採用部門、採用担当者の目標・評価

採用部門、採用担当者の目標・評価は、基本的に「採用が成功したか」が中心になることが一般的です。また採用が成功した際に、その予算や期限などの大小によって評価が上下することもあります。一方で、エンジニア採用は「採用が成功したか」という最終成果が目標設定・評価の期間内に出ないこともあり、**その途中成果（KPI）を設けること**が重要になります。たとえば、内定数やカジュアル面談数といった採用ファネルの途中指標を目標・評価として活用したり、プロジェクトをどれだけ多くこなしたかを目標・評価として活用したりすることも考えられます。これ以外にも育成プランを設定している場合には、どれだけスキルアップしたかも重要でしょう。

重要なことは、**「採用が成功したか」という最終成果だけで見てしまうと目標・評価の粒度が粗いため、より詳細な目標・評価を設定すべき**ということです。

●開発部門（事業部門）の目標・評価

採用部門、採用担当者であれば、採用に関する成果と業務目標や評価が紐づいていることがほとんどですが、採用部門に所属しない事業部の関係者にはこれらが紐づいていないことがあります。

そのため、採用体制を運用する上では、特にハイヤリングマネージャーやエンジニアの関係者の目標・評価について意識を向けることが重要になります。当然ながらハイヤリングマネージャーやエンジニアの関係者は採用業務以外に開発部門の業務をこなしているので、目標・評価に明確に採用に関する事柄が設定されていない限り、「できるだけ頑張る」と努力目標になってしまったり、「開発が忙しいから採用業務に関われなくても仕方がない」とコミットメントを保てなかったりとさまざまな弊害が生まれやすくなります。そのため、**ハイヤリングマネージャーやエンジニアの関係者も、個人の業務目標や評価に採用に関する事柄を織り込むべき**です。

その際に、「採用に関われば評価を上げる」のようにプラスの評価だけに着目してしまうこともありますが、マイナスの評価もしっかりと組み込むべきです。たとえば、一定期間採用できなかった場合には評価を下げることも場合によっては必要です。採用活動を行うには多かれ少なかれ採用担当者の工数や労力、採用に関する予算が使われるので、特定のポジションの採用に動いているときにはその他のポジションの採用活動ができない（もしくは制限される）ということです。そのため、採用の責任をハイヤリングマネージャーが担う場合には、このような採用にかけるコストに対して採用成果を出す責任が伴います。また、計画していた採用ができないことによる事業の機会損失の責任も負うことになります。そのため、これらを評価する仕組みも取り入れるべきです。

＞関係者、採用担当者の育成

開発部門でマネージャーに任命された場合、基本的に「採用」はマネジメントスキル・業務として身につけるべきでしょう。たとえば、人を増やすことによって自分のチームや部門がどのように成長するかビジョンを描いたり、実際に仲間を集めたりすることは元来マネージャーとして行わなければなりません。

しかし、「採用業務について、やり方がわからない」という声は多く聞かれます。そのため、特にハイヤリングマネージャーの育成は、エンジニア採用において非常に重要な要素です。その際には、採用業務の基本的な知識を教えるだけでなく、第1章で述べた採用倍率の状況、第2章で触れた「選ぶ」だけでなく「選ばれる」という視点の重要性、さらに採用に必要な工数や予算が増加している現状についても理解を深めてもらうことが求められます。このような内容は、入社時のオンボーディングや、マネージャー昇格時の研修に入れるといった工夫が必要です。

また、採用担当者の育成という観点ではエンジニア採用では専門性や高度な採用業務が求められることを意識し、**研修や一定の育成期間を設けること**も必要です。いきなりエンジニア採用担当と任命されるだけでは、「はじめに」でも述べたような状態となり、採用担当者本人もマネージャーも苦しくなるだけです。

技術用語やエンジニアの業務理解のために、一部の企業ではエンジニアに受けてもらう研修を採用担当者にも受けてもらうケースがあったり、外部のプログラミング教育のサービスを受けることを推奨・補助したりといった取り組みも見られます。

このように育成の工夫にも目を向けることが大切です。「エンジニア採用を任せた！」という号令だけですぐにできる業務ではないことを、採用体制を作る上では意識してください。

Column

●エンジニア採用の向き不向き

本章ではエンジニア採用にはより高度な業務が求められ、それを実行するエンジニア採用担当者にも高い能力が求められるという趣旨の説明をしてきましたが、そもそも能力などの前にエンジニア採用には向き不向きがあります。

エンジニア採用への適性がある人でなければ本人も会社も不幸になってしまうので、エンジニア採用の向き不向きについて考えてみます。

大前提として**技術用語やプロダクトなどに苦手意識がなく、一定の興味がある人**が良いでしょう。そうでなければエンジニア採用はとても苦しいものになります。技術用語やプロダクトに苦手意識がある方でも活躍しているケースもありますが、社内エンジニアや求職者とコミュニケーションを取る上でお互いにストレスを感じない稀有な相性が必要なので特殊なケースです。

次に、大きな志向性のタイプについて考えてみます。本章で採用担当者は人事のファーストキャリアになりやすいと説明しましたが、人事業務は採用とそれ以外の業務とで業務特性が大きく異なります。特に成果の時間軸は大きく異なり、採用業務が比較的短期での成果を追い求めるのに対し、人事制度の設計や組織開発などの取り組みは長期を見据えることになります。

図10-8のような軸取りをした上で短期で成果が数字となって見えることにやりがいや喜びを感じる人を「狩猟民族タイプ」とし、長期で戦略や施策を積み上げ、ある種の耕すような動きにやりがいや喜びを感じるような人を「農耕民族タイプ」とすると、エンジニア採用に向いている人は「狩猟民族タイプ」の人になるでしょう。

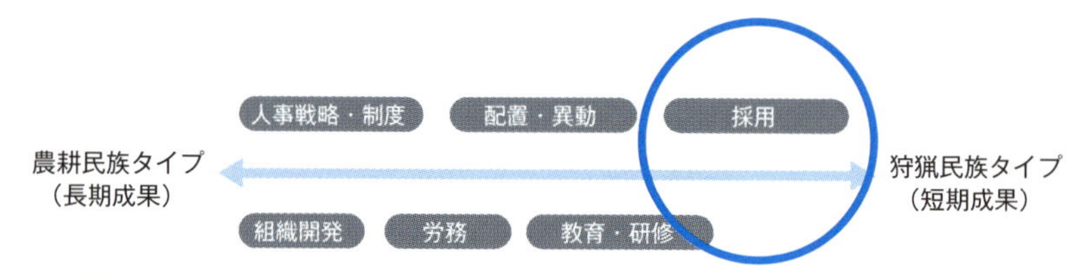

図10-8　狩猟民族タイプと農耕民族タイプ

エンジニア採用は13倍の競争倍率を勝ち抜かなければならないため、採用業務の中でも特に難易度が高く専門性も求められます。そのため、採用業務に比較的長く関わり専門性を突き詰めなければなりません。しかし、「農耕民族タイプ」の人は将来的に組織開発などに関わりたいと考えるため、採用業務の専門性を深めることには意欲的になりづらい傾向があり、エンジニア採用とはあまり相性が良くないと考えています。

次に、もう一歩踏み込んだ志向性のタイプについて考えてみます。採用担当者の志向性について図10-9のようにドライバー（主導したい）／サポーター（支援したい）という軸と、変化・挑戦／調和・安全という軸を取ってみると、エンジニア採用に向いているのは**ドライバーかつ変化・挑戦を好むタイプの人**だと筆者は考えています。

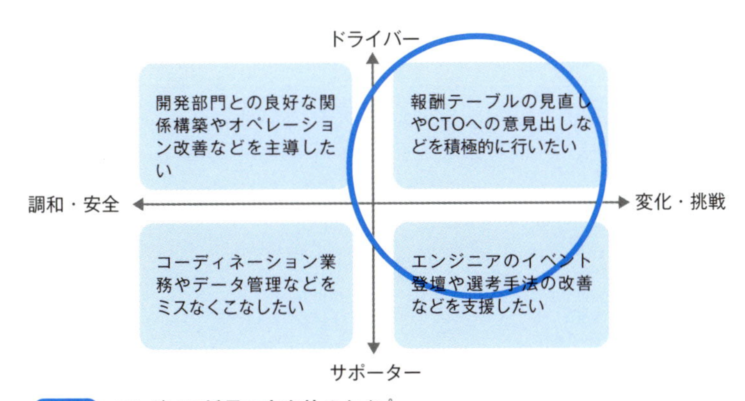

図10-9　エンジニア採用の志向性のタイプ

エンジニア採用では本章でも述べている通り、関係者の巻き込みや、経営陣やエンジニアへの働きかけも重要になります。そのため、サポーターとしての動きを好む人よりもドライバーとして採用を牽引したい人のほうが成果を出しやすいです。また市況感や採用競合に合わせて自社を変化させたり、リスクやコストを健全にかけたりすることも求められるので、調和・安全を志向する人よりも変化・挑戦を好む人のほうが相性が良いです。もちろん、実務上ではどの象限の動きも好き嫌いにかかわらずこなさなければなりませんが、ドライバー×変化・挑戦の象限のような動きは特に難易度が高く重要性も高いため、このような業務との相性を確かめてください。

もちろん、ここで述べたことが必ずしも全員に当てはまるわけではありませんし、チームの状況や企業の特性に応じて、どのような対応をする人をエンジニア採用担当者として任命すべきかも変わります。また、不向きであっても職責上エンジニア採用をしなければならないこともあるでしょう。

その上で、採用担当者の方は自身のエンジニア採用との相性を改めて見つめ直し、適性があるならばより専門性を高め、向いていないと考える場合には健全に外部リソースの活用や後任の育成などを検討してください。

また、エンジニア採用担当者を配置・採用する立場の人は人材要件のヒントにしてください。

第11章

社内環境の改善

本章では、採用を取り巻く社内環境の改善について解説します。採用業務は採用部門だけで完結するものではなく、社内のさまざまな協力が不可欠です。第6章でも述べたように、他部門の計画や担当者に働きかけなければならないことも多々あります。

その際に、強い反発から採用部門が自由に意思決定ができなかったり、援助を求めてもそれに応えてくれなかったりする社内環境であれば、採用部門は孤軍奮闘を強いられることになります。たとえば、テックブログを実施することに対し、「それをやって意味があるのか？　コスト・パフォーマンスを明確にしてから提案してくれ」などと蓋然性を強く求められてしまうケースや、現場に記事の作成を依頼しても「時間がないからできない」「自分の仕事ではないからしたくない」と断られた、といったケースなどが散見されますが、このような社内環境では採用部門も十分に力を発揮しきれません。

もちろん企業全体で見たときには上記のような対応が正しいこともありますが、採用を成功させるという観点では採用に追い風となる社内環境を構築すべきです。

本章では、採用の追い風となる社内環境をどのように作るべきかについて解説します。社内環境は簡単に変えられるものではありませんが、目を背けてはならず、**継続的に働きかけること**が大切です。「動きにくい！」「全然協力してくれない！」と嘆くだけでは問題は解決しません。**抵抗や援助がどのような社内構造から発生しているかを考え、建設的に対処していくべきです。**

採用担当者、また会社として採用力を高めたいと考える経営者やエンジニアの方は、ぜひ積極的に取り組んでください。

採用の追い風となる社内環境とは？

>抵抗と援助から考える社内環境

まず、採用にとって追い風となる社内環境とはどのようなものでしょうか。ここでは、抵抗（マイナスの力）と援助（プラスの力）の観点から考えます。

それぞれ見ていくと、以下のような例が挙げられます。

抵抗が大きい環境

- 新規サービスや新しい施策に挑戦する際に、妥当性や蓋然性を強く求められる
- 選考方法の見直しを行う際に現場から強く反発される
- 採用に必要な事業の情報を求めたら、社内でも非公開だからと情報を共有してくれない

抵抗が少ない環境

- 新規サービスや新しい施策に挑戦する際に、意思決定のスピードが速い、説得コストが低い
- 選考方法の見直しを行う際に、現場は採用担当の意見や指示に耳を傾ける
- 採用に必要な事業の情報を求めたら情報を整理して共有してくれる

援助が大きい

- リファラル採用の協力を求めれば全社員が積極的に動いてくれる
- 求人や記事を出すと社員の多くがSNSでシェアしてくれる
- テックブログやエントリー記事を自主的に作成してくれる

援助が小さい

- リファラル採用を呼びかけても採用部門以外は無関心
- 求人や記事を出しても誰もシェアしてくれない

・テックブログやエントリー記事の作成を依頼しても業務が忙しいからと断られる

このような抵抗と援助の組み合わせで社内環境を考えてみると図11-1のようになります。

	援助が小さい	援助が大きい
抵抗が小さい	△ 採用部門は自由に動けるが特に協力はない環境	◎ 採用部門が自由に動け、その動きを社内で加速させてくれる環境
抵抗が大きい	× 意思決定に多くの承認や時間がかかり、さらに社内援助も得られない環境	△ 意思決定に多くの承認や時間がかかるが、決めたことは社内も援助してくれる環境

図11-1 採用にとって追い風となる社内環境

理想とするのは図の右上の「抵抗が小さく、援助が大きい」環境です。一方で最もつらい環境は左下の「抵抗が大きく、援助が小さい」環境です。左上の「抵抗が小さく、援助が小さい」や右下の「抵抗が大きく、援助が大きい」環境は、悪くはないが理想的ではない環境です。自社の採用を取り巻く環境を考えた際に、どのタイプに最も近いか考えてみてください。

次項では、各タイプを深掘りした上で対策の方向性を考えていきます。

＞環境タイプ別の対策の仕方

前項で採用を取り巻く社内環境を大きく4つに分類してみました。このタイプについて深掘りをした上で、大まかな改善の方針を紹介します。

●◎：抵抗が小さく、援助が大きい環境

理想とする環境であり、経営陣・ミドルマネジメント層・メンバー層のどのレ

イヤーも採用に対して意識が向いており協力的な環境です。採用が事業成長の鍵となる急成長中のスタートアップや、人的なビジネスをしている企業が当てはまりやすいです。

既にこのような組織であれば大きく改善する必要はありませんが、抵抗が小さく、援助が大きいことを社内にも周知し、自覚してもらうことでより強い意識・大きな協力が得られるかもしれません。

△：抵抗が大きく、援助が大きい環境

大手企業に比較的多いタイプであり、採用には意欲的ではあるもののリスクへの考え方や変化に対する柔軟性が採用市場とマッチしていない社内環境です。アイデアや挑戦に対して細かく検証や承認が求められ、中長期的な取り組みへの投資や既存の方法を大きく変えることなどには二の足を踏んでしまい機会損失を招いてしまう恐れがあります。援助が大きいことは良いことではありますが、スピードも求められるエンジニア採用において、「一昔前に流行った施策に今さら力を入れる」状態に陥ることもあります。このような社内環境に対しては、次節で詳しく解説する以下の取り組みが効果的です。

- 採用部門の位置づけを変える
- 採用を理解している人材を重要ポストに配置する
- 社内の情報開示の範囲を見直す

△：抵抗が小さく、援助が小さい環境

比較的小さな企業に多く、スタートアップや中小企業で経営陣や他部門が採用にまで意識を向けられない場合に多いです。このような環境は良い意味でも悪い意味でも採用部門は放置され、採用部門単独の働きで結果が左右されます。抵抗が少ないことは良いことですが、丸投げなことも多く、採用を加速させたり採用の規模が拡大したりした際に困ったことになりかねません。

このような環境には、より大きな援助を得られるように働きかけを行います。次節で詳しく解説する以下の取り組みが効果的です。

- 関係者の人事評価や業務目標に、採用に関する事柄を入れる
- 適切な研修を設ける

・戦略や方針の中で採用に関して言及する

×：抵抗が大きく、援助が小さい環境

最もつらい環境であり、このような環境を大きく変えることは非常に困難です。採用に対して経営陣を含めて組織全体として意識が低く、採用業務に対して「簡単なもの」「頑張ればすぐに成功するもの」といった間違った認識を持っていることも多いです。このような組織は次節で紹介する形のある取り組みよりも、関係者の意識に働きかけることが有効です（本章の最後に述べます）。ただし、このような社内環境の企業は採用を軽んじる傾向にあり、採用担当者にとってはやりがいの観点でもキャリアの観点でも、そのような環境に身を置き続けるかはよく考えるべきでしょう。環境が変えられないのであれば別の環境に移るのも選択肢のひとつです。

上記で述べた理想の環境に近づけるためには、社内にある構造、仕組み、方針などに採用目線を加える必要があります。次節からは個別の取り組みについて見ていきます。

理想の環境に近づける さまざまな取り組み

>採用の位置づけを変える

組織図や人員配置は、心理的な障壁や承認フローの手間・時間などに強く影響を与える要素です。採用では多くの場面で現場のエンジニアや経営者などに協力を求めなければなりませんが、その際に「現場は忙しいし、採用についてわかっていないから言いづらい」「代表に報酬を上げたほうがいいとは言えない」といったように、**心理的な障壁によって躊躇してしまう**ケースが見られます。

このような状況になりやすい構造的な原因として、図11-2のように部門をまたぎ役職やグレードなどに上下関係がある構造が挙げられます。採用部門では担当者クラスの人間が実務を行い、開発部門ではマネージャーや責任者クラスの人間が採用に関わることが一般的ですが、普段接することの少ない上位の役職の人に対して意見することは簡単ではありません。

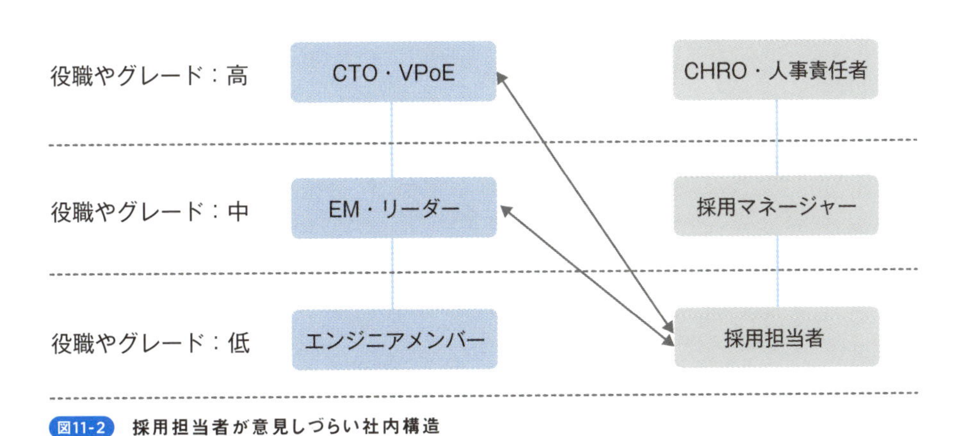

図11-2　採用担当者が意見しづらい社内構造

また、図11-3の左のように採用業務は一般的に管理機能（部や課など）や人事機能（部や課など）の配下に位置づけられますが、図11-3の真ん中のように開発

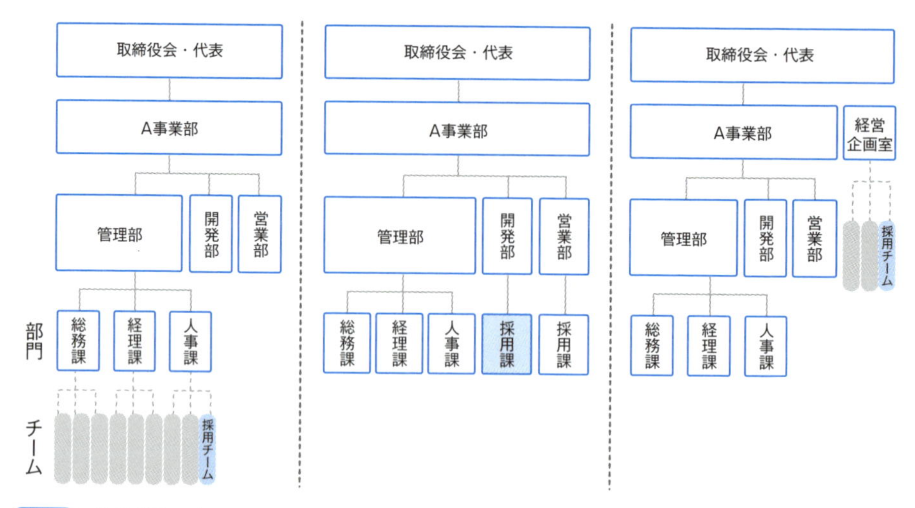

図11-3 組織構造の中での採用部門・機能の位置づけ

部に紐づけられたり、図11-3の右のように組織図上でより上位に位置づけられたりすることで、採用担当者の動きやすさが変わります。

たとえば、内定承諾率を上げるために交流会を実施したいとして事業部の責任者に承認を得なければならないとします。この際に図11-3の左のように採用業務が管理部の中の人事課の中の採用チームが行う業務だと位置づけられている場合は事業部の責任者までの距離が遠く、その間にいる各担当者に話を通さなければなりません。

これに対して、採用が成功している企業では、図11-3の真ん中のように開発部門の直下に位置づけ連携を強化したり、図11-3の右のように代表直下の経営企画室に位置づけ、意思決定のスピードを確保している企業もあります。

このような組織図の変更は容易ではありませんが、**採用責任者は会社に掛け合い、動きやすい位置づけを求めること**も大切です。

>採用に関して深い知見を持つ人材を重要ポストに配置する

採用に関する意思決定をする担当者が採用の知見を有していなければ当然良い決定ができません。採用では経営陣や役員、開発部門の責任者などの重要なポストに就く人が採用に関わるさまざまな意思決定を行うので、採用の観点からだけでいえば、それらのポストには採用業務の経験者や昨今の市況感にも詳しい人を配置すべきです。もちろん全員に採用の知見を求めることは難しいでしょうから、たとえばCxOクラスや部長クラスに**必ず1人は採用の知見がある人を配置する**といった考慮をすべきです。

このようにすることで、経営や開発の重要事項に関する会議・意思決定の際に採用の観点が持ち込まれ、採用部門が動きやすい環境に近づけることができます。

採用に関心の高い企業では役員や開発部門の責任者などに、過去にしっかりと採用に関わってきた、採用への知見がある人を配置したり、CHROとして採用部門出身者が登用されたりすることもあります。

>社内の情報開示の範囲を見直す

採用ではさまざまな情報を扱うので、**できる限り社内の情報にアクセスできるようにしておくこと**が大切です。一方で、経営数値、事業戦略、人事評価などの情報が採用担当者には開示されない企業もあります。

採用成功という観点では重要な情報にアクセスできなければ求職者との面談で質問に対して正しく答えられなかったり、自社の魅力をうまく言語化したりすることが難しくなります。

もちろん企業活動全体について考えれば採用担当者への情報開示の範囲を制限することが必要なケースもありますし、採用担当者が外部に対しての情報開示の範囲や開示内容を誤ってしまうリスクもあります。そのため情報開示の範囲を見直すことには慎重になるべきです。

ただし、検討することなくリスクばかりを恐れていては、求職者に何も重要なことを伝えられなくなり採用競争力を失います。採用活動で必要な社内情報が何であるか、その情報をどこまで社内で共有し、どこまで求職者や人材エージェントなど外部に公開して良いものであるかを整理してください。

>適切な研修を設ける

社内で採用に関する協力・理解が得られない場合、その多くが「採用について知らない」ことに原因があります。そもそも採用業務にどのような内容があるのか、採用がどの程度難しいのか、求職者から自社がどのように見られているのかといったことについて知らないために、「どのように判断すれば良いかわからない」「何を手伝えば良いかわからない」という状態に陥ってしまいます。

このような場合には**入社時のオンボーディングや、マネージャーに登用される際の研修などで採用に関する知識をインプットすること**が重要です。また、マネージャーであれば、自分でスカウトを打ってみたり人材エージェントとコミュニケーションを取ったりする実務研修を行うこともおすすめです。

このような研修があることで採用業務をイメージしやすくなり、市況感や難易度も自分自身の体験から理解しやすくなります。

>戦略やポリシーとして社内に示す

企業活動では、多くの戦略やポリシーなどが打ち出されます。たとえば、事業戦略や行動指針、社内文化などです。これらの中で、たとえば「今期は採用に最も力を入れるので全員協力してくれ」と打ち出したり、「全員採用」というキーワードが明文化されていたり、「採用は社員全員が協力することが当たり前」といった説明がなされたりすることで社内の意識は多かれ少なかれ変わります。

第1章や第9章で紹介した「Developer eXperience AWARD 2024」でもランクインしていた株式会社LayerXでは、図11-4のように「LayerX 採用ポリシー(https://jobs.layerx.co.jp/recruitment-policy)」として採用に関するポリシーを定め公開しており[1]、この中で「全員採用」や「採用責任者の責務」、「人事・採用チームの責務」などを示すことで採用に関わる人の指針としています。

このように採用に関する事柄を明文化する際には、**採用部門よりも事業部門や経営者などが打ち出すこと**が望ましいです。採用部門が打ち出すと協力を仰ぐスタンスとなってしまいますが、事業部門や経営者などが打ち出すことで、事業や企業における採用の位置づけが示され関係者の意識や行動を変えやすくなります。

1　2025年1月15日時点

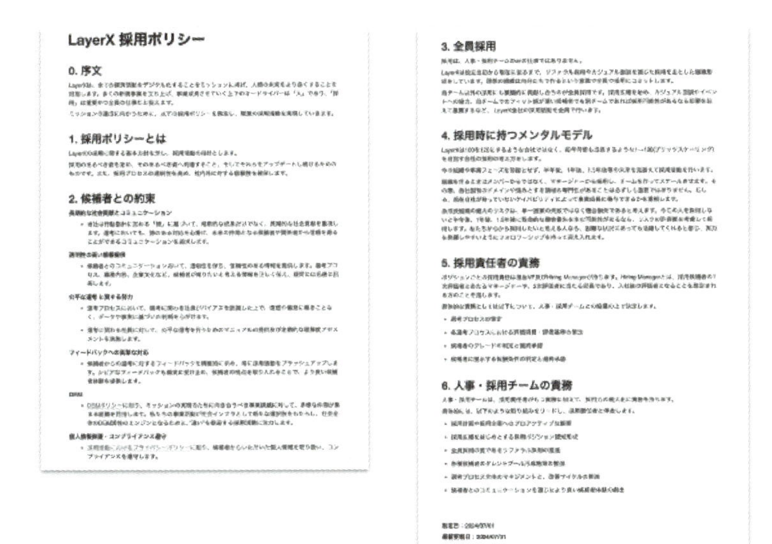

LayerX 採用ポリシー

0. 序文

1. 採用ポリシーとは

2. 候補者との約束

3. 全員採用

4. 採用時に持つメンタルモデル

5. 採用責任者の責務

6. 人事・採用チームの責務

出典：LayerX HP
URL：https://jobs.layerx.co.jp/recruitment-policy
図11-4　LayerXの採用ポリシー

>関係者の人事評価や業務目標に採用に関する事柄を入れる

採用の関係者の評価について、採用に関する事柄を入れることも有効です。これは第10章で述べた採用体制にも関わりますが、採用の責任をハイヤリングマネージャーが負っているにもかかわらず、その人の業務目標や人事評価に採用に関する事柄が入っていないこともあります。もちろん意図したことであれば良いのですが、名ばかりの責任者になっていて「採用できなかったけれど仕方がない」といった他人事になっていれば問題です。採用を他人事化しないためにも目標や評価を見直すことに取り組んでみてください。

経営者の意識に働きかける

>トップの意識が変わらなければ、いつまでも変わらない

採用業務を行う上での組織の抵抗や援助の有無について、その大小の原因を突き詰めれば、CEOやCTOといった組織のトップの意識に行き着きます。

採用が成功しない企業の経営者にインタビューすると、「採用は難しくない業務」といった認識でいることが非常に多く、これまで述べてきた採用業務に高い専門性が求められていることや、多くの費用・時間などが必要になっていることについて理解が追い着いていません。

一方、採用が成功している企業では例外なく採用業務に対する理解や採用担当者に対するリスペクトがあります。その意識が反映される形で、組織や制度、関係者のマインドセットなどが醸成されています。

このトップの意識は表層的なものではなく、熱を帯びた本気の思いでなければなりません。「採用は経営問題だ！」「全社採用をしよう！」「採用モメンタム（勢いや空気感といった意味）を作ろう！」などの呼びかけがなされる企業は多いですが、対外的な発信を強め、自らがアイコンとなって優秀な人材を集めたり、会社全体の時間やお金などを採用に投資したりといったトップにしかできない行動・意思決定に反映されなければ意味がありません。

もし本書をお読みになっている方が企業のトップの方であるならば、このことを強く意識してください。

このようなトップの意識を採用担当者からの働きかけなどボトムアップでゼロから作り出すことは難しいことですが、本当は採用に関して強い意識があるにもかかわらず、うまくアウトプットできていない、うまく意思決定ができていない状態であれば、そのような思いを導くことはできます。

ここでは経営陣の意識に働きかける際のポイントを紹介します。いわゆるボス・マネジメントの動きが必要になり、創意工夫をしながら粘り強く働きかけることが必要になります。

>採用市場や競合について客観性の高い情報として伝える

経営者の意識に問題がある場合、その原因はそもそも採用市場や競合について理解していないことがほとんどであり、これらの情報を伝える役割は採用担当者が担うべきです。

しかし、このような情報を伝える際に「昨今は採用が難しいです」といった採用担当者の主観的な意見として伝えてしまえば、「結果が出ない言い訳だろう」「頑張ればなんとかなるだろう」と解釈され、意図したようには伝わりません。

このような情報は採用担当者の主観としてではなく、**具体的な数値やその情報元などを交えた客観性のある情報として伝える**必要があります。たとえば、以下のような伝え方です。

工夫をしない主観的な意見

- 「私の感覚的に、もう少し報酬を高めるべきです」
- 「最近テックブログを行う企業も多いと思うので、弊社も行うべきです」

具体的な数値やエビデンスを示した客観性の高い意見

- 「人材エージェント5社にヒアリングしたところ、同業他社の相場は800万～1,000万円、競合のA社は1,100万円、B社は1,200万円を提示しています。そのため弊社も報酬を200万円は高めるべきです」
- 「XXの調査によるとITベンチャー企業のテックブログの実施率は7割であり、競合のA社とB社も実施しています。A社は平均30記事／月、B社は平均20記事／月を公開しています。そのため弊社も実施し、まずは10記事／月の公開を目指しましょう」

このような伝え方の工夫をせずに、「経営者はわかってくれない」「耳を傾けようとしない」といった愚痴や嘆きで情報が止まっていては意味がありません。採用担当者が当たり前と思っていることでも、採用業務に普段あまり関わらない経営者にとってはなじみのない情報である可能性もあるので、どの程度の具体性やエビデンスのレベルが求められているかを意識して伝えるようにしてください。

＞事業や組織の目線で交渉する

経営者と採用担当者の意見が噛み合わない場合、図11-5のように目線が異なる可能性は必ず意識する必要があります。第6章でも説明した企業の各計画において、経営者は上位の計画から採用計画までをバランスよく見ることになりますが、採用担当者は採用計画を起点に上位の計画を見ることになります。この際にはどうしても目線の違いから利害が一致しないことも発生します。

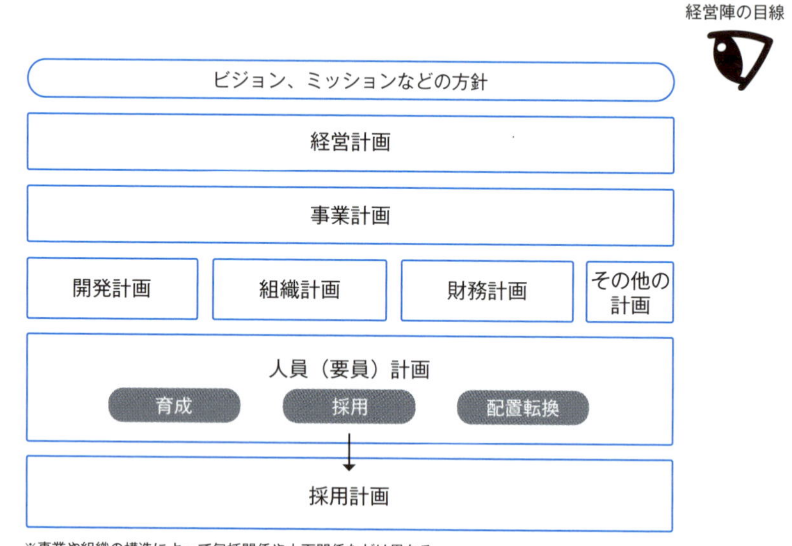

図11-5 経営陣と採用担当者で目線は異なる

このようなときに、「わかってくれ！」「お願い！」といった要望だけで経営者を動かすことはできません。

交渉・説得をする際には、**状況に応じて上位の計画に関する事業や組織の目線で交渉すること**が求められます。たとえば、新しいサービスを利用したいと考え、新しく採用予算を求めるとします。この場合には、次のように目線を変えて話をすることが大切です。

採用目線での交渉・説得

「新しい採用サービスを使いたい。金額は100万円なので追加予算がほしい。これを使えば採用がしやすくなる」

事業や組織目線での交渉・説得

「新しい採用サービスを使いたい。金額は100万円なので追加予算がほしい。これを使えば、採用成功までの期間が3カ月短くなる想定をしている。採用が3カ月早まれば事業計画にあった新規開発が進み、今期の売上も上がるはず。また、業務も効率化し、採用担当と協力してくれているエンジニアの採用にかける工数が減ることで人件費も浮くはず。エンジニアチームからも今の採用業務について疲弊しているという声があり、私だけでなく採用部門・開発部門全体の生産性に関わる」

上記は個別具体の交渉・説得の例ですが、「全社で採用を頑張るような空気を作ってほしい」といった抽象度の高い事柄でも同じです。

経営者にとっては事業や組織全体の成功が関心事なので、経営者の意識を変えようとするならば、その関心事の文脈に乗せるのが効果的です。採用の動きに伴って事業・組織にどのような影響があるかは採用担当者のほうが解像度が高いことも多いため、その考えを伝えてください。

>社外の人間から伝える

社内からボトムアップに意見や提言をしても通じない場合は、**「社外の人間」をうまく活用すること**も大切です。人材エージェントや採用媒体のCS担当者、RPOの担当者などは他企業の情報も持っているため説得力が増すでしょう。また、求職者から直接意見を聞く場に経営陣も参加させることで意識が変わることもあります。

さらに、**ベンチャーキャピタルや投資家・株主、社外取締役など自社の経営陣が聞く耳を持ちやすい立場の人を巻き込み、採用に意識を向けてもらう**ことも有用です。このような人たちは複数の企業を支援・経営していることが多いため、採用の市況感や相場の感覚を持っていることも多いです。昨今ではHRの支援部門を置くベンチャーキャピタルも増えており、資金調達をしているスタートアップ企業であれば経営陣の意識変革についてヘルプを出すこともひとつの手です。

人材エージェント

採用媒体CS

RPO担当者

求職者

ベンチャーキャピタル、
投資家・株主

社外取締役

図11-6 社外の人間から伝える

このように必ずしも自分一人で経営陣を動かすことがすべてではないと考え、必要に応じて社外の人間から伝えるというカードを使ってください。

>粘り強く働きかける

経営者の意識を変えるには粘り強さが大切です。採用担当の方から「一度代表に伝えたことはあるけれど、聞く耳を持ってくれなかった」といった声を聞くことがありますが、一度のコミュニケーションで経営者の意識が変わることを期待すべきではありません。

経営者にとっても採用は重要なトピックであり、採用の失敗を願ったり足を引っ張ったりしたい経営者などいるはずがありません。しかし、経営者の頭の中には採用以外の重要なトピックスが多くあるので、「採用のことは大切だとわかっているけれど、今は他のことで頭がいっぱいで採用について深く考えていられない」ことも多いです。

そのため、**一度のコミュニケーションで伝わらない場合にも諦めることなく、繰り返し伝えること**も重要です。粘り強く働きかけ続け、徐々に意識を採用に傾けていくようにしてください。

>「採用のプロ」として遠慮や恐れを乗り越えて働きかける

第10章でも述べたように、採用担当者は「採用のプロ」として自信と責任感を持つべきであり、経営者とのコミュニケーションでは特にこの自覚を強く持ちコミュニケーションを取らなければなりません。

経営者に働きかける際には、どうしても弱気になってしまい足踏みしてしまうことがあります。「代表が微妙なリアクションをしたから提言することは控えよう」「CTOが忙しそうだからまた今度にしよう」といった“言いづらい”気持ちはわかりますが、そのような遠慮や恐怖を乗り越え働きかけることがエンジニア採用を成功させるための鍵といっても過言ではありません。

そのため、「私は採用のプロだから私に任せておけば問題ない！」「私が社内で一番採用について詳しく理解している！」といったマインドを持ち、図11-7のように採用業務に関しては採用担当者が経営陣をリードしましょう。

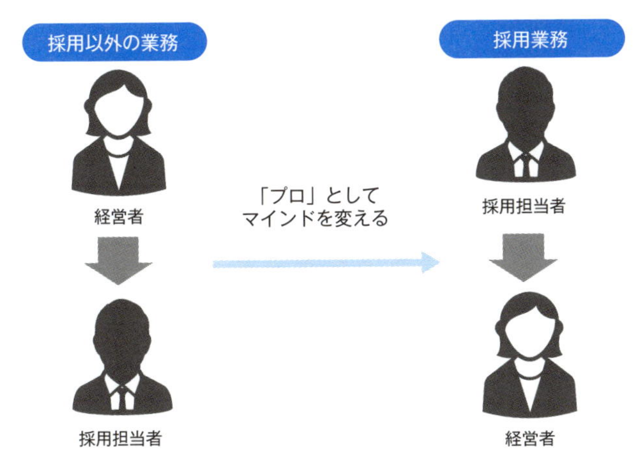

図11-7　「採用のプロ」として求められるマインド

どのような企業でも、採用担当者が経営者に意見を出したり提案したりすることには勇気がいるものです。しかし、**その勇気の差こそが採用競争力の差となり得ます**。多くの採用担当者が足踏みをする中で、経営者に働きかけ巻き込めれば非常に強い武器を持って採用競争に挑むことができます。

採用については社内の誰よりも理解しているという強い気持ちを持ち、「採用を成功させるためには」という目的から目をそらさず、「採用のプロ」として熱意と勇気を持って経営者に働きかけてください。きっと経営者を巻き込めるはずです。

おわりに・謝辞

本書では、競争の激しい採用市場を背景としたエンジニア職の採用業務について解説してきました。採用業務を主要なパーツに整理し、それぞれに対して採用市場の状況を鑑みた際にどのような考え方や行動が必要かを述べてきました。

本書の内容を考えるにあたって、正直なところ多くの葛藤がありました。誰にでも実行できるやさしい内容だけを記載し、それによって採用が成功するかのように誇張すれば、本書をお読みいただいた方からの評価も得やすいのではないかという卑しい考えが頭をよぎりました。しかし、やはり本来の目的に立ち返り、「採用競争力を高めて着実に採用の成功に近づけるために何をすべきか？」という問いに正面から答えようと考え、本書を執筆しました。

採用には銀の弾丸はなく、採用競争力を高めることは簡単なことではありません。13倍の競争なのですから、簡単に採用が成功するような方法が見つかればすぐに各社が取り組み、その方法は陳腐化するはずで、やさしく楽な方法を探すよりも、つらく困難であっても効果的な方法を探すほうが健全であると考えています。ですから、結果的にやはり難しい内容になってしまったなと考えています。

本書の執筆の背景として、エンジニア採用の担当者から多くのご相談を受ける中で、「何をすれば良いかわからず、自分のやっていることが正しいのか不安だ」「真っ暗なトンネルを進んでいるようだ」といった五里霧中、進むべき道が見えないというつらさを聞くことが多くありました。本書は、そうした方たちの方向性を示す存在になりたいと強く願い筆を執りました。

いうまでもなく、採用は企業活動において重要な役割を担っています。組織も事業も、その成長の鍵は採用が握っており、企業力を高めるためには採用力が不可欠です。同時に採用は求職者の人生に強く影響を与える行為です。採用するということは、その人の数年単位の時間を自社に費やしてもらうことであり、その人の成長や充実した時間が過ごせるかといったことに一定の責任を負うことでもあります。そのため採用担当者は企業と求職者の間に立ち、その採用が双方にとって本当に良い未来につながるのかを考えなければなりません。

しかし、採用がうまくいかない人ほどこのような本来考えるべきことから遠ざかり、「とにかく応募数を増やしたい」「とにかく早く採用が終わってほしい」といった考えになりがちです。

創業期には創業者が必死に行っていた“仲間集め"がいつの間にか施策運用でボタンを操作するだけ、数と効率で勝負をするといった活動になってしまっていては誰も得をしません。

本書によって無駄な業務や非効率な作業が減り、結果としてこのようなことを考える時間が増えれば幸いです。採用の観点から自社を成長させ、入社してくれた求職者を幸せにしていただけたら、これ以上うれしいことはありません。

本書を執筆するに当たり多くの方たちのお力添えをいただきました。実はこの本は3年も前に執筆をし始めたのですが、途中で修正を繰り返したり、仕事の忙しさを理由に手を止めてしまったりし、企画から出版まで長い時間を要してしまいました。この長い期間もお付き合いいただき、また多くのご助言をいただいた編集部の長谷川和俊さんに心より感謝申し上げます。

また本文の内容を検討するにあたってさまざまな有識者の方にヒアリング・壁打ちなどをさせていただきました。特にRPOサービス「WHOM」代表の早瀬恭さんには企画段階から壁打ちやアイデア出しに付き合ってもらいました。この場を借りて感謝申し上げます。

2025年2月　著者を代表して　中島 佑悟

索引

> た行・な行

> は行

> ま行・や行

> ら行・わ行

>執筆者一覧

中島 佑悟（なかしま ゆうご）

ベンチャー企業にてビジネス部門の立ち上げなどを経験後、エンジニア採用サービスを展開するLAPRAS株式会社にてセールス・マーケティング責任者を務める。2020年に株式会社de3を設立し、上場企業からスタートアップまで幅広く採用支援を行う。2023年からは株式会社WHOMの取締役COOとしてRPOサービスの提供に従事している。著書に『作るもの・作る人・作り方から学ぶ 採用・人事担当者のためのITエンジニアリングの基本がわかる本』（共著）、『データ分析営業 仮説×データで売上を効率的に上げよ』（以上、翔泳社）がある。

高濱 隆輔（たかはま りゅうすけ）

アマゾンジャパン合同会社にプロダクトマネージャーとして勤務。京都大学大学院を修了後、スタートアップや上場企業のデータサイエンティスト・機械学習エンジニア・プロダクトマネージャーを経て現職。機械学習・人工知能・データ分析と、それらを応用したプロダクト開発を専門としており、分析や開発のアドバイザリーも請け負う。ソフトウェアエンジニア採用サービスを展開するLAPRAS株式会社の在籍時に、著書『作るもの・作る人・作り方から学ぶ 採用・人事担当者のためのITエンジニアリングの基本がわかる本』（共著、翔泳社）を執筆。

千田 和央（ちだ かずひろ）

東証プライム企業から創業期スタートアップまで人事責任者を歴任。国内外のITエンジニアに関連する組織作り・制度設計・採用などの人事領域を専門としている。著書に『GitLabに学ぶ 世界最先端のリモート組織のつくりかた』、『GitLabに学ぶ パフォーマンスを最大化させるドキュメンテーション技術』、『作るもの・作る人・作り方から学ぶ 採用・人事担当者のためのITエンジニアリングの基本がわかる本』（共著）（以上、翔泳社）がある。

装丁・本文デザイン　山之口正和（OKIKATA）
DTP　BUCH⁺

ITエンジニア採用のための戦略・ノウハウがわかる本
計画・募集活動から選考・クロージングまで

2025年2月25日　初版第1刷発行

著　　者　中島 佑悟・高濱 隆輔・千田 和央
発 行 人　佐々木 幹夫
発 行 所　株式会社 翔泳社（https://www.shoeisha.co.jp）
印刷・製本　株式会社 ワコー

本書へのお問い合わせについては、iiページに記載の内容をお読みください。
落丁・乱丁はお取り替え致します。03-5362-3705までご連絡ください。
ISBN978-4-7981-7286-6
Printed in Japan